TONI NOTTEBOHM

HOPFENLIEBE

AROMA, BITTERE, SORTEN, ANBAU
UND OPTIMALE VERWENDUNG IM BIER

Mit kreativen Rezepten aus aller Welt

TONI NOTTEBOHM

HOPFENLIEBE

AROMA, BITTERE, SORTEN, ANBAU UND OPTIMALE VERWENDUNG IM BIER

Mit kreativen Rezepten aus aller Welt

Für Dora und Herbert

Unter Mitarbeit von Jillian Sopper

INHALT

Homegrown – Anbau und Ernte 143

Von der Ernte zum Hopfenprodukt 163

Die Hopfengabe – Brauer und ihre Philosophie 177

Service 242

VORWORT

Wer ein Buch mit dem Titel „Hopfenliebe" überschreibt, der weiß, dass Hopfen viel mehr ist als eine Pflanze, die durch ihre Nennung im Bayerischen Reinheitsgebot von 1516 zur ausschließlichen Gewürzzutat des Bieres wurde. Schnell setzte sich Hopfen als Bierzutat weltweit durch. Der Hopfenanbau konnte sich in den wenigen dafür klimatisch geeigneten Regionen der Welt etablieren. Doch nicht nur das Klima und die agronomischen Voraussetzungen haben Hopfenanbaugebiete entstehen lassen. Schon früh wusste man um die besondere Pflege und Behandlung, die der Hopfen braucht, damit der wertvolle Bierrohstoff jedes Jahr in ausreichender Menge geerntet werden konnte. So war es sicherlich auch die Wissens- und Erfahrungsweitergabe in den Hopfenpflanzerfamilien, die dazu beigetragen hat, dass in Regionen wie in Spalt oder der Hallertau Zentren des Hopfenanbaus mit weltweiter Bedeutung entstanden. Ein altes Hallertauer Sprichwort sagt: „Wen der Hopfen einmal gekratzt hat, den lässt er nicht mehr los!" Hinter dieser Weisheit steckt zwar auch die Tatsache, dass die kleinen „Krallen", mit denen sich die Hopfenpflanze beim Klettern festhält, schmerzhaft kratzen können, eigentlich geht es aber um die enge emotionale Bindung, die Menschen entwickeln, die mit Hopfen zu tun haben.

Woher kommt aber diese enge Bindung an eine Gewürzpflanze, woher kommt die Faszination um die grünen Dolden und die Hingabe, mit der sich Hopfenpflanzer, Hopfenhändler und Braumeister gleichermaßen um den Hopfen kümmern?

Nun ist die Hopfenpflanze an sich schon eine wunderbare Erscheinung: Angefangen mit dem Naturschauspiel im Frühjahr, wenn aus dem Hopfenstock unzählige Triebe aus dem Boden sprießen, die sich derart flink an den Drähten der Hopfengerüste hochranken, dass man ihnen beim Klettern fast zusehen kann.

Wer sich mit Hopfen einlässt, geht oft eine enge Bindung ein.

Der Duft des Hopfens hüllt die Hallertau während der Erntezeit ein.

Dann die Blüten – sie übersäen die sattgrün bewachsenen Gerüstanlagen, die dicht an dicht stehend schon von Weitem das Landschaftsbild der Anbaugebiete prägen, mit Tausenden kleiner Pinselchen. Und schließlich die Ernte, bei der die vollreifen Dolden gepflückt und getrocknet werden und dabei mit ihrem intensiven Duft die Anbaugebiete für mehrere Wochen in eine aromatische Glückseligkeit hüllen.

Sicherlich ist es aber auch das Wechselbad der Gefühle, das die Beziehung zum Hopfen immer wieder herausfordert und auf die Probe stellt: Der sich rasch wandelnde Hopfenmarkt bietet bei einer gewissen Risikobereitschaft große wirtschaftliche Chancen. Nicht umsonst wird der Hopfen auch als das „grüne Gold“ bezeichnet. Andererseits bereiteten immer wieder neu aufkommende Krankheiten und Schädlinge sowie Missernten oder extreme Preisschwankungen den Hopfenbauern von jeher viel Sorgen und Unglück. Doch gerade dieses ständige Auf und Ab, dieser Nervenkitzel, bei dem Freud und Leid so eng beieinanderliegen, macht das Gefühl aus, das der Buchtitel „Hopfenliebe“ so treffend in einem Wort zusammenfasst.

Toni Nottebohm stammt nicht aus einer Hopfenpflanzerfamilie, sie wurde auch nicht in eine der großen Hopfenhandelsdynastien hineingeboren und ihre Wiege war nicht mit wohlriechenden Hopfendolden ausgepolstert. Toni Nottebohm ist Braumeisterin, ihre Hopfenliebe kommt von der Faszination über die Vielfalt der Einsatzmöglichkeiten des Hopfens bei der Bierproduktion. Sie hat das Glück, in einer Zeit Braumeisterin sein zu können, in der Hopfen mehr ist als eine Bierzutat. Hopfen wurde nach einer witterungsbedingten Knappheit und mit der weltweiten Craftbier-Bewegung nach der Jahrtausendwende zu einem Kultobjekt, das für Kreativität, Innovation, Aufbruch, Anderssein und enorme Wertschätzung steht. Die Begeisterung für die wunderbare Arzneipflanze, für die herausragende Kulturpflanze Bayerns oder ganz einfach für die Bierzutat Hopfen ist heute erlebbarer denn je.

Hopfen ist die Kultzutat im Bier.

Die über Jahrhunderte entstandenen Traditionen, Feste und Bräuche um das grüne Gold werden von Jung und Alt gleichermaßen gefeiert. Hopfendolden finden sich in markanten Tattoos, in Graffitis und plakativ auf Etiketten oder in Logos von Brauereien wieder. Unzählige Brauereien haben eigene Schauhopfengärten, veranstalten im Herbst Hopfenzupferfeste und brauen Grünhopfenbiere. Selbst der Tourismus hat die Faszination des Hopfens und die Verknüpfung von Kulinarik mit Erlebnis in den Hopfenregionen entdeckt. Wir erleben eine enorme Unterstützung der Hopfenforschung zur Stabilisierung des Hopfenmarktes, aber auch für die Weiterentwicklung und somit für den Fortbestand des Angebots an vielfältigen und zukunftsfähigen Hopfensorten.

Das Buch „Hopfenliebe" befasst sich mit allen Facetten der Welt des Hopfens und es erscheint in einer Zeit, in der die Liebe zum Hopfen auf einem bislang noch nie erreichten Niveau angekommen ist. Ich wünsche allen, die sich mit diesem Buch beschäftigen, dass die Informationen und das Wissen, welches das Buch transportiert, zum gegenseitigen Verständnis der Wünsche und Bedürfnisse aller Beteiligten der großen Hopfenfamilie beiträgt. Ich würde mich freuen, wenn das Buch tatsächlich Hopfenliebe entfacht – diese Liebe hört niemals auf!

Walter König, Gesellschaft für Hopfenforschung e. V.

EINLEITUNG

„Hopfenliebe" ist ein Buch für Heimbrauer, die tief in die Welt des Hopfens eintauchen wollen. Das Buch möchte den Leser über die Botanik des Hopfens, seine Braueigenschaften und nicht zuletzt seinen Anbau informieren.

Die Lektüre dieses Buches soll Ihnen helfen, bei der Hopfengabe eigene Entscheidungen zu treffen und dadurch beim Brauen richtig kreativ zu werden. Der erste Teil des Buches widmet sich umfassend dem Einfluss des Hopfens auf das Bier. Zunächst erhalten Sie hier einen Überblick über die Hopfenpflanze an sich und darüber, welche ihrer Inhaltsstoffe für das Brauen wichtig sind. Dies sind zum einen die Hopfenharze, die das Bier bitter machen, zum anderen die ätherischen Öle, die das Aroma ins Bier bringen und schließlich die große Stoffgruppe der Polyphenole, die unter anderem das Mundgefühl und die Trübung des Bieres beeinflussen. Sie bekommen die Grundlagen über die chemischen Verbindungen und Reaktionen vermittelt und erfahren, wie Sie die Auswirkungen der einzelnen Stoffgruppen aufs Bier beeinflussen können. Mit diesem Wissen können Sie dann anfangen, beim Brauen mit der Hopfengabe zu spielen und müssen nicht mehr den Hopfen nur so benutzen, wie es im Rezept steht oder wie alle anderen es machen. Dies ist der große Anspruch des Buches: Dem Leser Werkzeuge für Experimente an die Hand zu geben.

Allerdings werden Sie durch die Lektüre dieses Buches den Hopfen nicht komplett unter Kontrolle bekommen. Immer noch entzieht er sich in so mancher Hinsicht unserem Verständnis, obwohl intensiv über ihn geforscht wird. Zum Beispiel existiert nach wie vor keine Formel zur Berechnung des Aromas, das vom Hopfen ins Bier gebracht wird. Hierzu gibt es lediglich einige grundlegende Erkenntnisse – und die Erfahrung von Brauern. Das Buch hält sich mit Faustformeln zurück – weil es diese fürs Bierbrauen überhaupt nur in den seltensten Fällen gibt. Es kommt eben immer darauf an, welche Brautechnik Sie anwenden und welchen Bierstil Sie anstreben.

Mithilfe dieses Buchs können Sie Rezepte selbst formulieren.

Auch die erwähnte Erfahrung von professionellen Brauern bleibt Ihnen aber nicht vorenthalten. Ihr widmet sich der große Interview- und Rezeptteil „Die Hopfengabe – Brauer und ihre Philosophie“. Hier sprechen 16 Brauer aus aller Welt über die Art und Weise, wie sie selber über Hopfen nachdenken und ihn in ihrem Bier einsetzen. All diese Brauer haben schon viele Preise gewonnen, sechs von ihnen werden von dem Bewertungsportal ratebeer.com regelmäßig unter den 100 weltbesten Brauern geführt. Außerdem werden Sie auch viel über den Einsatz von Hopfen in den unterschiedlichsten Bierstilen erfahren und, was das Beste ist, Sie können das Bier zu Hause auch gleich nachbrauen. Bei den Rezepten finden Sie alle Informationen, die der jeweilige Brauer zur Verfügung gestellt hat. In den meisten Fällen war das eine ganze Menge. Da es aber so viele verschiedene Heimbrausysteme wie Heimbrauer auf dieser Welt gibt, ist es jeweils erforderlich – und durch die detaillierten Informationen auch möglich – die im Rezept beschriebenen Brauschritte auf die Gegebenheiten Ihres eigenen Heimbrausystems abzustimmen.

Es gibt Hunderte Hopfensorten auf der Welt, die kommerziell angebaut werden. Im Kapitel „So viele Sorten“ erfahren Sie, wie sich die verschiedenen Hopfensorten entwickelt haben und wie die moderne Hopfenzüchtung funktioniert. Es sind keineswegs nur die Braueigenschaften, die eine Hopfensorte erfolgreich machen. Eine Sorte kann sich nur dann behaupten, wenn sie sich auch durch gute Eigenschaften beim Anbau hervortut. Dank der Kreativität der Züchter haben wir Brauer eine enorme Vielfalt an Hopfensorten zur Hand, die die unterschiedlichsten Geschmacksnoten und Aromen ins Bier bringen können. Momentan sind Biere im Trend, die Aromen von tropischen Früchten oder Zitrus haben. Vielleicht suchen Sie aber eher nach einem würzigen Hopfen für einen klassischen Bierstil? Oder wollen Sie eine gewisse Cremigkeit und einen Vanilleton in Ihr Bier bringen? Es gibt Hopfen-

Tim Selbach, Brauer bei To Øl City, spricht im Interview über seine Art, mit Hopfen zu brauen.

Hopfen kann das Aroma von tropischen Früchten ins Bier bringen.

Auf den Hopfenfeldern der Welt werden hunderte verschiedene Hopfensorten angebaut.

sorten, die das können! In einem ausführlichen Sortenverzeichnis sind 62 gut etablierte Hopfensorten aufgeführt. Über ein „Aromarad“ bekommen Sie rasch eine Orientierung über die aromatischen Eigenschaften der jeweiligen Sorte, Sie finden deren Analysewerte aufgeführt sowie Eckdaten zu ihrem Anbau.

Der Hopfen ist eine robuste Pflanze und lässt sich leicht im eigenen Garten anbauen. Im Kapitel „Homegrown – Anbau und Ernte“ finden Sie alle Informationen, die Sie brauchen, um ein erfolgreicher Hobby-Hopfengärtner zu werden und können damit Ihr Heimbrauen auf ein vollkommen neues Level bringen.

Und noch ein wichtiger Hinweis zum Schluss: Was dieses Buch *nicht* behandelt, ist das Reinheitsgebot, da es für Heimbrauer nicht bindend ist. Wenn Sie jedoch Ihr Bier nicht nur selber trinken, sondern es in Deutschland verkaufen wollen, empfiehlt sich ein Blick ins Biergesetz!

Viel Spaß beim Experimentieren!
Toni Nottebohm

HOPFEN AN SICH

DIE PFLANZE

Der Hopfen gehört zur Ordnung der rosenartigen Gewächse, der Rosales, und innerhalb derer zur Familie der Hanfgewächse, der Cannabaceae. Zu diesen zählen unter anderem die Gattungen *Humulus* und *Cannabis*. Die Gattung *Humulus* ist wiederum unterteilt in die drei Hopfenarten *Humulus lupulus, Humulus japonicus* und *Humulus yunnanensis*. Davon wird nur *Humulus lupulus* zum Brauen verwendet. Die Wildform der Pflanze stammt ursprünglich aus Vorderasien.

MEHRJÄHRIGE WURZELN UND EINJÄHRIGE TRIEBE

Der Wurzelstock des Hopfens kann bis zu 50 Jahre alt werden und ist winterhart. Über die Wintermonate sterben die oberirdischen Pflanzenteile komplett ab, die Überwinterung erfolgt als Wurzelstock. Im März treiben dann die frischen Hopfenreben aus dem Hopfenstock von Neuem aus. Während ihrer Winterruhe kann der Pflanze selbst mehrmonatiger Bodenfrost nichts anhaben, die oberirdischen Triebe, die ab April aus dem Boden spitzen, sind hingegen sehr frostempfindlich. Frostperioden von -3 °C für mehr als 24 Stunden würden die jungen Triebe schädigen. Im Idealfall hat der Hopfen während seiner Wachstumsphase 120 Tage ohne Frost. Bei guten Bedingungen kann Hopfen in einer Vegetationsperiode bis zu 9 m hoch werden. Im Herbst sterben die Reben dann allmählich ab und die darin enthaltenen Nährstoffe wandern in das Wurzelsystem der Pflanze. Dort bilden sie eine Reserve für das Wachstum der Triebe im nächsten Frühjahr.

Das Wurzelsystem und die oberirdischen Pflanzenteile des Hopfens.

WIE WÄCHST DER HOPFEN?

Hopfen liebt die Sonne und wächst ihr mit enormer Geschwindigkeit entgegen. Er ist eine Kletterpflanze und benutzt alles, was er kriegen kann, um hoch hinaus zu kommen. Bei Wildhopfen sind das häufig Bäume oder jede Art von Pfosten und Zäunen. Im professionellen Hopfenanbau wird dem Hopfen mit einer Gerüstanlage geholfen. Mit seinen feinen Klimmhaaren an den Reben kann er an vielem andocken und rankt sich dann im Uhrzeigersinn (von oben gesehen) wachsend dem Himmel entgegen. Auf der Südhalbkugel übrigens winden sich Hopfentriebe gegen den Uhrzeigersinn um die Stütze. Die Hopfenbauern leiten die jungen Triebe an Drähte an, die am Gerüst gespannt sind, sobald die Triebe so lang geworden sind, dass sie nicht mehr aufrecht stehen können. Zu diesem Zeitpunkt werden auch die kräftigsten Triebe selektiert und die übrigen abgeschnitten, um die Erträge zu erhöhen. Dies ist aufwendige Handarbeit, für die auch heute noch jedes Jahr eine große Zahl an Landarbeitern in die Hopfenanbaugebiete reisen.

In der Hauptwachstumsphase von März bis Juli kann man dem Hopfen buchstäblich beim Wachsen zusehen. Er wächst unter optimalen Bedingungen bis zu 30 cm am Tag und wird bis zu 9 m hoch. Dabei braucht er auch viele Nährstoffe und Wasser. Wildhopfen kann man häufig in Auen finden. Dort bekommt er sowohl Wasser als auch Sonne, und oft ist ein Baum vorhanden, an dem er hochklettern kann. Wegen seiner Liebe zur Sonne ist Hopfen gerne als erster an einem Standort und ist daher eine gute Pionierpflanze. Achten Sie einmal darauf, dann werden Sie Wildhopfen nicht nur an Waldrändern, sondern sogar auf verlassenen Baustellen entdecken!

Wildhopfen braucht eine Kletterhilfe.

Im Hopfenbau wird mit einem Gerüst geholfen.

FAKTEN ZUR HOPFENPFLANZE AUF EINEN BLICK

- Kletterpflanze mit mehrjährigem Wurzelstock und einjährigen Trieben
- Ein Hopfenstock kann bis zu 50 Jahre alt werden
- Vegetationsphase von April bis September
- Wächst bis zu 30 cm am Tag und bis zu 9 m hoch
- Blüht nur an Standorten mit einer Tageslänge von 16–18 Stunden im Sommer
- Nur die weibliche Pflanze produziert Dolden, mit denen Bier gebraut wird

Im April spitzen die Triebe aus dem Boden.

Ein Hopfenstock produziert viele Triebe.

Anfang Mai werden zwei bis drei Triebe ausgewählt und angeleitet.

Im Juni bildet der Hopfen Seitenarme aus.

Ende Juni bilden sich Blüten an den Seitenarmen.

Im Juli werden die Blüten zu Dolden.

Im August und September reifen die Dolden aus.

Bei der Ernte werden die Hopfenreben mit dem Traktor vom Feld gefahren.

NUR DIE WEIBLICHEN PFLANZEN HABEN WERT FÜRS BIER

An Standorten, an denen die Tage im Sommer 16–18 Stunden lang werden, kommt der Hopfen zur Blüte. Zunächst bildet der Hopfentrieb ab Mitte Juni Seitenarme aus, an denen sich ab Anfang Juli die Blüten entwickeln. Nur die weibliche Pflanze hat Blüten, die zu Dolden werden, und damit ist nur sie für den Brauer von Wert. Der Hopfen ist eine zweihäusige Pflanzenart, das heißt, es gibt männliche und weibliche Exemplare. Da der Hopfen seine Bestäubung dem Wind überlässt und zu diesem Zweck jede männliche Blüte reichlich Pollen produziert, sind männliche Hopfenpflanzen in Hopfenanbaugebieten absolut unerwünscht und müssen per Verordnung ausgemerzt werden. Denn wenn eine weibliche Blüte bestäubt wird, dann entstehen bis zu 60 Samen in einer Dolde (siehe Seite 156).

Sobald der Hopfen zur Blüte kommt, verlangsamt sich das Wachstum, da die Pflanze nun ihre Kraft vor allem in die Blüte steckt, die nach und nach zur Dolde wird. Botanisch betrachtet ist die Hopfendolde ein Zapfen. In dessen Mitte befindet sich eine Spindel, an der die Doldenblätter sitzen. Wir unterscheiden zwei Typen von Doldenblättern: die Deckblätter, die der Dolde zum Schutz dienen, sowie die Vorblätter, an deren Fuß sich die Samen entwickeln, wenn der Hopfen befruchtet wurde. Die Vorblätter dienen dann als Flugorgane, mit deren Hilfe die Samen durch den Wind verteilt werden. Vor allem am unteren Ende der Vorblätter sitzen sogenannte Lupulindrüsen, die ein gelbes, klebriges Pulver, das **Lupulin**, produzieren. Für die Pflanze dient das Lupulin zum Schutz der Samen vor Mikroorganismen und Fraßfeinden. Für den Brauer ist dieses Pulver Gold! Denn das Lupulin trägt sowohl die Bittere als auch das Aroma des Hopfens in sich.

Je nach Hopfensorte reifen die Dolden in den Monaten August bis Oktober aus und werden dann geerntet. Beim Wildhopfen trocknen die Dolden aus und verlieren ihre Blätter. Sofern die weiblichen Blüten von einem männlichen Hopfen bestäubt wurden, können nun die reifen Samen vom Wind an einen neuen Standort getragen werden.

Das männliche Gescheine – so heißt die männliche Blüte beim Hopfen.

Nur die weiblichen Dolden tragen Lupulin in sich.

WORAUS BESTEHT EINE HOPFENDOLDE?

Die Inhaltsstoffe einer Hopfendolde können vereinfacht in zwei Fraktionen aufgeteilt werden. Zum einen das grüne Pflanzenmaterial, das in ähnlicher Weise in den meisten Pflanzen gefunden werden kann, und zum anderen das für den Hopfen einzigartige **Lupulin**, das in der Dolde produziert wird.

INHALTSSTOFFE EINER GETROCKNETEN HOPFENDOLDE

INHALTSSTOFFE	ANTEIL
Wassergehalt	9–12 %
Gesamtharze (im Lupulin)	**10–25 %**
Hopfenöle (im Lupulin)	**0,5–3 %**
Lipide und Wachse	3 %
Eiweiß	12–22 %
Aminosäuren	0,1 %
Polyphenole (im grünen Pflanzenmaterial + im Lupulin)	**4–14 %**
Zucker	2–4 %
Pektin	ca. 2 %
Mineralstoffe	7–10 %
Cellulose	40–50 %

WELCHE STOFFE INTERESSIEREN DEN BRAUER?

Das Lupulin, dieses gelbe, klebrige Pulver, besteht vor allem aus den sogenannten Hopfenharzen und aus den Hopfenölen.

Die **Hopfenharze** beeinflussen insbesondere Qualität und Intensität der Bierbittere, aber auch die Schaumstabilität, die Geschmacksstabilität und die biologische Stabilität des Bieres.

Die **Hopfenöle** sind für das Aroma des Bieres verantwortlich.

Die **Polyphenole** schließlich, die sowohl im Lupulin als auch im grünen Pflanzenmaterial vorkommen, bilden eine vielgestaltige Stoffgruppe, die die Pflanze in vielerlei Hinsicht schützt und die für den Brauer eine recht komplizierte Angelegenheit darstellt. In Sachen Aroma spielen die Polyphenole zwar keine Rolle, aber sie können bei falscher Brautechnik eine kratzige Bittere hervorrufen. Vor allem jedoch beeinflussen sie die Klarheit des Bieres und seine Alterungsstabilität.

Da die Bitterstoffe, die Aromastoffe und die Polyphenole die drei wertgebenden Inhaltsstoffe des Hopfens sind, werden sich die nächsten drei Kapitel mit ihnen beschäftigen.

DIE DARREICHUNGSFORM VON HOPFEN

Der Hopfen wird nach der Ernte zu Hopfenprodukten verarbeitet und durch luftdichte Verpackung lagerfähig gemacht. Der Großteil des Hopfens beim Bierbrauen wird in Form von Pellets zugesetzt, doch es gibt ihn im Handel zum Beispiel auch in Doldenform oder als Hopfenextrakt. Mehr dazu im Kapitel „Von der Ernte zum Hopfenprodukt“, ab Seite 162. Im weiteren Verlauf dieses Kapitels ist, sofern nicht anders erwähnt, stets von Hopfenpellets (Typ 90) die Rede.

Hopfen wird meistens in Form von Pellets in die Würze gegeben.

DIE BITTERE DES HOPFENS

Die Hopfenbitterstoffe sind – ihr Name sagt es schon – für den bitteren Geschmack im Bier verantwortlich. Je nach Einsatz und Menge des Hopfens kann Bier dadurch sehr bitter schmecken. Während das Aroma des Hopfens von fast allen Menschen als angenehm empfunden wird, scheiden sich bei der Bittere des Hopfens die Geister. Was für den einen „schön bitter" ist, kann für den anderen untrinkbar sein.

DIE WAHRNEHMUNG VON BITTERE BEIM MENSCHEN

Bitter zählt zu den fünf Grundgeschmacksarten, wozu auch süß, salzig, sauer und umami („Fleischbrühe-Geschmack") gehören. Der Mensch empfindet etwas als bitter, weil er Geschmackspapillen auf der Zunge und im Rachen trägt, auf denen Bitterstoffrezeptoren sitzen. Diese reagieren auf gewisse chemische Verbindungen, woraufhin dem Gehirn das Signal zugeleitet wird, dass etwas bitter schmeckt. Etwas Bitteres wird verstärkt auf dem hinteren Zungengrund wahrgenommen, da dort die Bitterstoffrezeptoren dicht gedrängt sitzen. Es konnten bereits 26 verschiedene Bitterstoffrezeptoren beim Menschen nachgewiesen werden. Nicht jeder empfindet den Bittergeschmack gleich. Das liegt daran, dass die Anzahl der Bitterstoffrezeptoren genetisch unterschiedlich festgelegt ist, aber auch daran, dass der Genuss von Bittere etwas Erlerntes ist. Bei Pflanzen sind Bitterstoffe häufig Warnstoffe vor giftigen Substanzen, die ihnen zum Schutz vor Fraßfeinden dienen. Daher trifft eine Bittere bei Mensch und Tier instinktiv zunächst auf Ablehnung. Erinnern Sie sich an Ihren ersten Kaffee, an Ihr erstes Tonicwater oder an das erste India Pale Ale? Wahrscheinlich schmecken Ihnen diese Getränke heute anders als beim ersten Mal. Das liegt an einem Lernprozess, den Menschen durchlaufen können, Tiere hingegen nicht. Das bedeutet aber auch: Wenn Ihnen bitteres Bier eigentlich nicht schmeckt, lohnt es sich trotzdem, es in gewissen Abständen immer mal wieder zu probieren. Vielleicht schmeckt es ja plötzlich doch …!

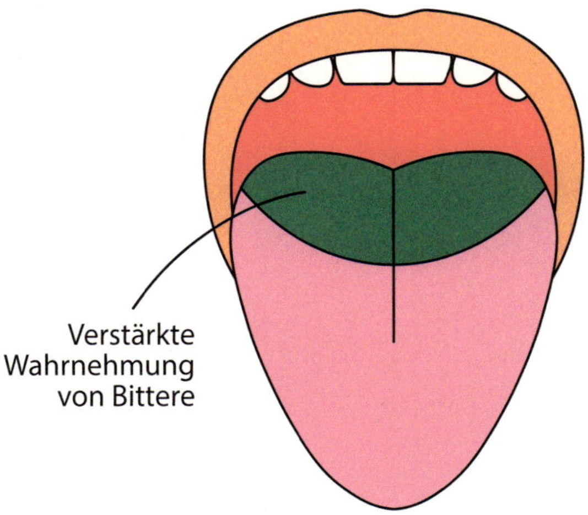

Bittere wird verstärkt auf dem Zungengrund wahrgenommen.

DIE BESTANDTEILE DES LUPULINS

Der Hopfen sorgt deshalb für einen bitteren Geschmack im Bier, weil bestimmte Harze des Lupulins eine Bittere in sich tragen. Es werden vor allem Hartharze und Weichharze unterschieden. Zu den Weichharzen gehören die Alpha-Säuren und die Beta-Fraktion. Die Beta-Fraktion wiederum ist in Beta-Säuren und in unspezifische Weichharze unterteilt. Die Alpha-Säuren machen den Löwenanteil der Bittere des Hopfens aus, aber auch die Beta-Säuren haben einen gewissen Anteil daran. Die unspezifischen Weichharze treten oft in sehr geringen Konzentrationen auf oder sind chemisch schwer zu charakterisieren. Daher sind sie auch bisher noch wenig erforscht, doch es wird vermutet, dass sie einen nicht zu unterschätzenden Einfluss auf die Bierbittere haben. Auf Seite 27 finden Sie eine Grafik zur Einteilung der Hopfenbitterstoffe.

HUMULONE GEBEN DEN TAKT AN

Die Alpha-Säuren haben den größten Einfluss auf die Bierbittere. Wenn von Alpha-Säuren die Rede ist, dann ist die Alpha-Fraktion der Weichharze aus dem Lupulin gemeint. Sie werden auch Humulone genannt und machen 2–14 % des Gewichts der trockenen Hopfendolde aus. Das bedeutet, dass 100 g Hopfen mit 6 % Alpha-Säuren 6 g Humulone in sich trägt.

MACHT DIE VORSILBE DEN UNTERSCHIED?

Es gibt fünf verschiedene Humulone: das Humulon (auch n-Humulon genannt) sowie das Cohumulon, Adhumulon, Prähumulon und Posthumulon. Sie alle unterscheiden sich lediglich durch die Seitenkette an der Ringstruktur ihres Moleküls (siehe Grafik). Unterschiedliche Hopfensorten haben eine unterschiedliche anteilsmäßige Verteilung dieser Humulone, wobei Prä- und Posthumulon in so geringen Mengen vorkommen, dass sie kaum von Bedeutung sind. Der Cohumulon- und Humulonanteil variiert bei verschiedenen Sorten zwischen 20 und 50 %, während der Adhumulonanteil zwischen 10 und 15 % liegt.

Die Frage, ob ein hoher Cohumulonanteil gut oder schlecht ist, wird seit Jahren kontrovers diskutiert. Es gab Studien, die dem Cohumulon eine nachhängende, kratzige Bittere attestierten. Lange Zeit wurde in der Hopfenzüchtung daher auf Sorten mit niedrigem Cohumulonanteil gesetzt. In neueren Studien jedoch konnte ein Verkostungspanel keinerlei Unterschiede feststellen. Allerdings wurde herausgefunden, dass das Cohumulon besser in Bier löslich ist und damit eine bessere Ausbeute bringt. Dadurch schmeckt ein Bier mit Hopfen, der einen hohen Cohumulonanteil hat, bitterer als eines, das mit einem Hopfen gebraut wurde mit zwar gleichem Alpha-Wert, aber geringerem Cohumulonanteil. Gleichzeitig weist ein Bier, das mit einem Cohumulon-reichen Hopfen gebraut wurde, einen weniger stabilen Schaum auf. Interessanterweise haben die alten, hochfeinen Landsorten wie 'Saazer', 'Tettnanger' oder 'Hallertauer Mittelfrüher', die lange Zeit die höchsten Preise auf dem Hopfenmarkt erzielten, auffallend niedrige Cohumulonanteile.

WARUM WERDEN HARZE HIER ALS SÄUREN BEZEICHNET?

Das rührt daher, dass die Humulone oder Alpha-Säuren relativ leicht ein H^+-Ion abgeben und damit chemisch als schwache Säure klassifiziert werden. Schwache Säuren sind in saurer Umgebung, wie es etwa die kochende Würze (ungefähr pH 5) darstellt, nur schwer löslich.

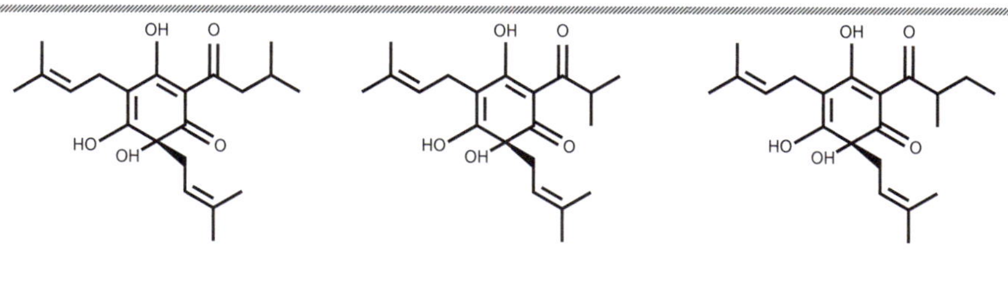

Humulon Cohumulon Adhumulon

Die verschiedenen Humulone unterscheiden sich nur durch die Seitenkette ihres Moleküls.

DIE ALPHA-SÄUREN MÜSSEN ZU ISO-ALPHA-SÄUREN WERDEN!

So, wie die Alpha-Säuren in der Hopfendolde vorliegen, sind sie kaum bitter. Durch die Hitze beim Würzekochen werden die Alpha-Säuren aber in Iso-Alpha-Säuren umgewandelt und damit in Bier besser löslich und auch um ein Vielfaches bitterer. Diese Isomerisierung braucht allerdings Zeit, nach den üblichen 60–90 Minuten Würzekochen sind rund zwei Drittel der Alpha-Säuren isomerisiert. Dabei gibt es zwei verschiedene Formen, in denen die Iso-Alpha-Säuren nach der Kochung vorliegen: die sogenannte cis-Form und die trans-Form. Die cis-Form macht 68 % der Iso-Alpha-Säuren aus, die restlichen 32 % liegen in der trans-Form vor. Die beiden Formen sind ähnlich bitter, aber die cis-Iso-Alpha-Säuren sind stabiler während der Bieralterung.

Da während der Gärung dann Iso-Alpha-Säuren wieder abgeschieden werden, gelangen normalerweise durch die Bitterhopfengabe letztlich etwa ein Drittel der ursprünglichen Alpha-Säuren des Hopfens als Iso-Alpha-Säuren ins Bier.

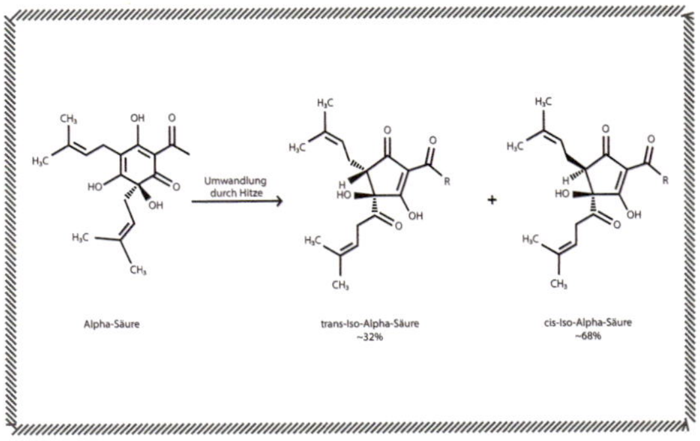

Die Isomerisierungsreaktion.

FAKTOREN, DIE DIE ISOMERISIERUNG BEEINFLUSSEN

Die Isomerisierungsreaktion ist abhängig von verschiedenen Faktoren. Im Folgenden werden Aspekte beleuchtet, die beim Heimbrauen besonders wichtig sind.

ART DES HOPFENPRODUKTS

Nach der Hopfengabe müssen die Hopfenbestandteile in der Würze verteilt und gelöst werden. Deswegen spielt es eine große Rolle, in welcher Form der Hopfen in die Würze gegeben wird.

Bei der Pelletherstellung wird der Hopfen zunächst vermahlen, Pflanzenmaterial wird aussortiert und das verbleibende Material zu Pellets zusammengepresst (mehr dazu in Kapitel „Hopfenprodukte"). Beim Pelletieren werden die Lupulindrüsen aufgebrochen und außerdem kann sich der zermahlene Hopfen gut in der Würze verteilen. Deswegen haben Pellets, was die Isomerisierung anbelangt, beim Würzekochen eine um circa 10 % höhere Ausbeute als Hopfen, der in Form von ganzen Dolden zugegeben wird. Hopfenextrakt schließlich ist eine zähflüssige Masse, in der die Hopfenharze und Öle hochkonzentriert vorliegen und eine noch bessere Ausbeute bringen, weil am Ende des Kochens weniger Bitterstoffe im Pflanzenmaterial zurückbleiben. Heimbrauer verwenden zwar eher selten Hopfenextrakt, wenn es aber doch getan wird, dann muss unbedingt auf eine gute Vermischung des Extrakts mit der Würze geachtet werden.

BITTERSTOFFAUSBEUTE BEI VERSCHIEDENEN HOPFENPRODUKTEN

- Doldenhopfen -> 20–25 %
- Pellets -> 25–35 %
- Extrakt -> 30–38 %

LAGERUNG

Die Alpha-Säuren des Hopfens werden unter Luftzufuhr und in warmer Umgebung abgebaut. Das resultiert zum einen in einem geringeren Alpha-Säuren-Gehalt, so dass es weniger Ausgangsmaterial für die Isomerisierung gibt. Hopfen lagert man daher am besten im Tiefkühlfach, und eine offene Tüte sollte sobald wie möglich aufgebraucht oder unter Luftabschluss aufbewahrt werden. Wenn Sie ein Vakuumiergerät zur Hand haben, sollten Sie es unbedingt benutzen. Mehr zur Lagerung des Hopfens im Kapitel „Von der Ernte zum Hopfenprodukt".

KOCHZEIT

Nun mag sich mancher fragen, ob es nicht möglich wäre, so lange zu kochen, bis die Alpha-Säuren vollständig zu Iso-Alpha-Säuren umgesetzt wurden. Prinzipiell geht das durchaus. Es würde ungefähr 2 Stunden dauern, bis alle Alpha-Säuren isomerisiert sind. Aber gleichzeitig würde ein Teil der Iso-Alpha-Säuren zu Folgeprodukten weiterreagieren, die nicht mehr bitter wären. Die übliche Würzekochzeit von 60–90 Minuten ist hier ein guter Kompromiss.

Es gibt aber noch weitere Gründe dafür, just diese Zeitspanne zu wählen: Unerwünschte Aromen, die vom Malz kommen und nach Dosenmais oder gekochtem Gemüse riechen, müssen aus der Würze ausgedampft werden. Nach etwa 60–90 Minuten rollender Kochung ist das auch geschafft. Außerdem ist zu beachten, dass die Würze immer mehr Hitzebelastung erfährt, je länger sie gekocht wird. Das führt zu Karamellisierungsreaktionen und damit zu einer Veränderung im Geschmack und zu einer dunkleren Würzefarbe.

TEMPERATUR

Die Isomerisierungsreaktion ist eine chemische Reaktion und damit von der Temperatur abhängig. Bei hohen Temperaturen verlaufen chemische Reaktionen durchweg schneller, bei niedrigeren Temperaturen langsamer. Da beim Heimbrauen mit offenen Gefäßen gekocht wird und man sich in der Regel auch nicht gerade auf einem hohen Berg befindet, kann man von einer Kochtemperatur von circa 100 °C ausgehen. Sollten Sie aber auf 1000 m über dem Meer brauen, müssen Sie aufpassen, denn dort kocht das Wasser bereits bei 96,7 °C, in 2000 m Höhe sogar schon bei 93,3 °C. Die Isomerisierungsreaktion würde langsamer ablaufen und Sie müssten die Würze länger kochen, um die gleiche Bittere zu erhalten. Gleichzeitig müssen Sie miteinberechnen, dass die Isomerisierung auch nach dem Koch-Ende noch weiterläuft, wenn zwar die Hitzequelle schon ausgeschaltet, die Würze aber noch heiß ist. Oft wird zu diesem Zeitpunkt, noch im Whirlpool, ein weiteres Mal Hopfen zugegeben. Bei IPAs ist diese Gabe sogar häufig sehr hoch. Selbst bei 90 °C findet nach 30 Minuten noch eine deutliche Isomerisierung statt. Diese Nachisomeriserung im Whirlpool kann jedoch zu bösen Überraschungen führen, wenn die dabei entstandene Bittere im Rezept nicht miteinberechnet wurde! Erst unter 80 °C gibt es keine nennenswerte Isomerisierung mehr. Daher wird bei modernen IPAs oft die Whirlpool-Temperatur abgesenkt, da keine oder kaum Bittere durch die zusätzliche Hopfengabe erwünscht ist, sondern lediglich die Hopfenöle herausgelöst werden sollen.

MENGE DER HOPFENGABE

In der Regel werden bei der Bitterhopfengabe keine exzessiven Mengen an Hopfen gegeben. Falls Sie das doch tun, sollten Sie beachten, dass der Ausnutzungsgrad geringer wird, wenn sehr viel Hopfen gegeben wird. Wird eine große Menge an Doldenhopfen gegeben, bleiben nach dem Kochen eine beachtliche Menge an Bitterstoffen im Pflanzenmaterial zurück.

STAMMWÜRZE

Die Höhe der Stammwürze hat einen großen Einfluss auf die Isomerisierung. Ist die Stammwürze sehr hoch, dann sind viele Stoffe in der Würze gelöst. Das führt dazu, dass es immer schwieriger wird, noch weitere Substanzen darin zu lösen. Daher ist die Isomerisierungsrate bei hoher Stammwürze geringer als bei niedriger Stammwürze. Außerdem ist bei höherer Stammwürze auch mehr Eiweiß gelöst, das beim Kochen stockt und ausfällt. Es bildet den sogenannten Trub, der auch immer Bitterstoffe mit sich nimmt.

PH-WERT DER WÜRZE

Heimbrauer kämpfen häufig mit einer kratzigen, nachhängenden Bittere in ihrem Bier. Grund dafür ist häufig hartes Brauwasser mit einem hohen pH-Wert. Es wird beobachtet, dass Biere aus einer Würze mit weichem Brauwasser einen niedrigeren pH-Wert haben und eine feinere und mildere Bittere aufweisen. Grund hierfür ist der pH-Wert von Würze und Bier. Würze hat beim Kochen in der Regel einen pH-Wert von 5,0–5,4. Liegt der pH-Wert im unteren Bereich, dann lösen sich die Alpha-Säuren und auch die Iso-Alpha-Säuren schlechter und somit gelangen weniger Iso-Alpha-Säuren ins Bier. Wenn Sie Ihren Würze-pH mit einer Säurezugabe beim Kochen absenken, müssen Sie beachten, dass ein niedrigerer pH-Wert eine geringere Isomerisierungsrate der Alpha-Säuren ergibt. Sofern Sie die Isomerisierung der Bitterhopfengabe nicht beeinflussen wollen, aber trotzdem den pH-Wert absenken wollen, dann geben Sie die Säure am besten erst am Ende des Kochvorgangs zu.

ANHALTSWERTE ZUR LÖSLICHKEIT VON ALPHA-SÄUREN UND ISO-ALPHA-SÄUREN (MG/L) IN BIER BEI VERSCHIEDENEN PH-WERTEN NACH FORSTER, GAHR ET AL.

PH-WERT	ALPHA-SÄUREN	ISO-ALPHA-SÄUREN
4,0	4	120
4,4	10	300
4,8	24	1000
5,2	84	2000
5,6	200	3000

DIE ZUGABE VON SALZEN ZUM BRAUWASSER

Der pH-Wert kann auch durch die Zugabe von Kalziumsalzen gesenkt werden. Häufig wird Kalziumsulfat (Braugips) oder Kalziumchlorid gegeben. Dabei ist aber zu beachten, dass diese Salze auch den Hopfencharakter beeinflussen: Kalziumsulfat ergibt eine trockene und herbe Bittere, während Kalziumchlorid eine runde, weiche Bittere ins Bier bringt. Viele Brauer mischen die Salze je nach Bierstil in einem bestimmten Verhältnis. Ein deutsches Pilsener kann zum Beispiel mehr Kalziumsulfat vertragen, während ein Leichtbier am besten mit viel Kalziumchlorid gebraut wird, da dieses einen runden Geschmackseindruck fördert. Auch der weiche Hopfencharakter eines New England IPAs wird vor allem mit Kalziumchlorid herausgearbeitet, während die akzentuierte Bittere eines West Coast IPAs mit einem Fokus auf Kalziumsulfat hervorgerufen wird.

WIE BEKOMME ICH EINE WÜRZE MIT GERINGEM PH-WERT?

- Weiches Brauwasser mit geringer Restalkalität
- Verwendung von Sauermalz
- Dicke Maische (hohes Malz-zu-Wasser-Verhältnis)
- Aufhärten des Brauwassers mit Kalziumsulfat oder Kalziumchlorid
- Säurezugabe ins Brau- und Läuterwasser (am besten lebensmittelechte Milchsäure)
- Hohes Verhältnis von Malz zu Wasser in der Maische
- Säurezugabe in die Würze (am besten lebensmittelechte Phosphorsäure)

DIE BETA-SÄUREN DES HOPFENS

Zweifellos sind die Alpha-Säuren die wichtigsten Bittersäuren im Hopfen, doch Hopfen enthält auch Beta-Säuren. Sie werden **Lupulone** genannt. Man unterteilt sie, analog zu den verschiedenen Alpha-Säuren (siehe Seite 23), in Lupulone (auch n-Lupulone genannt), Colupulone und Adlupulone, die jeweils in größeren Mengen vorkommen, sowie die mengenmäßig unbedeutenden Prälupulone und Postlupulone.

Die Beta-Säuren selbst sind so schwer löslich in Bier, dass sie fast gar nicht zur Bierbittere beitragen. Anders sieht das bei der oxidierten Form der Beta-Säuren aus. Wenn die Beta-Säuren bei der Lagerung des Hopfens nach der Ernte oder aber beim Würzekochen mit Sauerstoff in Berührung kommen, oxidiert ein Teil von ihnen zu **Huluponen**. Diese sind besser löslich, weshalb vermutet wird, dass sie, anders als die Beta-Säuren, sehr wohl ihren Teil zur Bierbittere beisteuern. Interessanterweise wurde auch beobachtet, dass sich Hulupone positiv auf die Vollmundigkeit des Bieres auswirken.

UNSPEZIFISCHE WEICHHARZE

Die Kategorie „unspezifische Weichharze" wurde für diejenigen Weichharze gewählt, die weder zu den Alpha-Säuren noch zu den Beta-Säuren gehören. Sie kommen meist nur in sehr geringen Mengen vor und es gibt noch keine zuverlässige Methode, sie überhaupt zu messen. Trotzdem steht zu vermuten, dass sie einen gewissen Einfluss auf die Bierbittere haben. Schon seit langer Zeit wurde von Brauern beobachtet, dass nicht nur die Alpha-Säuren zur Bierbittere beitragen. Gemäß einer Faustformel besteht der Bitterwert aus den Alpha-Säuren und einem Neuntel des sogenannten Beta-Anteils. Der Beta-Anteil besteht aus den Beta-Säuren und den unspezifischen Weichharzen (siehe Grafik).

HARTHARZE

Von Fachleuten wird vermutet, dass auch die Hartharze eine Auswirkung auf die Bierbittere haben. Diese ist jedoch bisher nur wenig erforscht.

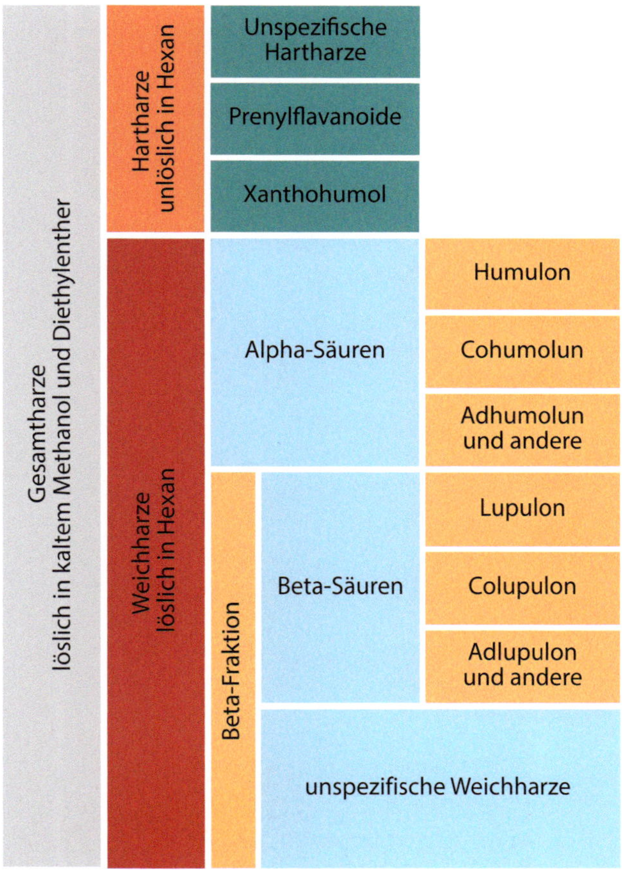

Einteilung der Hopfenbitterstoffe.

HOPFEN-ANALYTIK – WIE WERDEN DIE HOPFENBITTERSTOFFE GEMESSEN?

Die Art und Menge der Hopfenbitterstoffe lassen sich im Labor mithilfe verschiedener physikalisch-chemischer Methoden ermitteln.

Modifizierte Wöllmer-Methode

Ausgehend vom Rohhopfen werden die Hopfenharze mithilfe verschiedener Lösungsmittel und durch Ausfällung mit Salzen voneinander getrennt. Die Alpha-Säuren können mit dem Konduktometerwert quantifiziert werden. Dieser Wert ist aber nicht unbedingt mit der Bierbittere korreliert, da auch Oxidationsprodukte der Alpha- und Beta-Säuren zur Bierbittere beitragen. Neben der Mengenbestimmung der Alpha-Säuren kann man mit dieser Analysemethode auch eine Aussage über den Alterungsgrad des Hopfens machen, da die Gesamtweichharze den Gesamthartharzen gegenübergestellt werden können. Je mehr Hartharze vorhanden sind, desto älter ist der Hopfen.

Spektralphotometrische Methode

Der Rohhopfen wird hierbei mit Toluol extrahiert, zentrifugiert und mit alkalischem Methanol verdünnt. Die erhaltene Lösung wird mit einem Lichtstrahl durchleuchtet und die Extinktion (die Abschwächung der Lichtwellen) wird bei drei unterschiedlichen Wellenlängen gemessen. Diese drei Wellenlängen erfassen jeweils die Alpha-Säuren, die Beta-Säuren sowie die Oxidationsprodukte der Alpha- und Beta-Säuren. Indem man die Extinktion der Alpha-Säuren mit der der Oxidationsprodukte ins Verhältnis setzt, bekommt man eine Information über den Alterungsgrad des Hopfens. Dies ist der „Hop Storage Index“ (HSI), ein in der Brauwelt häufig verwendeter Wert. Ein frischer Hopfen hat einen HSI von 0,2–0,3.
Auch die Iso-Alpha-Säuren im Bier werden spektralphotometrisch gemessen. Diese Standardanalytik gibt Aufschluss über die internationalen Bittereinheiten (IBUs). Der Nachteil daran ist, dass der Test nicht zwischen den verschiedenen Säuren (Alpha-Säuren, Beta-Säuren, Humulione, Hulupone) unterscheiden kann. Das ist in der Praxis ein Problem, da die verschiedenen Hopfensäuren nämlich unterschiedlich bitter sind und die verschiedenen Stoffgruppen durch verschiedene Hopfungstechniken unterschiedlich stark ins Bier übergehen. So kann ein Bier, das stark hopfengestopft wurde, mehr IBUs haben als ein Bier, das nur zum Kochbeginn gehopft wurde und wesentlich bitterer schmeckt.

HPLC (High Performance Liquid Chromatography)

Bei dieser Analysetechnik werden die verschiedenen Säuren in einem Chromatogramm voneinander getrennt. Dies ist die genaueste Analysemethode, da hier Einzelverbindungen spezifisch gemessen werden können. Dadurch können zum Beispiel Veränderungen durch Hopfenstopfen, etwa ein Verlust an Iso-Alpha-Säuren und ein Anstieg von Humulionen und von Alpha-Säuren, nachvollzogen werden. Damit lässt sich nachvollziehen, warum ein Bier, das durch Hopfenstopfen sehr viele IBUs hat, trotzdem wenig bitter schmeckt. Außerdem können Rückschlüsse auf Qualitätsveränderungen bei der Produktion von Hopfenprodukten gezogen werden.

Ermittlung des universellen Bitterwerts

Es handelt sich um eine Kochmethode, bei der Hopfen in einer Pufferlösung von pH 5,5 für 60 Minuten gekocht wird. Anschließend werden die Bitterstoffe mit Chloroform extrahiert, sodann wird die Extinktion von ultraviolettem Licht gemessen. Diese Methode eignet sich besonders gut, um den Unterschied der Bitterstoff-Ausbeute aus Doldenhopfen und aus verarbeitetem Hopfen wie Pellets oder Extrakt zu messen.

Beim Würzekochen verändern sich die Hopfenharze.

DIE BERECHNUNG DER BITTERE

Die gängigste Maßeinheit für die Bittere von Bier sind die **International Bitterness Units (IBU)**, auf Deutsch **Bittereinheiten (BE)** genannt. Ein IBU ist definiert als 1 mg Iso-Alpha-Säure pro Liter Bier. Wenn angegeben wird, dass ein Pilsbier 27 IBUs hat, dann wurde berechnet, dass 27 mg/l Iso-Alpha-Säuren in einem Liter des Bieres gelöst wurden. Wenn ein Hopfen 6 % Alpha-Gehalt hat, dann sind 6 g Alpha-Säuren pro 100 g Hopfen enthalten. Allerdings landen beim Brauen mit Hopfenpellets bei einer Kochzeit von 60–90 Minuten nur rund 30 % der ursprünglichen Alpha-Säuren als Iso-Alpha-Säuren im Bier.

Mit diesen Informationen können wir berechnen, wie viel Hopfen wir in die Würze geben müssen, um eine gewisse Menge Iso-Alpha-Säuren ins Bier zu bekommen. Unten auf der Seite sehen Sie eine einfache Formel, die viel verwendet wird. Wenn unterschiedliche Hopfengaben zu unterschiedlichen Zeiten beim Kochen gegeben werden, dann ist es ratsam, die Formel nach den Bittereinheiten aufzulösen und die Hopfengabe so anzupassen, dass die gewünschten Bittereinheiten erzielt werden. Es müssen dabei aber je nach Würzezusammensetzung – vor allem abhängig vom Stammwürzegehalt – und je nach der Kochzeit der Hopfengabe unterschiedliche Isomerisierungsraten und damit verschiedene Ausbeuten angenommen werden. Auch im Whirlpool muss je nach Temperatur (sofern > 80 °C) und Länge der Whirlpoolrast eine bestimmte Ausbeute angenommen werden. Die erhaltenen Bittereinheiten werden zuletzt aufsummiert. Der Zahlenwert, der für die Ausbeute eingesetzt wird, ist dabei der schwierige Teil der Geschichte.

Man kann IBUs mit unterschiedlichen Formeln berechnen. Die meisten Brausoftwares verwenden eine Formel von Tinseth. Es gibt aber auch Formeln von Garetz und Rager, die jedoch seltener zur Anwendung kommen. In der Tat ist es weniger wichtig, welche Formel Sie benutzen, als dass Sie immer dieselbe Formel beziehungsweise dieselbe Software verwenden, wenn Sie die Hopfengabe von einem bestimmten Bier auf Ihrer Brauanlage verändern. Und natürlich kommt es bei der Berechnung der Hopfengabe nicht allein auf die IBUs an, sondern auch auf den Ölgehalt und die Polyphenole im Hopfen. Mehr dazu in den Kapiteln „Das Aroma des Hopfens“ und „Polyphenole“.

DIE BALANCE DER BIERBITTERE

Bei einem guten Bier sind die Süße des Malzkörpers und die Bittere des Hopfens ausbalanciert. Um das zu erreichen, kann eine einfache Formel helfen, die von vielen amerikanischen Heimbrauern verwendet wird. Die Formel setzt die IBUs (BU) mit den „Gravity Units“ (GU) ins Verhältnis. Der GU-Wert lässt sich errechnen, indem man von der Dichte (mit der Einheit specific gravity = SG) der Stammwürze den Wert 1,0 abzieht und das Ergebnis mit 1000 multipliziert. Bei einem Pale Ale mit einem Stammwürzegehalt mit einer Dichte von beispielsweise 1,050 und 30 IBUs errechnet sich auf diese Weise ein BU:GU von 30:50

BERECHNUNG DER ERFORDERLICHEN HOPFENGABE

$$\text{Hopfen [g]} = \frac{(\text{BE}) \times (\text{W})}{(\text{Ausbeute}) \times (\text{Alpha-Säuren-Gehalt}) \times (1000\ \text{mg/g})}$$

BE: z. B. 20 -> 20 mg/l
Würze (W): Menge der zu Koch-Enden Würze -> z. B. 20 l
Ausbeute: z. B. 30 % -> 0,3
Alpha-Säuren-Gehalt: z. B. 6 % -> 0,06

= 0,6. Will man nun wissen, ob dieser Wert für den angestrebten Bierstil passt, kann man sich die Leitlinien (englisch: beer style guidelines) zu dem entsprechenden Stil ansehen, den BU:GU-Wert eines Stils errechnen und mit dem eigenen vergleichen.

Was hierbei allerdings nicht beachtet wird, ist der Vergärungsgrad und damit die Restsüße des Bieres. Diese spielt aber natürlich eine große Rolle und kann mit einbezogen werden, indem man die **wahrgenommene Bittere** (englisch: perceived bitterness = PB) berechnet. Dabei wird der Vergärungsgrad (VG) des eigenen Bieres mit dem typischen Vergärungsgrad (TVG) des jeweiligen Bierstils verglichen.

FORMEL FÜR DIE WAHRGENOMMENE BITTERE (PB) NACH RAY DANIELS

PB = (BU:GU) × (1+(VG–TVG))
VG = (OG–FG) : (OG–1)
Der TVG errechnet sich analog zum VG, aber mit den typischen Werten den jeweiligen Bierstils.
(OG = Original Gravity, englisch für Stammwürzegehalt in SG; FG = Final Gravity, englisch für Restextrakt am Ende der Gärung in SG)

Je höher der Wert der wahrgenommenen Bittere ist, desto stärker ist die Bittere akzentuiert. Wenn zum Beispiel das eigene Bier einen höheren Vergärungsgrad (VG) hat als der typische Vergärungsgrad (TVG) des Bierstils, dann wird der PB-Wert hochgehen. Im eigenen Bier wäre dann weniger Restzucker und damit weniger Malzsüße enthalten, welche die Hopfenbittere ausbalancieren könnte.

DER BRAUPROZESS UND DIE HOPFENBITTERE

Je früher der Hopfen beim Kochen gegeben wird, desto mehr Zeit ist für die Isomerisierung der Bitterstoffe vorhanden. Meistens wird der Hopfen in mehrere Gaben aufgeteilt. Untersuchungen haben ergeben, dass bei einem klassischen Lagerbier eine Gabe zu Kochbeginn und mindestens noch eine weitere Gabe ab der Mitte des Kochprozesses ein besseres Ergebnis bringen als nur eine einzige frühe Hopfengabe. Diejenigen Biere mit mehreren Bitterhopfengaben schnitten in Verkostungen durchweg besser ab und wurden als abgerundeter bewertet.

VORDERWÜRZE-HOPFUNG

Eine althergebrachte Hopfungstechnik, die insbesondere in Deutschland eine lange Tradition hat, ist die Vorderwürze-Hopfengabe. Hierbei wird der Hopfen bereits zur Würze gegeben, die sich während des Läuterns im Kochgefäß sammelt. Es gibt Brauer, die auf diese Methode schwören und sagen, dass dadurch eine abgerundete, weiche Bittere ins Bier kommt. Wissenschaftlich aufgebaute Brauversuche mit Verkostungen konnten diese Aussagen jedoch nicht verifizieren. Ein klarer Vorteil einer solch frühen Hopfengabe besteht jedoch darin, dass die Würze bei Kochbeginn weniger schäumt und nicht so leicht überkocht.

KONTINUIERLICHES HOPFEN

Die amerikanische Brauerei Dogfish Head hat mit ihrem „90 Minute IPA" eine Hopfungstechnik erfunden, bei der über den gesamten Kochzeitraum hinweg kontinuierlich Hopfenpellets gegeben werden. Das Bier fand sehr hohen Anklang und seitdem versuchen auch Heimbrauer, diese Technik zu imitieren. Wenn Sie gerne basteln, dann können Sie eine Bauanleitung für einen „continuous wort hopper"

Kleine Portionen für kontinuierliches Hopfen.

online suchen. Alternativ können Sie den Hopfen auch in beliebig vielen kleinen Portionen händisch zugeben.

Kritiker dieser Technik bemängeln die schlechte Ausnutzung des Hopfens und den damit einhergehenden Anstieg der Hopfengabe, was mit einer hohen Extraktion von grünem Pflanzenmaterial einhergehen kann. Dies wiederum beeinträchtigt möglicherweise den Geschmack.

BITTERE DURCH DIE WHIRLPOOLGABE

Ab einer Temperatur der Würze von 90 °C finden deutlich Isomerisierungsreaktionen statt. Insbesondere bei einer hohen Whirlpool-Hopfengabe bei hohen Temperaturen und einer langen Whirlpoolrast von 30 Minuten oder mehr müssen unbedingt Isomerisierungsraten miteinberechnet werden (siehe Seite 30), sonst kann es zu bösen bitteren Überraschungen im fertigen Bier kommen! Unter 80 °C findet keine nennenswerte Isomerisierung mehr statt.

BITTERE DURCH HOPFENSTOPFEN

Auch durch Hopfenstopfen kann Bittere ins Bier gelangen. Oxidierte Alpha-Säuren, die Humulione, gehen beim Hopfenstopfen gut ins Bier über. Humulione haben rund zwei Drittel der Bitterkraft von Iso-Alpha-Säuren und tragen am stärksten zur Bittere durch Hopfenstopfen bei. Es wurde beobachtet, dass sie eine sanftere Bittere hervorrufen als Iso-Alpha-Säuren. Der Grund hierfür liegt in der stärker polaren Molekülstruktur der Humulione, weswegen sie sich weniger stark an der Zunge festsetzen.

Durch das Hopfenstopfen werden allerdings auch Iso-Alpha-Säuren aus dem Bier entfernt, weil sie sich am Pflanzenmaterial des Hopfens festsetzen und mit ihm ausfallen. Gleichzeitig werden Humulione eingebracht. Studien haben gezeigt, dass Biere mit weniger als 20 IBUs durch Hopfenstopfen (circa 3 g/l) tendenziell bitterer werden, während Biere mit mehr als 30 IBUs weniger bitter werden. Je mehr Hopfen beim Hopfenstopfen gegeben wird, desto mehr Iso-Alpha-Säuren werden ausgefällt und umso mehr Humulione gehen ins Bier über. Die Humulione haben einen rund zehnmal größeren Einfluss auf die Bierbittere als die Polyphenole, die beim Hopfenstopfen ebenfalls extrahiert werden. Auch Alpha-Säuren gehen ins Bier über, entwickeln aber nur 10 % der Bittere von Iso-Alpha-Säuren. Beta-Säuren und oxidierte Beta-Säuren haben hingegen so gut wie keinen Einfluss auf die Bittere, da sie sehr schlecht in Bier löslich sind. Interessanterweise können durch diese Effekte ein hopfengestopftes Bier und ein ausschließlich beim Würzekochen gehopftes Bier die gleichen IBUs haben, aber sehr unterschiedlich bitter schmecken.

Ein weiterer Einfluss auf die Bierbittere durch Hopfenstopfen kommt durch die Erhöhung des pH-Wertes. Wenn mit 9 g/l Hopfen gestopft wird, kann dieser Anstieg in einer Größenordnung von 0,3 Punkten auf der pH-Skala liegen. Wird 3 g/l Hopfen im Kaltbereich gegeben, gibt es nur einen Anstieg von circa 0,14 Punkten. Bei einem höheren pH-Wert schmeckt ein Bier bitterer, auch wenn der Gehalt an Iso-Alpha-Säuren gleich bleibt.

WAS IST BITTERHOPFEN?

Ob eine Hopfensorte als Bitterhopfen oder Aromahopfen gehandelt wird, liegt in der Entscheidung des Züchters. Bitterhopfen und Aromahopfen – das hört sich so an, als könne Bitterhopfen nur Bittere und Aromahopfen nur Aroma ins Bier bringen. Das ist jedoch keineswegs der Fall, da das Lupulin immer sowohl Alpha-Säuren als auch Hopfenöle in sich trägt. Der Unterschied liegt vor allem im Brauprozess. Es gibt Bitterhopfengaben und Aromahopfengaben.

Die Bitterhopfengabe wird am Anfang des Würzekochens gegeben, damit genug Zeit vorhanden ist zur Isomerisierung und damit eine Grundbittere ins Bier kommt. Hier macht es

Sinn, einen Hopfen mit hohem Alpha-Gehalt zu wählen, weil damit auf wirtschaftliche Weise das Bier bitter gemacht werden kann. Gleichzeitig gibt es weniger Würzeverluste, da weniger Pflanzenmaterial mitgegeben wird, das sich während des Kochens mit Würze vollsaugt und letztlich als Verlust im Kochgefäß zurückbleibt.

Der Aromahopfen jedoch wird erst gegen Ende des Würzekochens oder noch später gegeben. Dazu mehr im Kapitel „Hopfenaroma“.

Der gleiche Hopfen kann sowohl als Bitterhopfen(gabe) gegeben werden wie auch als Aromahopfen(gabe).

DIE WAHL DER HOPFENSORTE FÜR DIE BITTERHOPFENGABE

Lange Zeit wurde postuliert, dass es egal ist, welche Bitterhopfensorte für ein Bier verwendet wird, und dass Bittere gleich Bittere sei. Es mag tatsächlich keinen großen Unterschied machen, ob 'Herkules' oder 'Hallertauer Magnum' in bayerisches Helles gegeben werden. Es macht aber durchaus einen Unterschied, ob man 3 g 'Herkules'-, 10 g 'Perle'- oder 30 g 'Saazer'-Hopfenpellets gibt, um den gleichen Gehalt an Iso-Alpha-Säuren ins Bier zu bringen. Die Wahl des Bitterhopfens ist wichtig, da immer auch ein bisschen sorteneigener Geschmack und Aroma mit ins Bier übergehen. Heimbrauer sind mit hochwertigem Aromahopfen gut beraten, der genug Alpha-Säuren hat, sodass nicht zu viel Pflanzenmaterial mitgekocht wird, in dem unter anderem auch Gerbstoffe (Polyphenole) sitzen. Diese Tannine sind durch ihren kernigen Geschmack bei Wein zum Beispiel sehr wichtig, um ihm Struktur zu geben. Je mehr pflanzliches Material beim Würzekochen ausgelaugt wird, desto mehr Geschmack wird von ihm ans Bier abgegeben. Das kann je nach Menge und Frische des Hopfens ein angenehm kerniger Geschmack sein, bei zu hohen Mengen aber auch adstringierend wirken. Generell gilt, dass ein Hopfen mit hohem Alpha-Gehalt einen geringeren Gehalt an Gerbstoffen hat als ein Hopfen mit niedrigem Alpha-Gehalt.

Beim Heimbrauen kann die Verwendung von Hopfen mit hohem Alpha-Gehalt riskant sein, da bei diesen schon eine kleine Menge einen großen Unterschied macht. Gibt man auch nur ein bisschen zu viel eines solchen Hopfens zu, kann das Bier scheußlich bitter werden. Auch mit amerikanischen Bittersorten muss man vorsichtig sein. So hat zum Beispiel 'Chinook' einen sehr starken Geschmack nach Grapefruit, der auch bei der Bittergabe durchkommt und nicht für alle Bierstile geeignet ist. Es wird übrigens gemunkelt, dass Augustiner nur 'Perle' als Bitterhopfen verwendet. Diese Hopfensorte hat mit ungefähr 7,5 % einen ordentlichen Alpha-Gehalt, aber gleichzeitig ein hochfeines Aroma.

Kommt durch verschiedene Hopfensorten die gleiche Bittere ins Bier?

WAS HOPFENBITTERSTOFFE ALLES BEWIRKEN

Nicht nur, dass sie eine angenehme Bitternote in den Geschmack des Bieres bringen, die Bitterstoffe des Hopfens haben darüber hinaus noch eine ganze Reihe weiterer positiver Eigenschaften.

HOPFENBITTERSTOFFE UND BIERSCHAUM

Bier ist das einzige Getränk auf der Welt, das eine Schaumkrone besitzt. Gerade in Deutschland gilt eine schöne, lang anhaltende Schaumkrone als ein Qualitätsmerkmal von Bier. Ein großer Vorteil der Schaumkrone ist, dass das Bier im Glas länger frisch bleibt, da weniger Kohlensäure entweichen kann und das Bier damit rezent bleibt. Außerdem bietet der Schaum einen Schutz vor Luftsauerstoff, der seinerseits ein Feind des eingeschenkten Biers ist.

Bei der Ausprägung einer Schaumkrone und bei deren Stabilisierung ist der Hopfen behilflich. Bierschaum besteht vor allem aus Proteinen vom Malz, die mit Hopfensäuren oberflächenaktive Komplexe bilden. Ab 10 mg/l Hopfen beziehungsweise 10 IBUs gibt es eine schaumstabilisierende Wirkung. Es wurde herausgefunden, dass nicht isomerisierte Alpha-Säuren und oxidierte Beta-Säuren sogar noch besser die Schaumstabilität unterstützen. Wie schon erwähnt, überdauern nur wenige dieser Säuren den Kochprozess. Allerdings können Alpha-Säuren und Beta-Säuren durch Hopfenstopfen ins Bier gebracht werden. Iso-Cohumulone wirken weniger schaumstabilisierend als die Iso-Humulone und die Iso-Adhumulone. Es gibt im Handel auch bereits vorisomerisierte Hopfenprodukte, von denen vor allem Tetra- und Hexa-Extrakte (siehe Kapitel „Von der Ernte zum Hopfenprodukt"), die den Schaum sehr stark stabilisieren. Diese Produkte sind allerdings für den Heimbrauer nicht geeignet, da sie stark konzentriert sind und sehr genau dosiert werden müssen. Das ist bei den geringen Sudgrößen beim Heimbrauen schlichtweg nicht möglich.

Die Hopfenbitterstoffe beeinflussen den Bierschaum.

ANTIBAKTERIELLE WIRKUNG VON HOPFENBITTERSTOFFEN

Die deutsche Äbtissin und Mystikerin Hildegard von Bingen hat bereits im Jahr 1153 in ihrem Werk *Physica* die haltbar machende Wirkung von Hopfen im Bier beschrieben. Dies war letztlich der Grund für den durchschlagenden Erfolg des Hopfens beim Bierbrauen, denn den bitteren Geschmack allein konnte man auch mit anderen Pflanzen wie Löwenzahn oder Schafgarbe erzielen. Hopfen vermag das Wachstum von Mikroorganismen zu hemmen. Viele Milchsäurebakterien, die das Bier sauer machen würden, werden durch den Hopfen unterdrückt. Das beginnt schon bei ungefähr 8 IBU. (Im Umkehrschluss heißt das: Wenn Sie ein Sauerbier brauen wollen, das mit Milchsäurebakterien vergoren werden soll, müssen Sie sich mit der Hopfengabe zurückhalten!)

Man weiß heute, dass die antimikrobielle Wirkung des Hopfens im sauren Bereich stärker ist als bei höheren pH-Werten. Ab einem Iso-Alpha-Säuren-Gehalt von 30 mg/l (30 IBU) kann man von einem guten Schutz ausgehen. Über die Zeit haben allerdings einige der Bakterien eine Hopfentoleranz entwickelt, sodass ehemals hopfenempfindliche Bakterienstämme heute hopfenresistent sind. Was die Hemmung des Keimwachstums betrifft, sind die Alpha-Säuren und vor allem die Beta-Säuren sogar noch viel wirksamer als Iso-Alpha-Säuren. Wegen ihrer sehr viel geringeren Konzentration im Bier ist ihr Effekt in der Praxis allerdings nicht groß.

ERNÄHRUNGSPHYSIOLOGISCHE BEDEUTUNG VON HOPFENBITTERSTOFFEN

Hildegard von Bingen wusste auch bereits im Mittelalter über die Wirkung von Hopfen auf den menschlichen Organismus zu berichten. Sie schrieb, der Hopfen löse „Melancholia" aus. Und etwa 100 Jahre später hielt der gelehrte Bischof Albertus Magnus schriftlich fest, der Hopfen mache einen „schweren Kopf". Mit anderen Worten: Er macht müde.

Hildegard von Bingen beschrieb bereits im Jahr 1153 die konservierende Wirkung von Hopfen im Bier und seine beruhigende Wirkung auf den Menschen.

Mittlerweile ist es wissenschaftlich erwiesen, dass der Hopfen in der Tat beim Einschlafen helfen kann, eine Wirkung, die auf Hopfenbitterstoffe und auch auf Hopfenöle zurückzuführen ist. Zudem gibt es zahlreiche medizinische Studien über Hopfen, in denen erforscht wurde, inwieweit die Hopfenbitterstoffe auch im menschlichen Körper antibiotisch wirken. Es wird vermutet, dass sie tatsächlich Bakterien unterdrücken können, die Tuberkulose, Magengeschwüre und Lebensmittelvergiftungen verursachen. Das Hopfenmuseum in Wolnzach hat ein Buch über die Arzneipflanze Hopfen veröffentlicht.

HOPFEN WIRKT ...

- Beruhigend und schlaffördernd
- Appetitanregend
- Gegen Magenbeschwerden
- Entzündungshemmend

BITTERSTOFFE WIRKEN GEGEN BIERALTERUNG

Hopfenbitterstoffe wirken sich aber auch positiv auf die Alterungsstabilität von Bieren aus. Sie können nämlich Eisen- und Kupferionen im abgefüllten Bier binden. Diese Metallionen würden andernfalls als Katalysatoren für die Entstehung von ausgesprochen reaktionsfreudigen Sauerstoffradikalen dienen. Die Sauerstoffradikale könnten dann ihrerseits mit anderen Verbindungen, zum Beispiel mit Carbonylen, reagieren, wodurch ein sogenannter Alterungsgeschmack hervorgerufen wird, ein oft dumpfer Geschmack, der an nassen Pappkarton erinnert.

Ein Weg, Alterungsreaktionen einzuschränken, ist die knappe Verwendung von Karamellmalzen. Solche Malze werden beim Darren während des Mälzungsprozesses stärkerer Hitze ausgesetzt, wodurch Maillard-Produkte entstehen, die für den Karamellgeschmack verantwortlich sind. Gleichzeitig beschleunigen die Maillard-Produkte die durch Sauerstoff hervorgerufenen Alterungsprozesse im Bier. Viele Brauereien verwenden deswegen für ihre IPAs weniger als 5 % Karamellmalze. Dadurch kommt zwar noch ein Hauch an Malzigkeit und Farbe ins Bier, die Biere altern aber nicht übermäßig schnell.

Eine weitere Möglichkeit, die Alterungsstabilität zu verbessern, ist das Ausfällen von Kupfer und Eisen während des Brauprozesses durch eine Hopfengabe bereits beim Maischen und durch mehrere Hopfengaben während des Kochens.

BITTERSTOFFE ALTERN IM LAUFE DER ZEIT

Im Laufe der Bieralterung werden Bitterstoffe im Bier allerdings abgebaut. Man beobachtet dadurch eine Abnahme der Bitterintensität und auch eine Veränderung der Bitterqualität, hingehend zu einer stärker nachhängenden Bittere. Schon lange ist bekannt, dass die beiden Formen der Iso-Alpha-Säuren, die cis-Form und die trans-Form, unterschiedlich stabil sind. Die cis-Form ist die wesentlich stabilere der beiden Formen. Je höher die Temperatur bei der Lagerung ist, desto schneller werden die Bittersäuren abgebaut. Dabei spielt auch der pH-Wert des Bieres eine Rolle. Insbesondere die trans-Form der Iso-Alpha-Säuren reagiert weniger stark zu Abbauprodukten, wenn der pH-Wert höher liegt. Es wird derzeit noch daran geforscht, welchen Einfluss diese Abbauprodukte auf den nachhängenden Charakter der Bittere bei gealtertem Bier haben.

FEHLGESCHMACK DURCH BITTERSTOFFE IM BIER – DER LICHTGESCHMACK IM BIER

Wenn Iso-Alpha-Säuren Sonnenlicht ausgesetzt werden, dann kann ein Fehlgeschmack entstehen, der an das „Aroma“ eines Stinktiers erinnert. Dieser Geruch wird durch die Verbindung 3-Methyl-2-buten-1-thiol hervorgerufen. Die Verbindung entsteht durch eine Reaktion zwischen einer vom Iso-Humulon abgespaltenen Seitenkette mit einer Schwefelquelle. Schon äußerst geringe Mengen dieser Verbindung haben für menschliche Nasen einen starken Geruch.

Braunglasflaschen schützen das Bier vor Licht, während Grün- oder Weißglasflaschen keinen entsprechenden Schutz bieten. Eine weitere Möglichkeit, den Lichtgeschmack zu verhindern, ist die Verwendung von speziellen Hopfenextrakten. Wenn Sie Bier in einer Grünglasflasche sehen, können Sie davon ausgehen, dass mit vorisomeriserten Tetra-, Hexa- oder Rho-Extrakten gebraut wurde (mehr dazu im Kapitel „Von der Ernte zum Hopfenprodukt“).

Grünglas schützt das Bier nicht vor ultraviolettem Licht.

ANDERE QUELLEN FÜR BITTERE IM BIER

Bittere kann auch über andere Stoffe als durch den Hopfen ins Bier gelangen. Meistens jedoch ist diese Bittere dann breit und nachhängend und ist unerwünscht.

MALZBITTERE

Dunkle Malze werden beim Darren in der Mälzerei bei hohen Temperaturen getrocknet. Je nach Herstellungsweise entstehen Röststoffe, die einen brenzligen, bitteren Geschmack haben. Wenn nur eine dunkle Farbe, aber keine Bittere angestrebt wird, sollten Röstmalze lediglich in sehr geringen Mengen verwendet werden. Am besten bleibt man damit unter 1,5 % der gesamten Malzschüttung. Viele Brauer benutzen heutzutage für ihre dunklen Biere ausschließlich dunkle Karamellmalze mit weniger als 400 EBC, um eine Röstmalzbittere zu vermeiden.

HEFEBITTERE

Als Heimbrauer haben Sie sicher schon einmal die Hefe gekostet, die sich unten in der Flasche abgesetzt hat. Sie schmeckt ausgesprochen bitter. Das liegt an Hopfenstoffen, die sich an der Hefe angelagert haben, und an einem bitteren Eigengeschmack der Hefe selbst. Manchmal weist ein Bier auch eine Hefebittere auf, obwohl es gar keinen Bodensatz gibt. Das liegt wahrscheinlich an abgestorbenen Hefezellen, die bittere Aminosäuren ins Bier freisetzen und auch den pH-Wert des Bieres anheben, wodurch das Bier bitterer schmeckt.

EIWEISSBITTERE

Heißtrub oder Kühltrub besteht vor allem aus Eiweiß. Wenn der Trub nicht ausreichend abgetrennt wird, können Aminosäuren und Peptide das Bier bitter machen. Eine Whirlpoolrast und eine rasche Kühlung des Bieres vor der Hefegabe erleichtern das Abtrennen des Trubs.

BITTERE DURCH POLYPHENOLE

Die Polyphenole von frischem Hopfen sind nicht bitter. Wenn Hopfen aber schlecht gelagert wird und dabei Wärme oder Sauerstoff ausgesetzt ist, dann entstehen Polyphenole, die eine Gerbstoffbittere hervorrufen können (mehr dazu im Kapitel „Polyphenole"). In großen Brauereien hat diese Bittere an Relevanz verloren, da Hopfen zum einen gekühlt und zum andern sauerstofffrei verpackt wird.

Das sieht bei dem Hopfen, den Heimbrauer benutzen, zum Teil ganz anders aus! Wenn Sie sich über eine unangenehme, adstringierende Bittere in Ihrem Bier wundern, dann sollten Sie auf jeden Fall überprüfen, welchen Alterungszustand Ihr Hopfen hatte, mit dem Sie gebraut haben. Wird der Hopfen vom Heimbrauerversand offensichtlich von größeren in kleinere Tüten umgepackt und anschließend nicht mehr vakuumiert, dann sollten Sie sich eine neue Quelle für Ihren Hopfen suchen! (Mehr dazu im Abschnitt „Lagerung des Hopfens", siehe Seite 174.)

BITTERE DURCH GELÖSTE MINERALSALZE

Viele Brauer benutzen Salze, die aus Mineralien bestehen, um das Wasserprofil zu verändern. Gerade bei hopfenbetonten Bieren wird häufig das Wasser der englischen Stadt Burton upon Trent imitiert, in der die ersten India Pale Ales (IPAs) gebraut wurden. Dieses Wasser hatte einen hohen Gehalt an Kalziumsulfat und akzentuiert dadurch eine herbe Bierbittere. Wenn Sie eine mildere Bittere bevorzugen, aber trotzdem Ihr Wasser mit einem Kalzisalz aufhärten wollen, dann können Sie einen Teil des Kalziumsulfats durch Kalziumchlorid ersetzen. Weitere Salze, die bitter schmecken können und häufig in Brauwasser vorhanden sind oder zugegeben werden, sind Magnesiumcarbonat oder Magnesiumchlorid.

DAS AROMA DES HOPFENS

Die Hopfenaromen sind der Stoff, aus dem die Träume der Brauer gemacht sind. Sie sind schwer zu fassen und viele Brauer wollen mit ihnen hoch hinaus! Die Forschung ist noch weit davon entfernt, das Hopfenaroma unter Kontrolle zu haben, und auch der Brauer wird immer wieder überrascht. Es gibt keine Formel, mit der das Aroma berechnet werden könnte, sondern nur grobe Anhaltspunkte und Erfahrungswerte. Es ist vor allem die Experimentierfreude einiger Brauer, die der Bierwelt immer neue Hopfenerfahrungen beschert.

DIE WAHRNEHMUNG VON AROMEN BEIM MENSCHEN

Gerüche werden primär beim Einatmen von Luft durch die Nase wahrgenommen. Geruchsrezeptoren in der Nase reagieren dabei auf flüchtige chemische Substanzen in der Atemluft. Wenn Gerüche durch direktes Riechen wahrgenommen werden, spricht man von orthonasalem Riechen. Beim Verzehr von Speisen oder Getränken wird beim Schlucken aber oft Luft vom Rachen zurück in die Nase gedrückt, wo es erneut zu einer Geruchswahrnehmung kommt. Hier spricht man von retronasalem Riechen. Dies ist beim Biertrinken besonders wichtig, da Bier Kohlensäure enthält, ein Gas, das beim Trinken mit Aromen beladen vom Rachen in die Nase aufsteigt. Bei Weinverkostungen wird der Wein häufig wieder ausgespuckt. Bei Bierverkostungen macht man das nicht, weil sonst der wichtige retronasale Eindruck nicht in die Beurteilung einbezogen würde. Der Geruchssinn ist in chemischer Hinsicht der komplexeste menschliche Sinn.

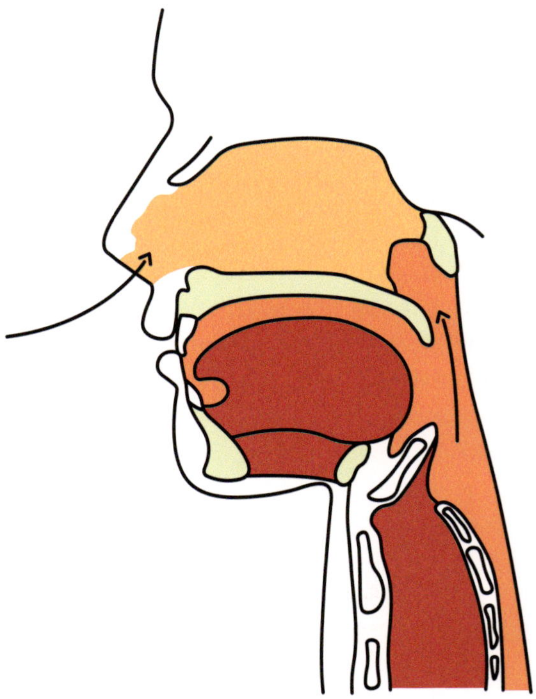

Das Aroma des Bieres wird auch retronasal wahrgenommen.

DIE WAHRNEHMUNG VON AROMA IST SUBJEKTIV

Ist es Ihnen schon einmal passiert, dass Sie einen Geruch vollkommen anders empfunden haben als die Person neben Ihnen? Das liegt nicht daran, dass einer von Ihnen Recht hatte und der andere sich geirrt hat. Menschen riechen unterschiedlich, denn jeder einzelne hat eine andere Ausstattung an Geruchsrezeptoren in seiner Nasenschleimhaut.

Wissenschaftler haben beim Menschen rund 350 verschiedene Rezeptoren gefunden, von denen jeder nur auf einen ganz bestimmten Geruchsstoff reagiert. Die Informationen der einzelnen Rezeptoren wird in sogenannten Riechknoten gebündelt, die dann ein Signal ans Gehirn weiterleiten. Interessanterweise sind die Rezeptoren bei Menschen genetisch unterschiedlich festgelegt und damit hat jeder Mensch eine andere Geruchswahrnehmung. Wenn bei jemandem eine Rezeptorart genetisch nicht vorgesehen ist, kann demjenigen die Fähigkeit, einen bestimmten Geruch wahrzunehmen, komplett fehlen und man spricht von einer Anosmie. Das kommt gar nicht so selten vor. Untersuchungen mit Verkoster-Panels haben ergeben, dass für die Wahrnehmung des Geruchsstoffs Beta-Ionon, der vor allem in Saazer Hopfen zu finden ist, etwa 20 % der Bevölkerung eine Anosmie haben.

Eine weitere Besonderheit beim Geruchssinn ist, dass Gerüche fast immer in Form von Vergleichen beschrieben werden. Beim Geschmack sagt man zum Beispiel: „Das schmeckt süß“. Beim Riechen sagt man fast immer: „Das riecht wie …“ Häufig erinnert ein Geruch an eine Situation oder einen Ort. Ein typischer Ausspruch ist: „Das riecht genau wie bei meiner Oma, wenn sie Marmelade gekocht hat!“ Erinnerungen rufen oft gute oder schlechte Gefühle hervor. Das rührt daher, dass der Geruchssinn eng mit einem entwicklungsgeschichtlich sehr alten Hirnteil, dem Limbischen System, verbunden ist. Das Limbische System steuert Emotionen wie Freude, Angst oder Ekel, sowie Geschlechtstrieb und Brutpflege – und auch die Nahrungsaufnahme. Der Geruch entscheidet damit maßgeblich, ob wir ein Lebensmittel zu uns nehmen wollen oder nicht.

Das gleiche Bier – und jeder riecht etwas anderes!

DER GERUCHSSINN KANN TRAINIERT WERDEN!

Das bewusste Abspeichern von Gerüchen, die Beschreibung und das Abrufen von Geruchserfahrungen kann trainiert werden. Riechen Sie so viel wie möglich an Dingen! Zum Beispiel, wenn Sie Gemüse schneiden, wenn Sie auf einem Spaziergang an frisch gefällten Baumstämmen vorbeigehen oder wenn Sie das nächste Mal eine gelbe Schicht auf der Butter im Kühlschrank sehen.

Wissen Sie, wie ein Veilchen riecht? Wenn Sie eine Frau sind, dann stehen die Chancen dafür besser als bei einem Mann. Frauen sind häufig geübter im Identifizieren von Gerüchen und schneiden daher in Geruchstests oft besser ab. Aber keine Sorge, liebe Männer, das liegt nur an mehr Übung, nicht an einer besseren genetischen Ausstattung bei den Frauen!

GRÜNDE FÜR UNTERSCHIEDLICHE GERUCHSEMPFINDLICHKEIT

- Genetische Voraussetzungen, unterschiedliche Ausstattung der Nasenschleimhaut mit Rezeptoren
- Gesundheitszustand, zum Beispiel Einschränkung durch Schnupfen
- Adaptation, das heißt, ein starker Geruch wird nach einiger Zeit nicht mehr wahrgenommen
- Eingeschränktes Riechvermögen nach Essen, Kaffeetrinken oder Rauchen
- Altersabhängigkeit: Geruchsempfinden steigt bis zur Pubertät, sinkt ab 70 Jahren
- Empfindlichkeit bei Frauen schwankend aufgrund von Hormonschwankungen

WIE KOMMT HOPFENAROMA INS BIER?

Das Aroma des Hopfens kommt von den **Hopfenölen** im Lupulin, die 0,5–3 % des Hopfens ausmachen. Es handelt sich bei den Aromaölen durchweg um ätherische Öle, nicht um fette Öle wie etwa Leinöl oder Sonnenblumenöl. Es wird vermutet, dass es bei den Hopfenölen über 1000 verschiedene Einzelverbindungen gibt. Einige davon sind in relativ großen Mengen vorhanden und können daher deutlich wahrgenommen werden. Viele der Hopfenöle kommen aber nur in sehr kleinen Mengen vor und können von der menschlichen Nase nicht gerochen werden, zumindest nicht als Einzelsubstanz. Allerdings kommen synergistische Effekte vor. Das bedeutet, dass viele der jeweils nur in geringen Mengen vorliegende Einzelverbindungen zusammengenommen zu einem riechbaren Ergebnis führen können. Manchmal führt die Anwesenheit von zwei oder mehreren Aromen, die weit unter der Wahrnehmungsschwelle der Einzelgerüche ist, plötzlich zu einem wahrnehmbaren Geruch.

Die Forschung zu Hopfenölen ist weit weniger fortgeschritten als die zu den Bitterstoffen. Das liegt zum einen daran, dass viele der Öle in so geringen Mengen im Hopfen vorkommen, dass sie sehr schwer messbar sind, aber auch daran, dass die Synergieeffekte extrem komplex sind. Doch gibt es ein paar bekannte Eigenschaften, die Hopfenöle greifbarer machen: Zum einen sind Hopfenöle allesamt schlecht wasserlöslich, zum anderen sind sie leicht flüchtig. Sie werden auch die wasserdampfflüchtigen Inhaltsstoffe des Hopfens genannt. Die Flüchtigkeit im Wasserdampf ist ein entscheidender Punkt, wenn Hopfen beim Würzekochen zugegeben wird. Hopfenöle haben einen niedrigen Siedepunkt, das heißt, dass sie bereits bei geringen Temperaturen ausgedampft werden. Je kürzer der Hopfen mitgekocht wird, desto höher die Chance, dass aromatische Öle im Bier verbleiben. Wenn ein Bier mit einem starken Hopfenaroma angestrebt wird, sollten große Hopfengaben erst nach dem Ende des Kochens gemacht werden. Das geschieht meist im Whirlpool oder im Gärtank. Oft gelangen die Hopfenöle in veränderter Form ins Bier, da Hitze ihre chemische Struktur verändert. Im Folgenden finden Sie einen groben Überblick, was mit den Ölen bei den verschiedenen Schritten des Brauprozesses passiert. Diese Punkte werden ab Seite 48 noch ausführlicher besprochen, nachdem die einzelnen Öle vorgestellt wurden.

HOPFENGABE AM ANFANG DES WÜRZEKOCHENS

Hopfen, den Sie bereits am Anfang des Kochens in die Würze geben, wird durch Hitze und Sauerstoffzufuhr beim Kochen verändert. Die meisten seiner ätherischen Öle werden durch Verdampfen ausgetrieben.

Hopfenaroma, das bei einer Hopfengabe gleich zu Anfang des Kochens letztlich entsteht, wird häufig als würzig, holzig, erdig und krautig oder „typisch hopfig" beschrieben. Insgesamt bleibt aber sehr wenig Hopfenaroma im Bier. Natürlich hängt dies immer von der Menge an Hopfen ab, die gegeben wird. Je mehr Hopfen Sie zugeben, desto mehr Aroma bleibt auch erhalten. Die Art des Aromaeindrucks hängt dabei von der Hopfensorte ab.

Im Lupulin sitzt auch das Aroma.

HOPFENGABE IN DER MITTE DES KOCHENS

Ab einer Hopfengabe etwa 20 Minuten vor Koch-Ende verbleiben erheblich mehr ätherische Öle in der Würze. Nun kommen bei den klassischen Aromasorten auch florale und zitrusartige Aromen durch.

Gleichzeitig darf man nicht außer Acht lassen, dass bei dieser Hopfengabe genug Zeit für die Isomerisierung von Alpha-Säuren verbleibt (siehe Seite 25).

HOPFENGABE GEGEN ENDE DES KOCHENS

Je näher die Hopfengabe ans Ende der Kochzeit rückt, desto weniger ätherische Öle werden ausgedampft. Außerdem wird ein kleiner Teil der Aromen oxidiert, der aber durchaus wichtig sein kann. Selbst wenn gewisse Öle nur kurz sehr starker Hitze ausgesetzt werden, kommen mehr fruchtige Aromen zustande, als wenn der Hopfen nur im Kaltbereich, also im Gärtank, zugegeben wird. Das liegt daran, dass diese Öle in der Hitze verändert werden.

Abhängig von der Brautechnik kommen verschiedene Hopfenaromen ins Bier.

HOPFENGABE NACH DEM KOCHEN

Die Hopfengabe nach dem Kochen, aber noch vor der Gärung wird in modernen, hopfenlastigen Bieren immer wichtiger. Da die Würze nun nicht mehr kocht, wird weniger ausgedampft und es verbleiben mehr Aromaöle in der Würze. Doch auch wenn sie unter 100 °C liegt, ist die Temperatur der Würze von Bedeutung. Es macht einen Unterschied, ob die Hopfengabe zum Beispiel bei 80 °C oder bei 95 °C gemacht wird. Außerdem spielt es eine große Rolle, wie lange der Hopfen in der heißen Würze zieht.

HOPFENSTOPFEN

Beim Hopfenstopfen (englisch: dry-hopping) sieht die Welt ganz anders aus. Hier können Hopfenöle ins Bier übergehen, ohne dass sie durch Hitze verändert worden sind. Wenn während der Hauptgärung hopfengestopft wird, kann allerdings durch Interaktionen zwischen Hefe und Hopfen die Ölzusammensetzung verändert werden und es kommen beim Einsatz von gewissen Hopfensorten tropisch-fruchtige Aromen ins Bier. Gleichzeitig werden Aromastoffe mit der Gärungskohlensäure aus dem Bier ausgetrieben, ebenso können sie sich an die Hefe anheften und mit ihr ausfallen. Ein Teil der Öle geht dadurch verloren. Wird der Hopfen jedoch nicht während der Hauptgärung, sondern erst während der Lagerung gegeben, dann kommen eher grün-hopfige Aromen ins Bier. In diesem Fall geht weniger Hopfenaroma verloren und das Aroma ist dem von frischem Hopfen relativ ähnlich.

DIE VERSCHIEDENEN AROMASTOFFE DES HOPFENS

Die ätherischen Öle des Hopfens bestehen aus etwa 75 % Terpen-Kohlenwasserstoffen, etwa 25 % Oxy-Verbindungen und einer ganz geringen Menge Schwefelverbindungen.

Die Menge und Zusammensetzung der Hopfenöle variiert je nach Sorte, Anbaugegebenheiten, Klima, Reifezustand der Dolde bei der Ernte, der Trocknungsmethode und der weiteren Verarbeitung des Hopfens.

DIE TERPEN-KOHLENWASSERSTOFFE – VIEL DRIN, ABER SCHWER ZU HALTEN!

Die Terpen-Kohlenwasserstoffe machen 40–80 % des Öls von einer Hopfendolde aus. Sie können in drei Gruppen unterteilt werden: 1. Monoterpene, 2. Sesquiterpene und 3. reine Kohlenwasserstoffe. Mengenmäßig haben die Terpen-Kohlenwasserstoffe den größten Anteil an den Hopfenölen, das bedeutet aber nicht, dass sie für den Brauer die wichtigste Fraktion wären. Terpen-Kohlenwasserstoffe sind nämlich sehr leicht flüchtig und daher nach dem Kochen in der Regel nicht mehr wahrnehmbar. Wird der Hopfen im Kaltbereich gegeben, dann kommen die mengenmäßig starken Monoterpene gut durch.

Monoterpene

Das mengenmäßig wichtigste Terpen ist das Monoterpen **Myrcen**. Es hat unter den Haupt-Kohlenwasserstoffen den geringsten Geruchsschwellenwert (13 ppb). Durch die relativ hohe Menge und den geringen Geruchsschwellenwert wird Myrcen als Leitsubstanz für Hopfenaroma verwendet. Es wird als Analysewert häufig angegeben. Man kann daran abschätzen, ob eine Hopfensorte oder eine Charge viel Aromastoffe in sich trägt oder nicht. Myrcen ist sehr flüchtig und schlecht wasserlöslich, daher wird es beim Kochen leicht ausgetrieben. Gibt man es aber im Kaltbereich zu, bleibt relativ viel im Bier erhalten. Myrcen hat einen würzigen, krautigen, grünen Geruch und wird als „typisch hopfig“ beschrieben. Bei klassischen Bierstilen wie dem bayerischen Hellen sieht man es als ein Ziel des Würzekochens an, das Myrcen vollständig auszutreiben, da grünes Hopfenaroma hier nicht erwünscht ist. Das muss nicht bei jedem Bierstil so sein. Wird Myrcen durch Hopfenstopfen ins Bier gebracht, sorgt es vor allem für ein pinienartiges Aroma. Gerät zu viel Myrcen ins Bier, kann dieses allerdings einen stechenden Charakter bekommen. In Bieren mit viel Protein, zum Beispiel New England IPA, löst sich durchweg mehr Myrcen als in weniger proteinhaltigen Bieren. Amerikanische Hopfensorten haben häufig einen sehr viel höheren Myrcenanteil am Gesamtöl als europäische Aromasorten.

Sesquiterpene

Alpha-Humulen und **Beta-Caryophyllen** können zusammen bis zu 50 % des Gesamtöls ausmachen. Auch sie sind sehr flüchtig. Wenn sie bereits am Anfang des Kochvorgangs ins Bier gelangen, wird ein Teil von ihnen oxidiert. Die Oxidationsprodukte bringen das typisch würzige Hopfenaroma ins Bier. Dies ist bei klassischen untergärigen Bieren erwünscht, kann aber bei einigen modernen Bierstilen wie India Pale Ales störend wirken.

Auch **Farnesen** ist ein Sesquiterpen und kommt in Hopfensorten vor, die dem Saazer Formenkreis angehören. Tschechische Pilsbiere werden mit Hopfensorten mit hohem Farnesenanteil gebraut.

Die Hopfenöle **Alpha-** und **Beta-Selinen** und **Aromadendren** finden sich nur in bestimmten Hopfensorten wie zum Beispiel 'Hersbrucker Spät'. Insgesamt bringen die Sesquiterpene holzige und würzige Aromen ins Bier.

Reine Kohlenwasserstoffe

Hiervon gibt es nur sehr geringe Konzentrationen im Hopfen. Sie spielen wahrscheinlich fast keine Rolle im fertigen Bier.

Die Terpen-Kohlenwasserstoffe bringen grüne, holzige, würzige, pinienartige und typisch hopfige Aromen ins Bier.

DIE OXY-VERBINDUNGEN – ES WIRD BLUMIG UND FRUCHTIG!

Die Oxy-Verbindungen, auch sauerstoffhaltige Verbindungen genannt, sind für das Hopfenaroma wichtiger als die Kohlenwasserstoffe. Tests ergaben, dass eine Verstärkung des Hopfenaromas besser durch die Berechnung der Hopfengabe aufgrund des Anteils an Oxy-Verbindungen erzielt werden kann als durch eine Dosierung, die auf dem Gesamtöl basiert. Die sauerstoffhaltigen Verbindungen machen rund 30 % des Gesamtöls aus und sind weniger flüchtig als die Kohlenwasserstoffe. Einige der Substanzen überstehen den Kochvorgang und beeinflussen selbst bei konventioneller Hopfung das Aroma des Bieres. Die Gruppe der Oxy-Verbindungen ist eine bunte Mischung sehr verschiedenartiger chemischer Verbindungen. Mengenmäßig am häufigsten und auch von der Forschung am besten verstanden sind davon die Monoterpen-Alkohole. Da viele der Oxy-Verbindungen nur in sehr geringen Mengen auftreten und überdies auch synergistische Effekte eine Rolle spielen, ist es oft nicht möglich, den konkreten Einfluss ganz bestimmter Verbindungen auf das Hopfenaroma zu benennen. Daher werden hier nur die wichtigsten und am besten erforschten Verbindungen besprochen.

Monoterpen-Alkohole

Monoterpen-Alkohole sind polarer als die Terpen-Kohlenwasserstoffe und damit 10- bis 100-mal besser in Wasser löslich. Dadurch gelangen letztlich mehr davon ins Bier, selbst wenn sie noch in der Heißphase zugegeben werden. Brauer, die fruchtige IPAs brauen wollen, schenken den Monoterpen-Alkoholen besondere Aufmerksamkeit. Sie bringen nämlich vor allem fruchtige, blumige und zitrusartige Noten ins Bier.

Neben den freien Monoterpen-Alkoholen gibt es auch solche, die an Zucker gebunden sind. Sie werden als glykosidisch gebundene Aromastoffe bezeichnet und können durch Interaktion mit Hefeenzymen (zum Beispiel Beta-Glucosidase) freigesetzt werden. Leider haben konventionelle Bierhefen nur eine sehr geringe Beta-Glucosidase-Aktivität. Weinhefen und Bakterien hingegen haben zum Teil eine sehr hohe Beta-Glucosidase-Aktivität. Außerdem können die glykosidischen Bindungen auch von Hitze und durch niedrige pH-Werte gespalten werden. Interessanterweise sind die gebundenen Aromastoffe häufig in sehr viel höheren Konzentrationen vorhanden als die freien.

Linalool

Die wichtigste Verbindung unter den Monoterpen-Alkoholen ist Linalool. Sie wird in der Hopfenforschung als Leitsubstanz benutzt, was bedeutet, dass sie als Indikator für die Stärke des Hopfenaromas dient. Sie eignet sich gut dafür, weil hohe Konzentrationen an Linalool meist auch mit hohen Konzentrationen an anderen ätherischen Hopfenölen einhergehen. Außerdem hat Linalool einen extrem niedrigen Geruchsschwellenwert. Bei untergärigen Bieren liegt er etwa bei 2 ppb. Zum Vergleich: In klassisch gehopften Bieren liegt die Konzentration von Linalool meist bei 1–30 ppb, kaltgehopfte Biere enthalten manchmal sogar mehr als 100 ppb. Es gibt eine Messgröße, die sogenannte Transferrate, welche beschreibt, wie viel vom Hopfenaroma nach Kochen und Gärung im Bier verbleibt. Während zum Beispiel vom Kohlenwasserstoff Myrcen nur weniger als 1 % im Bier bleibt, liegt die Transferrate von Linalool, je nach Biertyp, bei ungefähr 33 %.

Geraniol und Citronellol

Geraniol, ein anderer bedeutender Monoterpen-Alkohol, weist ein florales, süßes, rosenartiges Aroma auf und kann durch Biotransformation zu Citronellol (Zitrusduft) umgewandelt werden. Geraniol ist ein bisschen weniger flüchtig als Linalool. Es dauert beim Kochen etwa 20–25 Minuten, bis nur noch die Hälfte des Ausgangswertes vorhanden ist. Was die Geruchsschwellenwerte anbelangt, sind Linalool, Geraniol und Citronellol sehr ähnlich.

Die Oxy-Verbindungen im Hopfen bringen fruchtige und blumige Noten ins Bier.

SCHWEFELHALTIGE VERBINDUNGEN – KLEINE MENGEN, ABER GROSSE POWER!

Die schwefelhaltigen Verbindungen machen mit weniger als 1 % einen sehr geringen Teil des Gesamtöls aus, haben aber so niedrige Geruchschwellenwerte, dass sie selbst in geringsten Konzentrationen das Aroma des Biers stark beeinflussen können. Und zwar sowohl im positiven wie auch im negativen Sinn. Erstrebenswerte Aromen können an Passionsfrucht, tropische Früchte oder an Weißwein erinnern, während die unerwünschten Verbindungen nach Käse, Knoblauch oder gekochtem Gemüse riechen. Erschwerend kommt hinzu, dass manche Aromastoffe individuell sehr unterschiedlich wahrgenommen werden. Was für den einen angenehm nach Johannisbeeren oder Stachelbeeren riecht, kann für einen anderen wie Katzenurin stinken. Oft hat schon eine kleine Änderung in der Konzentration eine enorme Auswirkung und Positives kann dann leicht ins Negative umkippen. Von den verschiedenen schwefelhaltigen Verbindungen sind nur die Thiole für den Brauer erstrebenswert.

Frei oder gebunden?

Ähnlich wie die Oxy-Verbindungen kommen Thiole sowohl in freier wie in gebundener Form im Hopfen vor. Es wurde der Begriff „Thiol Potenz Indikator" vorgeschlagen, um vorherzusagen, wie verschiedene Hopfensorten mit unterschiedlichen Verhältnissen an Thiolen in freier und gebundener Form am besten benutzt werden sollten. Hat eine Hopfensorte zum Beispiel einen hohen Anteil an Thiolen in gebundener Form, sollte dieser Hopfen spät beim Kochen oder aber im Whirlpool gegeben werden, damit die Bindungen durch Hitze beziehungsweise während der Gärung aufgespalten werden können. Enthält eine Hopfensorte dagegen viele freie Thiole, eignet sie sich gut zum Hopfenstopfen, da die Thiole bereits aromawirksam sind und durch Kochen oder in der ersten Phase der Gärung mit der Kohlensäure ausgetrieben werden würden.

Drei der im Hopfen vorkommenden Thiole wurden besonders intensiv untersucht: **4-Mercapto-4-methylpentan-2-on** (4 MMP), **3-Mercapto-1-hexanol** (3 MH) und **3-Mercaptohexylacetat** (3 MHA).

4 MMP

4 MMP riecht vor allem nach Schwarzer Johannisbeere. Der Geruchsschwellenwert dieses Thiols liegt bei 0,0015 ppm und ist damit um den Faktor 3000 bis 7000 unter dem von Linalool. Je kälter der Hopfen gelagert wird, desto besser hält sich 4 MMP. Es verfliegt beim Kochen rasch, nach 60 Minuten bei 100 °C ist bereits gut 90 % des 4 MMP weg. Durch Hopfenstopfen jedoch geht 4 MMP bereits nach 2 Tagen sehr gut ins Bier über.

3 MH

3 MH riecht nach Grapefruit, Stachelbeere und Guave. Wie 4 MMP weist auch 3 MH einen sehr geringen Geruchsschwellenwert auf. Doch anders als bei 4 MMP wurde bei ihm eine Steigerung durch Würzekochen beobachtet. Vermutlich wird es durch Hitzeeinwirkung aus Vorstufen gebildet. 3 MH muss daher vor der Gärung in die Würze eingebracht werden, um sein Aroma voll entfalten zu können.

3 MHA

3 MHA riecht nach tropischen Früchten wie Passionsfrucht und Guave. Grapefruitartige Aromen von 3 MH können von bestimmen Hefen mithilfe des Enzyms Beta-Lyase in Passionsfruchtaromen von 3 MHA umgewandelt werden.

Weitere schwefelhaltige Verbindungen im Bier

Der prominenteste Vertreter der **Sulfide** ist zweifellos Dimethylsulfid, das unangenehm wie gekochtes Gemüse, Dosenmais oder Käse riechen kann. Sulfide können sowohl vom Hopfen als auch vom Malz stammen.

Als Beispiel für einen **Thioester** sei S-Methylthio-hexanoat genannt, das unangenehm nach Zwiebel, Knoblauch oder gekochtem Kohl riecht.

Schwefelhaltige Verbindungen können nach tropischen Früchten, Beeren, Gemüse oder Käse riechen.

WAS PASSIERT MIT DEN AROMEN BEI DER FRÜHEN HOPFENGABE IM HEISSBEREICH?

Wenn Hopfen 60–90 Minuten gekocht wird, werden seine leicht flüchtigen ätherischen Öle so gut wie vollständig ausgetrieben. Hopfenaromen, wie man sie in der Dolde riecht, kommen unter diesen Umständen nicht bis ins Bier durch.

Myrcen zum Beispiel ist nach 60 Minuten so gut wie komplett verdunstet. Schon nach 10 Minuten Kochen ist der Myrcengehalt um rund die Hälfte reduziert. Auch Linalool wird stark ausgetrieben. Während des Würzekochens werden zudem viele der Öle verändert und nur gewisse Folgeprodukte gelangen dann ins Bier. Sesquiterpen-Kohlenwasserstoffe etwa werden während des Kochens oxidiert. Diese Oxidationsprodukte tauchen frühestens nach 20 Minuten Würzekochen auf und kommen häufig von Alpha-Humulen und Beta-Caryophyllen. Wollen Sie also ein hopfiges Aroma (würzig, erdig) in Lagerbier erzielen, sollten Sie einen Hopfen wählen, der viel Alpha-Humulen und Beta-Caryophyllen mitbringt. Häufig sind traditionelle Aromahopfensorten reich an diesen Komponenten. Bierverkostungen haben gezeigt, dass eine frühe Hopfengabe im Heißbereich zu einer besser abgerundeten Bittere führt. Besonders klassische Pilsbiere und helle Lagerbiere brauchen so eine Hopfengabe.

Möchten Sie aber ein extrem fruchtiges Bier brauen, sollten Sie eine Hopfensorte auswählen, die wenig vom typischen Kocharoma hineinbringt. Häufig arbeiten Brauer bei diesen Bieren mit einer sehr kleinen Bittergabe, die nur 10–20 IBUs ausmacht. Dabei werden vor allem amerikanische Bittersorten wie 'Galena', 'Columbus' oder 'Chinook' verwendet.

WAS PASSIERT MIT DEN AROMEN BEI DER SPÄTEN HOPFENGABE IM HEISSBEREICH?

Da die würzigen, harzigen Kohlenwasserstoffe extrem flüchtig sind, werden sie selbst bei einer späten Hopfengabe zum Großteil mit dem Wasserdampf ausgetrieben. Die fruchtigen Oxy-Verbindungen bleiben wegen ihrer besseren Löslichkeit in höheren Konzentrationen im Bier. Es wurde immer wieder beobachtet, dass sich ein fruchtigeres Hopfenaroma erzielen lässt, indem man Hopfen, der reich an Oxy-Verbindungen ist, erst spät zugibt. Fruchtige Noten nur durch Hopfenstopfen zu erreichen, ist schwer, weil dann die Kohlenwasserstoffe allein schon aufgrund ihrer sehr viel größeren Menge im Hopfen die Oberhand gewinnen.

WAS PASSIERT IM WHIRLPOOL?

Die Whirlpool-Hopfengabe ist bei denjenigen Brauern, die gerne viel Hopfen verwenden, in den letzten Jahren immer mehr in den Fokus gelangt. Da die Würze im Whirlpool nicht mehr kocht, werden weniger Aromastoffe verdampft, die Isomerisierungsraten sind gering und es kann sogar mit der Temperatur im Whirlpool gespielt werden. Heimbrauer, die zu Hause nicht die technischen Möglichkeiten eines Whirlpools haben, nennen diese Phase „hop stand", da nach der Hopfengabe eine Rast gehalten wird.

Um über die Temperatur auf das Aroma Einfluss zu nehmen, gibt es die Möglichkeit, die fast kochend heiße Würze vor der Hopfengabe herunterzukühlen.

Am einfachsten gelingt dies beim Heimbrauen durch Einspringenlassen von kaltem Wasser (Achtung: Verdünnung der Stammwürze, im Rezept beachten!). Die angestrebten Temperaturen betragen gewöhnlich 95 °C, 85 °C oder 75 °C. Dabei gilt aber nicht unbedingt die

Devise: „Je kühler, desto besser“, damit mehr ätherische Öle im Bier verbleiben. Sensorische Tests haben ergeben, dass Whirlpool-Temperaturen von 95 °C zu Bieren mit stärkeren zitronenartigen, fruchtigen und würzigen Aromen führen, eine Hopfengabe bei 85 °C hingegen zu blumig-krautigen Aromen und eine Gabe bei 75 °C zu weniger aromatischen Bieren führt.

Denkbar ist auch, die Whirlpool-Hopfengabe aufzuspalten, um ein komplexes Aromaprofil zu erhalten. Hopfenaromastoffe gehen einerseits sehr schnell in die Würze über, andererseits gehen sie im Whirlpool schon nach 15 Minuten durch Ausdampfung zu einem erheblichen Teil wieder verloren. Gleichzeitig aber bekommt ein Bier mit einer längeren Whirlpool-Rast einen abgerundeteren Geschmack. Auch deswegen geben manche Brauer den Hopfen in mehreren Schritten zu unterschiedlichen Zeitpunkten zu. Beim Planen der Whirlpool-Hopfengabe(n) sollten Sie immer beachten, dass eine Isomerisierung von Alpha-Säuren stattfindet. Große Brauereien gehen von einer Isomerisierungsrate von 15–20 % aus, wenn die Würze im Whirlpool nicht gekühlt wurde, 15 Minuten Rast gehalten wird und die Würze 45 Minuten lang beim Überführen ins Gärgefäß gekühlt wird. Viele Brauereien arbeiten mit einer nur sehr kleinen Bitterhopfengabe und einer sehr großen Whirlpool-Hopfengabe. Da Heimbrausysteme weniger gut isoliert sind und die Würze dadurch schneller abkühlt, kann man zu Hause von etwas geringeren Isomerisierungsraten ausgehen. Manche Brauereien sind dazu übergegangen, nur noch massiv im Whirlpool und im Gärtank zu hopfen und dadurch die gesamte Bittere ins Bier zu bringen. Wird mehr als 95 % der Bittere erst ab dem Whirlpool erzeugt, spricht man von „hop bursting“. Wenn Sie von einer Isomerisierungsrate von 10 % beim hop bursting ausgehen, anstatt von 30–35 % bei einer Gabe bei Kochbeginn, dann müssen Sie dreimal so viel Hopfen zusetzen, um dieselbe Menge an Iso-Alpha-Säuren zu erhalten! Gleichzeitig geht extrem viel Aroma und Geschmack ins Bier über. Da beim Heimbrauen in der Regel mehr Aroma verdampft wird als in den Brausystemen von großen Brauereien, muss man als Heimbrauer noch mehr Hopfen geben, um einen ähnlichen Effekt zu erzielen. Allerdings gehen dann auch mehr Polyphenole (siehe ab Seite 56) ins Bier über, die dem Bier zwar zusätzlich Körper verleihen, aber auch harsch werden können, wenn allzu viele ins Bier gelangen. Eine sehr hohe Whirlpool-Hopfengabe birgt zudem das Risiko, dass das fertige Bier nach pflanzlichem Material schmeckt.

HOPFENSEIHER

Eine weitere Methode, Hopfenöle noch in der heißen Würze zu lösen, ist der Hopfenseiher (englisch: hopback). Dabei wird die noch heiße Würze durch ein mit Doldenhopfen beladenes Gefäß geschickt. Ursprünglich diente dieses Verfahren vor allem dem Klären der Würze, wenn mit Dolden gebraut wurde. Gleichzeitig aber werden dabei Hopfenöle gelöst, weshalb in diesem Schritt immer der qualitativ hochwertigste Hopfen benutzt wird. Mittlerweile benutzen Brauer von IPAs diese Technik, um möglichst viel Aroma ins Bier zu bekommen. Dafür wurde der Hopfenseiher auch apparativ angepasst.

WAS IST DMS?

DMS ist die Abkürzung für die Schwefelverbindung Dimethylsulfid, die stark nach gekochtem Gemüse riecht. DMS wird bei Temperaturen höher als 70 °C aus der Vorläufersubstanz S-Methyl-Methionin (SMM) abgespalten. Es ist leicht flüchtig und wird infolgedessen beim Kochen ausgetrieben. Je länger die Kochzeit, desto mehr SMM zerfällt zu DMS und verdampft.
Bei hohen Whirlpool-Temperaturen wird aus dem verbliebenen SMM weiter DMS gebildet, aber mangels Konvektion nicht mehr ausgetrieben. Das kann zu Problemen im fertigen Bier führen. Wenn Sie eine lange, heiße Whirlpool-Rast planen, sollten Sie die Würze vorher auf jeden Fall 90 Minuten kochen, um vor dem Whirlpool so viel DMS wie möglich loszuwerden. Alternativ sollten Sie die Whirlpool-Rast bei weniger als 70 °C durchführen, damit in dieser Phase kein DMS mehr gebildet wird.

WAS PASSIERT BEIM HOPFENSTOPFEN?

Hopfenstopfen kann in Sachen Hopfenaroma den großen Unterschied machen. Bei den India Pale Ales ist das Hopfenstopfen zweifelsohne die wichtigste Aromagabe. Da hier im Kaltbereich operiert wird, verdampfen keine ätherischen Öle mehr. Es werden auch keine Aromen mehr durch Hitze umgewandelt. Das heißt, das Aroma, das ins Bier geht, kommt dem Aroma des ursprünglichen Hopfens relativ nahe. Beim Hopfenstopfen hängt das resultierende Aroma vor allem davon ab, wie gut Aromen vom Bier aus dem Hopfen ausgewaschen (extrahiert) werden. Temperatur und Zeit sowie die Geometrie des Tanks spielen dabei eine große Rolle. Wenn noch während der Hauptgärung gehopft wird, kann aber auch die Hefe Hopfenaromen verändern. Darüber hinaus kommt es zu höheren Verlusten an Aromen, da ein Teil von ihnen zusammen mit der Gärungskohlensäure ausgetrieben wird und weil Aromastoffe sich an Hefezellen festsetzen und zusammen mit diesen ausfallen. Weil beim Hopfenstopfen auch Alpha-Säuren ins Bier übergehen, wird der Bierschaum stabiler.

Der Übergang von Aromastoffen ins Bier hängt von den folgenden Faktoren ab:

GEOMETRIE DES GÄRTANKS

Die Größe des Gärtanks beeinflusst die Extraktion der Aromastoffe. In kleineren Gefäßen wird anteilsmäßig mehr extrahiert als in großen. Daher muss man vorsichtig sein, wenn Rezepte von einer kommerziellen Brauerei auf Heimbraumengen umgewandelt werden. Heimbrauer bekommen häufig sogar eine schnellere Extraktion als professionelle Brauer, da die von ihnen verwendeten Gäreimer meistens niedrig und breit sind, und nicht hoch und schmal wie moderne zylindrokonische Tanks in einer großen Brauerei. Dadurch gelangt beim Heimbrauer mehr Flüssigkeit an den Hopfen.

DAUER

Die Hopfenöle gehen beim Hopfenstopfen sehr schnell ins Bier über. Es gab Studien die zum Ergebnis kamen, dass schon nach 24 Stunden genauso viele Hopfenöle extrahiert sind wie nach 7 Tagen. Zum Teil wurden nach 7 Tagen sogar geringere Konzentrationen gefunden als nach 1 Tag, und man vermutet, dass Hopfenöle wieder in den ausgelaugten Hopfen zurückwandern. Nach 3 Tagen ist auf jeden Fall so gut wie alles extrahiert, was überhaupt ins Bier übergehen kann. Doch je länger der Hopfen ausgelaugt wird, desto mehr Polyphenole (siehe ab Seite 56) gelangen ins Bier, was geschmacklich fast immer unerwünscht ist.

TEMPERATUR

Für die Geschwindigkeit der Extraktion spielt die Temperatur kaum eine Rolle. Ob bei 20 °C oder bei 4 °C gehopft wird, macht keinen großen Unterschied. Entgegen allen Erwartungen wurden in einem Experiment bei Linalool sogar schnellere Übergangsraten bei kalten 4 °C beobachtet. Allerdings helfen höhere Temperaturen dabei, dass sich Hopfenpellets nach der Hopfengabe schnell mit Bier vollsaugen und auseinanderfallen. Das ist von Vorteil, denn kleine Partikel sinken langsamer auf den Grund des Gärtanks ab und haben zudem eine größere Oberfläche. Dadurch verbessert sich die Extraktion. Dies ist jedoch in professionellen Brauereien mit hohen und schmalen Gärtanks ungleich wichtiger als im Heimbraubereich.

BEWEGUNG

Durch das Bewegen des Bieres geht die Extraktion der Aromen schneller vonstatten. Der Heimbrauer hat den großen Vorteil, seinen 20-Liter-Gäreimer per Hand bewegen zu können. In großen Brauereien sind vielerlei Apparaturen im Einsatz, um das Bier und den Hopfen in intensiveren Kontakt zu bringen.

WAS IST EINE EXTRAKTION?

Bei einer Extraktion werden Stoffe in einem Lösungsmittel gelöst. Es geht hier in erster Linie um Diffusionsraten, also den Übergang von Stoffen. Es handelt sich nicht um eine chemische Reaktion, sondern um einen rein physikalischen Vorgang. Das Hopfenstopfen hat in erster Linie das Ziel, Hopfenöle im Bier zu lösen. Bier ist vor allem ein Alkohol-Wasser-Gemisch, in dem sich nicht nur Hopfenöle, sondern unter anderem auch Alpha-Säuren, Beta-Säuren und Polyphenole lösen.

Oft geschieht dies durch Umpumpen des Bieres und durch Zwischenschalten von Gefäßen, die mit Hopfen gefüllt sind.

ART DES HOPFENPRODUKTS

Üblicherweise werden beim Hopfenstopfen Hopfenpellets verwendet. Bei Pellets sind 100 % der Lupulindrüsen des Hopfens aufgebrochen. Dadurch gehen Aromastoffe viel besser ins Bier über. Die gesamte Dolde wird bei der Pelletherstellung gehäckselt, das heißt, in viele kleine Teilchen zerschnitten. Diese haben in ihrer Gesamtheit eine viel größere Oberfläche als die intakten Dolden, was die Extraktion der Aromastoffe stark erleichtert. Gleichzeitig werden aber auch Substanzen der grünen Pflanzenteile, etwa Polyphenole (siehe ab Seite 56), besser extrahierbar. Insgesamt lässt sich sagen, dass mit Pellets die Extraktion sowohl schneller geht als auch mehr ausgewaschen wird.

Wenn Sie lieber Doldenhopfen benutzen, sollten Sie die Gabe, verglichen mit der Pelletmenge, um 20–30 % erhöhen. Außerdem sinken Hopfendolden nicht auf den Grund des Gärbehälters ab, wie es die Pellets tun, sondern schwimmen auf der Oberfläche. Viele Heimbrauer stecken Dolden daher in abgekochte Säckchen und beschweren diese mit einem Gegenstand aus Edelstahl, um sie unter die Oberfläche zu drücken. Die Säckchen sollten unbedingt nur lose mit Hopfen gefüllt werden.

GRÖSSE DER HOPFENGABE

Je mehr Hopfen gegeben wird, desto mehr Hopfencharakter kommt ins Bier. Doch gilt beim Brauen nicht automatisch die Devise „je mehr, desto besser" (siehe dazu Seite 53). Untersuchungen mit Hopfen der Sorte 'Cascade' haben gezeigt, dass es keinen großen Unterschied für die Intensität des Aromas macht, ob 8 g/l oder 16 g/l gegeben werden. Allerdings kamen bei höheren Hopfengaben immer stärker die harzigen und krautigen Noten hervor. Bei 4 g/l traten die Zitrusnoten am besten hervor.

Für eine bessere Extraktion bei einer üppigen Menge an Hopfen arbeiten Brauer statt mit nur einer einzigen großen Hopfengabe beim Hopfenstopfen mittlerweile häufig mit zwei bis drei kleineren Gaben. Dies macht bei den großen Gärtanks einer professionellen Brauerei allerdings einen viel deutlicheren Unterschied als im Heimbraubereich. Bei IPAs sind 2–3 g Pellets pro Liter Bier häufig ein guter Ausgangspunkt.

Wenn Doldenhopfen lose gegeben wird, dann schwimmt er auf der Oberfläche.

HOPFENSTOPFEN WÄHREND DER HAUPTGÄRUNG

Früher wurde vom Hopfenstopfen während der Hauptgärung grundsätzlich abgeraten, weil dadurch viele Aromen verloren gehen. Die Hefe produziert nämlich Kohlensäure, die dem Gärtank entweicht und dabei Aromastoffe mit sich nimmt. Noch dazu sind sehr viele Hefezellen in Schwebe, an welche sich Aromastoffe ansetzen können und später, wenn die Gärung beendet ist, zusammen mit den Hefezellen ausfallen. Gleichzeitig binden sich jedoch auch Polyphenole an die Hefezellen und fallen mit diesen aus. Das kann durchaus ein Vorteil sein, wenn sehr viel Hopfen beim Hopfenstopfen gegeben wird, da Polyphenole oftmals eine nachhängende Bittere hervorrufen. Wenn Sie vorhaben, von einer Hopfensorte mit einem hohen Polyphenolgehalt eine große Menge im Kaltbereich zuzugeben, kann durch eine Gabe während der Hauptgärung die Polyphenol-Bittere abgeschwächt werden. In den letzten Jahren wurde das Hopfenstopfen während der Hauptgärung immer beliebter, da angenommen wird, dass gewisse Aromastoffe durch Enzyme der Hefe eine Umwandlung (Biotransformation) durchlaufen können und dadurch mehr tropisch-fruchtige Aromen ins Bier kommen. Myrcen ist relativ unpolar und wird dadurch besser mit der Kohlensäure ausgetrieben. Das Hopfenstopfen während der Hauptgärung hat den Weg zu Bieren bereitet, die weniger ein hopfig-pinienartiges Aroma als vielmehr ein fruchtiges Aroma haben. Dieser Effekt lässt sich natürlich noch verstärken, wenn Sie einen Hopfen mit geringem Myrcenanteil und hohem Anteil an Oxy-Verbindungen wählen. Das Hopfenstopfen während der Hauptgärung hat den enormen Vorteil, dass die Hefe noch aktiv ist und den Sauerstoff aufnehmen kann, der mit dem Hopfen eingetragen wird. In der Regel wird der Hopfen am zweiten oder dritten Tag der Hauptgärung gegeben.

HOPFENSTOPFEN WÄHREND DER LAGERUNG

Das Hopfenstopfen während der Lagerung war lange Zeit die gängige Methode. Meistens wird der Hopfen erst gegeben, wenn die Hefe bereits abgetrennt wurde. Bei großen Brauereien ist das wichtig, weil die Hefe häufig wiederverwendet wird. Zum Abtrennen der Hefe wird die Temperatur soweit abgesenkt, dass die Hefezellen ausfallen, bei obergärigen Bieren geschieht das, je nach Hefestamm, bei ungefähr 16 °C. Beim Hopfenstopfen ohne Anwesenheit aktiver Hefezellen gehen die Aromen des Rohhopfens relativ ähnlich ins Bier über und die mengenmäßig starken Kohlenwasserstoffe treten in den Vordergrund.

HOPFENSTOPFEN IM FASS

Das Hopfenstopfen im Fass ist die ursprünglichste Methode des Hopfenstopfens und wurde jahrhundertelang von Brauern praktiziert, um das Bier lagerfähiger zu machen. Da das Bier durch diese Hopfengabe aber auch verfeinert wurde, gab man schon früh aromatisch hochwertigen Hopfen ins Fass. Die Cask Ales aus Großbritannien sind besonders berühmt für diese Technik. Fortgeschrittene Heimbrauer füllen häufig ihr Bier nicht mehr in Flaschen ab, sondern benutzen Cornelius-Kegs. Das hat den großen Vorteil, dass das Fass mit dem vorgelegten Hopfen mit CO_2 gespült werden kann, bevor das Bier hineingefüllt wird. Auf diese Weise lässt sich eine sehr schnelle Alterung von extrem hopfenlastigen Bieren verhindern.

Sauerstoff ist der Feind vom frischem Hopfenaroma.

GESCHMACKLICHE FEHLER DURCH FALSCHES HOPFENSTOPFEN

Insbesondere, wenn sehr viel hopfengestopft wird, können geschmackliche Fehler ins Bier kommen. Woran das liegen kann, finden Sie im Folgenden.

ÜBERHOPFEN VERMEIDEN!

Ist es Ihnen schon einmal passiert, dass ihr kaltgehopftes Bier parfümiert geschmeckt hat? Das lag höchstwahrscheinlich an harzigen Kohlenwasserstoffen. Der Kohlenwasserstoff Myrcen wird in der Parfümindustrie viel eingesetzt, im Hopfen kommt er in ungefähr 100-mal höherer Konzentration vor wie Linalool. Insbesondere wenn Sie das Hopfenstopfen mit einer großen Menge Hopfen durchführen wollen, sollten Sie daher darauf achten, einen Hopfen mit einem hohen Anteil an Oxy-Verbindungen wie Linalool oder Geraniol zu verwenden.

Ein weiterer Nachteil am Überhopfen sind die großen Verluste an Bier, mit dem sich das Pflanzenmaterial vollsaugt und das so beim Abfüllen im Gärtank verbleibt und seinen Weg nicht in die Flasche findet. Und nicht zuletzt wurde beobachtet, dass ab einer Hopfengabe von 7 g/l beim Hopfenstopfen der Schaum schlechter wird.

BITTERE DURCH HOPFENSTOPFEN

Vielleicht haben Sie schon einmal gehört oder gelesen, dass durch das Hopfenstopfen keine Bittere mehr ins Bier kommt. Das stimmt so nicht unbedingt. Sie finden mehr zu Bittere durch Hopfenstopfen auf Seite 32. Informationen zur kratzigen Bittere durch Polyphenole lesen Sie auf Seite 61.

SAUERSTOFF

Sauerstoffeintrag beim Hopfenstopfen ist bei hopfenbetonten Bieren ein großes Problem, da ihr Aroma von fruchtig-frisch innerhalb weniger Wochen nach „pappdeckel-alt“ umkippen kann. Eine Möglichkeit, diesen Effekt zu mindern, ist das Hopfenstopfen während der Hauptgärung, da die Hefe dann einen Großteil des Sauerstoffes aufnimmt, bevor er das Bier oxidieren kann. Viele Heimbrauer geben den Hopfen jedoch erst am Ende der Hauptgärung zu – allerdings muss immer noch ein wenig Hefeaktivität (gut ist circa 2 °P vor Endvergärungsgrad) zu beobachten sein –, dadurch wird der Sauerstoffeintrag zumindest ein wenig abgeschwächt.

Wollen Sie das Bier aber bewusst erst nach der Hauptgärung stopfen, sollten Sie den Lagerbehälter mit CO_2 spülen, bevor Sie das Bier hineingeben. Da CO_2 schwerer ist als Luft, können Sie auch den Kopfraum des Gärbehälters damit spülen, während Sie den Hopfen zugeben. Das kann gerade beim Heimbrauen einen starken positiven Effekt haben, weil die Gäreimer im Heimbraubereich im Vergleich zu den Gärtanks der großen Brauereien breit und niedrig sind. Aufgrund der großen Oberfläche kann viel Sauerstoff ans Bier gelangen, wenn nach Ende der Gärung gehopft wird. Insgesamt sollte man deswegen auch die Brau-Chargen nicht zu klein wählen, da in einem niedrig gefüllten Gäreimer die Flüssigkeitsoberfläche im Verhältnis zum Volumen noch größer ausfällt.

Es gibt Heimbrauer, die zusammen mit dem Hopfen eine kleine Menge Zucker beim Hopfenstopfen ins Bier geben und hoffen, dass dadurch die Gärung erneut in Schwung kommt und den Sauerstoff aufbraucht. Pellets tragen weniger Sauerstoff ins Bier als Hopfendolden, da sie gepresst sind. Auch deswegen stopfen fast alle Brauer mittlerweile mit Pellets.

ÜBERVERGÄREN

Im Hopfen sitzen Enzyme, die Grenzdextrine (höhermolekulare Zucker) zu vergärbaren Zuckern abbauen und damit den Vergärungsgrad des Bieres erhöhen können. Dieses Phänomen wird als „hop creep" bezeichnet. Wenn die Hefezellen durch Filtration aus dem Bier entfernt werden, führt der hop creep lediglich zu einer geschmacklichen Veränderung. Wird das Bier aber nach dem Hopfenstopfen bald in Flaschen gefüllt, wie es die meisten Heimbrauer tun, dann findet eine zweite Gärung in der Flasche statt, wodurch hohe CO_2-Gehalte in die Flasche kommen können. Dies kann zu überschäumendem Bier oder im schlimmsten Fall zu berstenden Flaschen führen. Um diese Probleme zu vermeiden, sollten Sie nach dem Hopfenstopfen den Restextrakt Ihres Bieres im Auge halten. Wenn sich der Restextrakt fünf Tage in Folge nicht verändert, sind Sie auf der sicheren Seite und können Ihr Bier abfüllen.

DIE WAHL DER RICHTIGEN HOPFENSORTE FÜR DAS GEWÜNSCHTE AROMA

Es gibt viele ungelöste Fragen in der Hopfenaromaforschung, an deren Beantwortung ständig gearbeitet wird. Immerhin haben moderne Analysemethoden, allen voran die Gaschromatografie mit massenspektrometrischen Detektoren, es möglich gemacht, viele der aromatischen Öle mengenmäßig zu bestimmen. Aber es werden immer noch Aromakomponenten im Hopfen vermutet, die sich mit den aktuellen Analysemethoden nicht erfassen lassen. Außerdem verändern sich Aromaöle während des Brauprozesses und nicht zuletzt spielen synergistische Effekte zwischen den Ölen eine große Rolle. Daher ist es bis heute nicht möglich, ein Hopfenaroma präzise vorherzusagen. Natürlich können aber Erfahrungswerte von Brauern und Erkenntnisse aus der Forschung bei der Wahl der richtigen Hopfensorte helfen. Das Wichtigste aber ist nach wie vor das Ausprobieren. Nicht umsonst wird das Bierbrauen als Kunst bezeichnet!

BIERSTIL

Wollen Sie einen bestimmten Bierstil brauen, ist es sinnvoll, einen Hopfen aus derjenigen Region zu verwenden, aus der dieser Bierstil kommt. Ein bayerisches Helles verträgt sich nicht mit amerikanischen Hopfensorten, und ein klassisches englisches Ale braucht englischen Hopfen.

Aber auch wenn Sie kreativ werden wollen, hilft es, an das typische Hopfenaroma eines bestimmten Bierstils zu denken, die typischerweise dafür verwendeten Hopfensorten zu recherchieren und sie in einen neuen Stil zu inkorporieren.

ABSTAMMUNGSLINIEN

Wenn Sie verschiedene Hopfensorten kombinieren wollen, sind Sie gut beraten, zunächst Hopfen aus einer bestimmten Region oder Hopfen mit einer ähnlichen Ahnenreihe miteinander zu kombinieren. Das kann Sie davor bewahren, Hopfen mit inkompatiblen Geschmäckern zu mischen, etwa einen süßlichen englischen Hopfen mit einer würzigen hochfeinen Aromasorte. Natürlich soll Sie dieser Tipp aber nicht gänzlich vom Experimentieren mit transatlantischen oder multinationalen Hopfenkombinationen abhalten!

ÖL-VERHÄLTNISSE

Es gibt Brauer, die versuchen, in ihrem Bier ein gewisses Verhältnis an Hopfenölen zu erreichen. Das kann zum Beispiel ein bestimmtes Verhältnis von Myrcen zu Humulen sein. Auch die Abwesenheit eines bestimmten Aromaöls kann wichtig sein.

Um den Anteil eines speziellen Öls im Bier abzuschätzen, muss dieser aus dem Gewicht der

Hopfengabe, dem Gesamtöl, dem prozentualen Anteil des fraglichen Öls und dem Zeitpunkt der Hopfengabe herausgerechnet werden. Ein kompliziertes Unterfangen. Zum Glück gibt es im Internet dazu einen Rechner unter: http://scottjanish.com/hop-oils-calulator/.

SYNERGISTISCHE EFFEKTE

Es gibt erfahrungsgemäß gewisse Kombinationen von Hopfensorten, die ein „winning team“ an Aromastoffen hervorbringen. Beispiele dafür sind 'Simcoe®' und 'Mosaic®' oder 'Sorachi Ace' und 'Ekuanot®'. Dies liegt an synergistischen Effekten. Dadurch wird manchmal eins plus ein nicht zwei, sondern 15! Die Forschung beschäftigt sich stark mit diesem Thema, doch liegen noch keine Erkenntnisse vor, die eine Faustformel zulassen würden.

DIE TRANSFERRATE

Es hängt nicht nur vom Zeitpunkt der Hopfengabe ab, sondern auch von der Hopfensorte, wie viel von den einzelnen Komponenten jeweils ins Bier gelangt. In einer Studie mit verschiedenen Hopfensorten kamen durchschnittlich etwa 19 % des ursprünglich vorhandenen Linalools durch die Whirlpool-Hopfengabe ins Bier. Allerdings erreichte die Hopfensorte 'Columbus' eine Transferrate von 49 %, während 'Simcoe®' es lediglich auf 4,9 % brachte. Interessanterweise hat 'Simcoe®' aber sehr hohe Transferraten, wenn sie nicht im Whirlpool, sondern durch Hopfenstopfen zugegeben wurde.

Wenn Sie dieses Thema verstärkt interessiert, lohnt es sich, im Internet nach aktuellen wissenschaftlichen Artikeln zu suchen.

ERFAHRUNG SAMMELN MIT SINGLE-HOP-BIEREN

Eine sehr gute Methode, um Erfahrung mit Hopfen zu sammeln, ist das Brauen von sogenannten Single-Hop-Bieren. Dabei wird nur eine einzige Hopfensorte benutzt, wodurch das Aroma dieses Hopfens ungefiltert herauskommt. Es erlaubt auch, die Analysewerte der Hopfensorte mit den sensorischen Erfahrungen zu vergleichen. Vielleicht merken Sie, dass Sie solche Hopfensorten besonders attraktiv finden, die viel von einem bestimmten Öl in sich tragen. Häufig werden „SMaSH“-Biere gebraut. Das sind „Single Malt and Single Hop“ Biere, also Biere, für die nicht nur eine einzige Hopfensorte, sondern auch nur eine einzige Malzsorte verwenden wird. Das hilft dabei, das Hopfenaroma nicht mit komplexen Malzaromen zu verwässern.

SCHWANKUNGEN INNERHALB EINER HOPFENSORTE

Über die Jahre kann die Menge an Gesamtöl bei ein und derselben Hopfensorte stark schwanken. Grund dafür sind vor allem schwankende Witterungsverhältnisse, aber auch ein unterschiedlicher Standort auf dem Hopfenfeld kann schon erstaunlich viel ausmachen.

Die Menge an Gesamtöl ist dabei nicht unbedingt ein guter Indikator für die Qualität des Hopfenaromas. Mit rund 60 % Anteil am Gesamtöl sind Kohlenwasserstoffe, die für das krautig-harzige, grün-hopfige Hopfenaroma verantwortlich zeichnen, am stärksten vertreten. Brauer sind aber meist eher an den fruchtigen Monoterpen-Alkoholen und Estern interessiert, die oft nur etwa 1 % des Gesamtöls ausmachen. Zum Beispiel ist bei der Sorte 'Cascade' der Gehalt an Geraniol und bei 'Centennial' der an Beta-Pinen ein guter Indikator für die Qualität des Aromas.

SENSORISCHE EVALUIERUNG

Bevor Sie einen Hopfen in Ihr Bier geben, sollten Sie unbedingt an ihm riechen. Wenn er Ihren Erwartungen nicht entspricht oder gar schlecht (zum Beispiel nach Käse) riecht, dann geben Sie ihn keinesfalls ins Bier! Hüten Sie sich insbesondere davor, so einen Hopfen für eine späte Hopfengabe oder zum Hopfenstopfen zu verwenden. Um das Aroma von Doldenhopfen oder Pellets zu überprüfen, müssen Sie sie kräftig zwischen den Fingern zerreiben.

POLYPHENOLE

Polyphenole sind wie die Bitter- und Aromastoffe Sekundärmetaboliten des Hopfens. Sie stellen eine große und komplizierte Stoffgruppe dar, die sich während des Brauprozesses stark verändert. Im fertigen Bier beeinflussen Polyphenole vor allem die Klarheit, die Farbe und geschmackliche Stabilität. Wenn allerdings durch starke Hopfengaben zu viele Polyphenole ins Bier übergehen, können sie adstringierend wirken oder einen Geschmack nach pflanzlichem Material ins Bier bringen. Wie bei den Aromastoffen gibt es auch zu den Polyphenolen noch viele offene Fragen. Da sie antioxidative Eigenschaften haben und damit für den Menschen potentiell positiv wirken können, wird hierzu in den letzten Jahren viel geforscht.

WIE WERDEN POLYPHENOLE WAHRGENOMMEN?

Durch die Polyphenole kommt beim Biertrinken neben Geschmackseindrücken (Bittere) und Geruchseindrücken (Aroma) mit den trigeminalen Eindrücken noch eine weitere Sinneswahrnehmung ins Spiel. Trigeminale Reize werden durch den *Nervus trigeminus* aufgenommen, der im Kopf sitzt. Er nimmt Berührungs-, Temperatur- und Schmerzreize im Gesicht, das heißt, an Wange und Stirn, den Augen, der Nase, dem Mund und den Zähnen auf. Beißender Tabakrauch, stechender Meerrettich, scharfe Chilis, prickelnde Kohlensäure und das pelzige Mundgefühl beim Rotweintrinken sind Beispiele dafür. Polyphenole können Adstringenz ins Bier bringen. Der Grund dafür ist das Ausfallen von Polyphenolen durch Eiweiß im Speichel. Sie belegen dann die Zunge und den Mundraum und geben uns ein Gefühl von Trockenheit. Damit beeinflussen sie das Mundgefühl beim Trinken. Häufig ist ein kerniger Geschmack, der durch Polyphenole ins Bier kommt, durchaus erwünscht. Gehen jedoch zu viele Polyphenole ins Bier über, weicht dieser positive Effekt einer merklichen Adstringenz und einem stärkeren Bittereindruck.

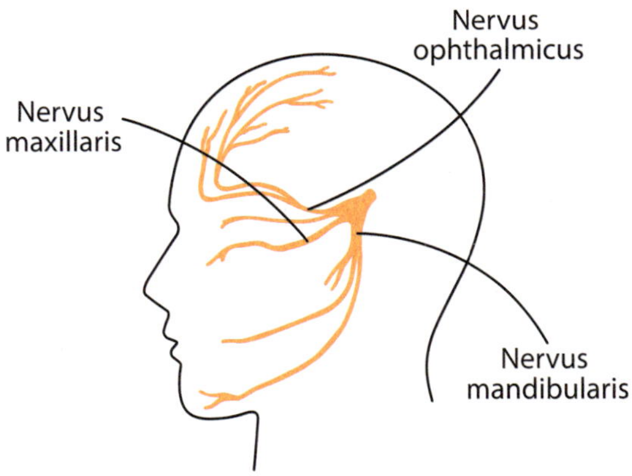

Die trigeminalen Nerven sitzen im Kopfbereich.

WAS SIND POLYPHENOLE?

Polyphenole sind Stoffwechselprodukte des Hopfens und dienen der Pflanze zum Schutz vor Mikroorganismen und Fraßfeinden. Polyphenole zählen zu den bioaktiven Inhaltsstoffen und haben unbestritten eine positive Wirkung auf den menschlichen Organismus, wenn sie mit der Nahrung aufgenommen werden. Sie kommen gehäuft in pflanzlichen Lebensmitteln wie Blaubeeren, Apfelbeeren, dunklen Trauben (Rotwein), Grüntee und Äpfeln vor. Allen Polyphenolen ist gemeinsam, dass sie in ihrer chemischen Struktur Phenolringe oder phenolähnliche Moleküleinheiten haben.

Je nach Sorte weist Hopfen einen Polyphenolgehalt von etwa 4–14 % auf. Polyphenole, die beim Hopfen in den grünen Pflanzenteilen sitzen, finden sich auch in vielen anderen Pflanzen wieder. **Xanthohumol** jedoch, ein besonders wichtiges Polyphenol, wird in den Lupulindrüsen produziert und ist eine Besonderheit des Hopfens.

Polyphenole sind aber nicht nur im Hopfen, sondern ebenso im Malz vorhanden, bei einem klassisch gebrauten, hellen Lagerbier stammen sie sogar zu 80 % vom Malz und nur zu 20 % vom Hopfen. In modernen, stark gehopften IPAs verschiebt sich dieses Verhältnis zugunsten des Hopfens. Im Folgenden werden die wichtigsten Polyphenole des Hopfens beschrieben. Die Malzpolyphenole sowie der Einfluss des Mälzungs- und Brauprozesses auf speziell diese Polyphenole werden hier nicht behandelt. Diese Vorgänge finden Sie zum Beispiel in Jan Brücklmeiers Buch „Bier brauen“ beschrieben.

Polyphenolreiche Lebensmittel.

DIE POLYPHENOLE DER DOLDENBLÄTTER

PHENOLISCHE CARBONSÄUREN

Der Anteil an phenolischen Carbonsäuren im Hopfen ist mit ungefähr 0,01 % sehr gering. Die im Bier gefundenen phenolischen Carbonsäuren stammen hauptsächlich vom Malz.

FLAVONOLE

Flavonole, wie Quercetin und Kaempferol, liegen im Hopfen nicht frei vor, sondern sind an Zuckermoleküle gebunden (glykosidisch gebunden). Dadurch sind die Flavonole sehr gut wasserlöslich und überstehen den Brauprozess. Im Hopfen liegen Flavonole in relativ hohen Konzentrationen vor, tatsächlich können sie bis zu 1 % des Hopfens ausmachen. In einem klassischen Bier kommen sie, je nach verwendetem Hopfenprodukt, auf eine Konzentration von etwa 5 mg/l. Freies Quercetin ist ein starkes Antioxidationsmittel. Es kann freie Radikale abfangen und damit Bieralterungsprozesse verlangsamen. Auch Kaempferol wirkt antioxidativ, ist allerdings in nicht so starkem Maße bioaktiv. Das Verhältnis der Quercetin- und Kaempferolglykoside ist sortenabhängig und meistens größer als 1. Die Flavonole im Bier stammen nur vom Hopfen und werden nicht auch durch Malz eingetragen.

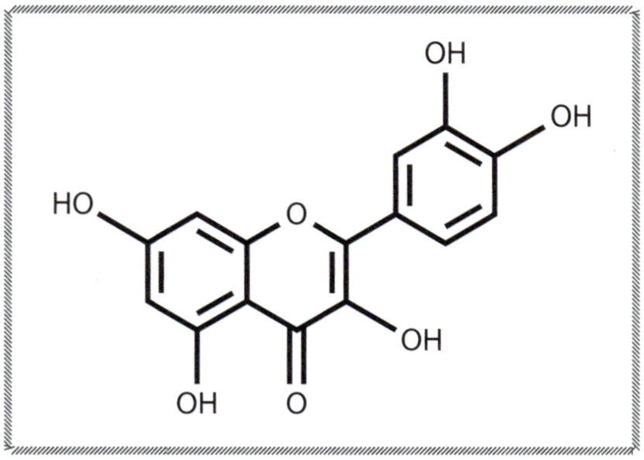

Freies Quercetin.

FLAVAN-3-OLE

Im Hopfen kommen unter den Flavan-3-olen hauptsächlich die Monomere Catechin, Epicatechin und Gallocatechin vor. Monomere sind niedermolekulare, reaktionsfähige Moleküle, die mit sich selbst oder sehr ähnlichen Strukturen Verbindungen eingehen können. Dimere bestehen aus zwei solchen Monomeren, Oligomere sind Ketten aus bis zu acht Monomer-Molekülen, noch längere Ketten werden Polymere genannt. Beim Brauen sind besonders die Oligomere der Flavan-3-ole wichtig, die als **Proanthocyanidine** bezeichnet werden. Polymere der Flavan-3-ole werden als Gerbstoffe oder Tannine bezeichnet (siehe Seite 33).

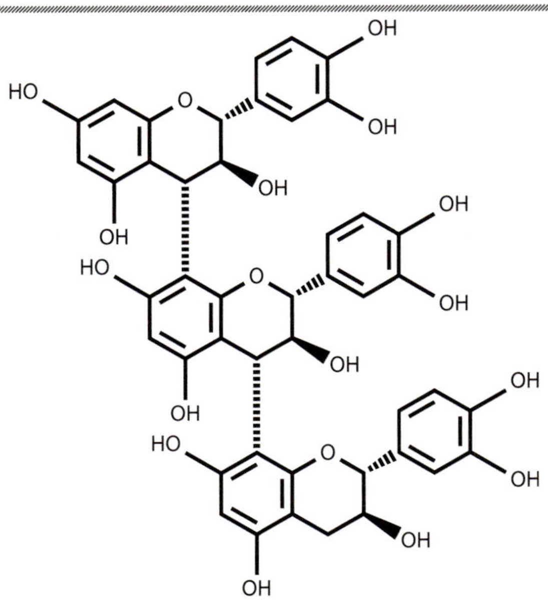

Monomere Polyphenole können sich vernetzen.

POLYPHENOLE SCHWINDEN BEI VIELEN BRAUEREIEN

Verglichen mit den 1960er-Jahren gelangen heutzutage nur noch wenige Polyphenole ins Bier. Dafür gibt es verschiedene Gründe. Durch die Einführung des Mindesthaltbarkeitsdatums für Bier in Deutschland mussten die Brauer immer mehr auf die Trübungsstabilität ihrer Biere achten. Deswegen fing man an, mit Bierstabilisierung Polyphenole aus dem Bier zu holen. Noch dazu zeigt sich bei den Massenbieren der Trend zu immer weniger bitteren Bieren und damit zu einer geringeren Hopfengabe, wodurch weniger Polyphenole ins Bier gelangen. Außerdem wird häufig mit Hopfenextrakten gearbeitet, die kaum noch Polyphenole enthalten (siehe Seite 171). Aber es gibt auch einen Gegentrend! Bei den hopfenbetonten Bieren von kleinen, handwerklichen Brauereien und von Heimbrauern sieht die Welt vollkommen anders aus. Hier werden oft Unmengen an Hopfen in Pellet- oder Doldenform gegeben, während von einer Bierstabilisierung abgesehen wird.

IM LUPULIN VORKOMMENDE POLYPHENOLE

Ein Teil der Hopfenpolyphenole sitzt nicht im grünen Pflanzenmaterial, sondern liegt im Lupulin vor, in den Hartharzen. Dazu gehören Prenylflavanoide, die nur in wenigen Pflanzen vorkommen. Eine dieser Substanzen ist das **Xanthohumol**, das ausschließlich in Hopfen zu finden ist. Außerdem sitzen Multifidolglykoside im Hartharz, die den Alpha- und

Beta-Säuren ähneln und zur Bierbittere beitragen. Ihre Bindung an Zucker (Glucose) macht die Multifidole gut wasserlöslich und lässt sie bis ins Bier durchkommen. Bei einem klassischen hellen Lagerbier liegt ihre Konzentration bei circa 1 mg/l.

XANTHOHUMOL

Xanthohumol ist ein Prenylflavanoid und wird in den Lupulindrüsen produziert, weil dort Enzyme sitzen, die Prenylierungen katalysieren. Aus dem Hopfen isoliertes Xanthohumol ist ein gelbes (griechisch: xantho = gelb) Pulver. Seit Jahren wird Xanthohumol intensiv erforscht, da ihm viele positive Wirkungen zugeschrieben werden und berechtigte Hoffnungen auf ein großes pharmakologisches Potenzial bestehen. In Tierversuchen wurde bereits eine krebshemmende Wirkung von Xanthohumol sowie auch eine positive Wirkung gegen Diabetes nachgewiesen.

Allerdings ist die humanmedizinische Wirkung noch nicht ausreichend erforscht. Die Wissenschaftler gehen heute davon aus, dass ein Mensch mit 70 kg Köpergewicht täglich etwa 5 mg Xanthohumol aufnehmen müsste, um einen positiven Effekt zu erzielen. Diese Menge muss nicht nur ins Bier gebracht, sondern dann auch für den Körper verfügbar werden, indem sie tatsächlich über den Magen aufgenommen wird. Andere Substanzen wie Zucker, Fette und Eiweiße aber können Xanthohumol binden und dadurch seine Aufnahme stören. Daraus ergibt sich eine limitierte Bioverfügbarkeit für den Menschen.

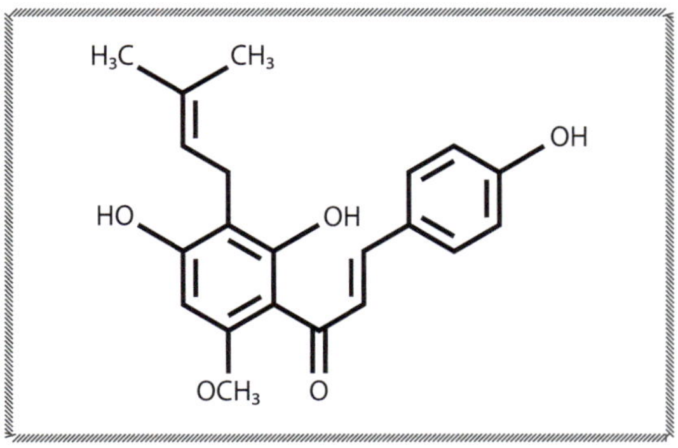

Xanthohumol

WIE KOMMT XANTHOHUMOL INS BIER?

Xanthohumol kann, je nach Hopfensorte, bis zu 1,2 gew.-% der Hopfendolde ausmachen. Abhängig von der Verarbeitung des Hopfens geht Xanthohumol entweder ins Hopfenprodukt über oder es wird abgetrennt. Durch Hitze beim Kochen wird Xanthohumol in Iso-Xanthohumol umgewandelt, das besser löslich ist. Wie das Xanthohumol selbst weist es so gut wie gar keine Bittere auf, ist aber weniger bioaktiv.

Durch die Verwendung von dunklem Malz kann der Xanthohumolgehalt erhöht werden, da gewisse Bestandteile von Röstmalz auf Xanthohumol emulgierend wirken, sodass mehr davon ins Bier übergeht.

Auch die Wahl eines Hopfens mit einem hohen Xanthohumolgehalt, eine hohe Hopfengabe kurz vor Koch-Ende sowie eine geringe Hefegabe erhöhen den Xanthohumolgehalt im Bier. Eine Stabilisierung mit PVPP entfernt neben den weiteren Polyphenolen auch einen Großteil des Xanthohumols. Deswegen hat ein klassisches Pilsbier aus dem Supermarkt in der Regel einen Xanthohumolgehalt von nur 0,1 mg/l, während in kommerziellen New England Style IPAs bis zu 3,5 mg/l Xanthohumol gemessen wurden.

Polyphenole sitzen vor allem im grünen Pflanzenmaterial, aber auch im Lupulin.

DIE HOPFENPOLYPHENOLE IM BRAUPROZESS

POLYPHENOLE UND SAUERSTOFF

Hier kommt er wieder ins Spiel, der Sauerstoff, Feind Nummer eins des Bierbrauers! Es ist abhängig von den Verarbeitungs- und Lagerungsbedingungen und vom Sauerstoffeintrag während des Kochens, inwieweit sich die niedermolekularen Polyphenole des Hopfens zu höhermolekularen zusammenschließen können (siehe Grafik Seite 58). Generell gilt: Je mehr Sauerstoff, desto mehr Oxidation und damit auch Polymerisation zu höhermolekularen Polyphenolen. Dies ist für Heimbrauer von besonderer Bedeutung, denn erstens arbeitet ihr Kochsystem in der Regel nicht unter Luftausschluss und zweitens hatte der Hopfen für Heimbrauer häufig nicht so gute Lagerbedingungen wie der für große Brauereien. Mittelmolekulare Polyphenole fällen am effizientesten die Proteine des Malzes während des Kochens aus. Höhermolekulare Polyphenole kommen besser bis ins Bier durch und intensivieren die Bierfarbe. In hohen Konzentrationen können sie die Bierbittere verstärken und zu einem breiten und harten Geschmack führen. Außerdem rufen sie Biertrübungen in der Flasche hervor. Niedermolekulare Polyphenole sind hingegen immer erwünscht, da sie Sauerstoff abfangen und damit die Bieralterungsprozesse verlangsamen können. Überdies wirken sie sich positiv auf den Schaum aus und verbessern die Vollmundigkeit des Bieres.

Es ist nicht möglich, den Weg der Polyphenole im Brauprozess bis ins Detail nachzuvollziehen, da sie sich während des Brauprozesses stark verändern. Dank intensiver Forschung darüber gibt es heute aber schon einige wichtige Erkenntnisse dazu.

HOPFENPOLYPHENOLE UND WÜRZEKOCHEN

Polyphenole sind wasserlöslich und gehen daher gut und schnell in die Würze über. Selbst wenn die Hopfengabe erst spät erfolgt, gelangen noch 50–70 % der Hopfenpolyphenole in die Würze. Das Kochen beim Bierbrauen ist auch ein Klärungsprozess, da Eiweiß zum einen denaturiert wird, zum anderen vor allem mit wenig oxidierten und polymerisierten Polyphenolen und einigen weiteren Substanzen schwere Flocken bildet, die nach Koch-Ende auf den Grund des Kochgefäßes sinken. Dieser **Heißtrub** besteht zu 40–70 % aus Proteinen, zu 7–32 % aus Bitterstoffen, zu 20–30 % aus organischen Substanzen wie Polyphenolen und zu 5 % aus Mineralstoffen. Insbesondere im Heimbraubereich sollte man nicht länger als 90 Minuten kochen, da sonst die Polyphenole zu stark polymerisieren und mit dem Eiweiß nicht mehr ausfallen, sondern stattdessen eine sogenannte Gerbstoffbittere ins Bier bringen können.

Hopfenpolyphenole reagieren stärker mit den Proteinen als Malzpolyphenole und werden dadurch stärker dezimiert. Allerdings ist der Richtwert, dass im Bier rund 80 % der Polyphenole vom Malz kommen und nur etwa 20 % vom Hopfen, nicht mehr zutreffend, wenn sehr viel Hopfen gegeben wird.

HOPFENPOLYPHENOLE NACH KOCH-ENDE

Wird der Hopfen erst im Whirlpool gegeben, kommen weniger Polyphenole ins Bier als durch eine Gabe während des Kochens.

Sobald das Bier auf unter 80 °C gekühlt wird, bildet sich der sogenannte **Kühltrub**. Auch dabei fallen Polyphenole aus. Früher war es ein Mantra für Heimbrauer, die Würze nach dem Kochen so schnell wie möglich herunterzukühlen. Dadurch bildet sich der Kühltrub besser aus und das Bier wird klarer. Mittlerweile wird aber auch von Heimbrauern eine Whirlpool-Rast („hop stand“, siehe Seite 49) gehalten, wenn sie ein sehr hopfenbetontes Bier brauen wollen. Dies hat einen stärkeren Polyphenoleintrag zur Folge, und noch dazu werden die Polyphenole weniger gut mit den Kühltrub ausgefällt.

Wenn Sie das Bier nach der Gärung herunterkühlen, können Sie den Kühltrub auch im Tank erzeugen und vor der Abfüllung abtrennen. Je niedriger die Temperatur (0 °C ist ideal!), desto mehr Kühltrub wird erzeugt.

Erfolgen sehr hohe Hopfengaben nach dem Kochen, wird häufig von einem Geschmack nach pflanzlichem Material im fertigen Bier berichtet.

POLYPHENOLE UND HOPFENSTOPFEN

Beim Hopfenstopfen gehen 50–60 % der Polyphenole ins Bier über, wovon aber rund 25 % später ausfallen. Damit verbleiben noch etwa 35 % im Bier. Je mehr Hopfen beim Hopfenstopfen gegeben wird, desto mehr Polyphenole werden aus dem grünen Pflanzenmaterial extrahiert.

Wenn viel hopfengestopft wird, werden derartig viele Polyphenole extrahiert, dass das Bier dadurch eine leichte Trübung bekommt. Bei amerikanischen West Coast IPAs ist eine leichte Trübung daher ein Qualitätsmerkmal. Allzu viele Polyphenole können aber zusammen mit Iso-Alpha-Säuren eine harte, nachhängende Bittere kreieren, die auch als metallisch oder medizinisch beschrieben wird. Dieser Effekt wird noch einmal verstärkt, wenn viele Proteine im Bier sind, wie zum Beispiel bei den trüben New England IPAs. Sowohl hohe Temperaturen als auch eine lange Kontaktzeit und Bewegung führen zu einer stärkeren Extraktion der Polyphenole beim Hopfenstopfen. Und auch die Art des verwendeten Hopfenprodukts spielt eine Rolle: Da bei Pellets der Hopfen gehäckselt wurde, sind hier die Polyphenole besser zugänglich und es werden mehr ausgewaschen, als wenn Doldenhopfen verwendet wird.

Einige Brauereien verwenden konzentriertes Lupulinpulver für späte Hopfengaben, vor allem beim Hopenstopfen, wenn sie Hopfenbomben produzieren wollen und den Polyphenoleintrag unter Kontrolle behalten wollen. Mehr zur Menge an Polyphenolen in verschiedenen Hopfenprodukten ab Seite 168.

SIND POLYPHENOLE NUN ERWÜNSCHT ODER UNERWÜNSCHT?

Es kommt auf den Bierstil, die Dosis und die Molekülgröße der Polyphenole an. Frischer Hopfen und Brauen unter Sauerstoffausschluss bringt mehr niedermolekulare, positiv wirkende Polyphenole ins Bier. Sie sind schaumpositiv, verlangsamen die Bieralterung und verleihen dem Bier eine gewisse Vollmundigkeit. Wird die Dosis erhöht und gelangt mehr Sauerstoff an die Polyphenole, sodass sie größere Polymere bilden, kann das Bier adstringierend und bitterer werden. Gelangt eine sehr große Menge an Polyphenolen ins Bier, wird häufig von einem harschen, medizinischen und metallischen Geschmack berichtet. Polyphenole können zu Trübungen führen, die, je nach Bierstil, erwünscht oder unerwünscht sind.

Bei hohen Hopfengaben werden auch viele Polyphenole extrahiert.

POLYPHENOLE UND BIERTRÜBUNG

In großen Brauereien ist alles darauf ausgerichtet, ein klares Bier produzieren zu können. In der Regel werden die Biere so gebraut, dass sie durch Stabilisation und Filtration glanzklar werden und das bis zum Ende des Mindesthaltbarkeitsdatums auch bleiben. Der Zusammenhang zwischen Polyphenolen und Biertrübung ist ein Thema intensiver Forschung, durch die man heute bereits vieles weiß.

Polyphenole bringen nicht zwangsläufig eine Trübung ins Bier. Sie brauchen Eiweiß als Reaktionspartner. Nur mit diesem können sie Zusammenschlüsse bilden, die groß genug sind, um eine Trübung zu verursachen. Gewisse Proteine enthalten die Aminosäure Prolin als Baustein, und Prolin fungiert als Anheftungsstelle für Polyphenole. Oligomere oder Polymere der Flavan-3-ole können sich jeweils an mehrere Proteine binden und sich dadurch mit ihnen vernetzen. Auf diese Weise werden große Zusammenschlüsse gebildet, die letztlich eine Trübung der Flüssigkeit verursachen. Ein momomeres Polyphenol (zum Beispiel Catechin) hingegen kann jeweils nur eine einzige Bindungsstelle am Protein besetzen. Dieser Zusammenschluss aber ist zu klein, um eine sichtbare Trübung zu verursachen.

Ob eine Trübung entsteht, ist insbesondere vom Verhältnis von Proteinen zu Polyphenolen abhängig. Die stärkste Trübung kommt bei einem ausgeglichenen Verhältnis von Polyphenolen zu Proteinen zustande, weil dann auf beiden Seiten genug Reaktionspartner vorhanden sind, um sich vernetzen zu können. Denn, wie wir schon gesehen haben, nur wirklich große Komplexe führen zu einer sichtbaren Trübung. Wären wenige Proteine und viele Polyphenole vorhanden (oder umgekehrt), käme es lediglich zu kleinen Zusammenschlüssen.

WEITERE GRÜNDE FÜR BIERTRÜBUNG

Nicht allein Polyphenole können die Ursache für eine Biertrübung sein, auch eine Reihe anderer Gründe kommen in Betracht.

- Eine Trübung durch Kohlenhydrate ergibt sich durch unzureichenden Stärkeabbau beim Maischen oder durch eine zu hohe Temperatur des Wassers beim Läutern. Eine solche Stärketrübung ist nicht erstrebenswert, weil das Bier durch die Kohlenhydrate für Mikroorganismen stark angreifbar wird.

- Bei einem Hefeweizen ist Hefe für die Trübung verantwortlich. Ist es Ihnen schon einmal passiert, dass Ihr Hefeweißbier vollkommen klar aus der Flasche gekommen ist? Wenn Hefezellen keine Nahrung mehr haben und die Temperatur niedrig ist, sinken sie auf den Grund der Flasche. Beim Einschenken eines Weißbiers schwenkt man daher am Ende die Flasche, um die Hefezellen aufzuwirbeln und so ein schönes, trübes Hefeweizen ins Glas zu bekommen.

- Mineralstoffe wie Kupfer, Eisen und Mangan sind indirekt an Biertrübungen beteiligt. Sie beschleunigen Oxidationsreaktionen, die zu Trübungen führen.

Ein trübes New England IPA.

- Wenn ein Bier von Mikroorganismen (außer der Bierhefe) befallen ist, wird es ebenfalls trüb, da diese Organismen meist mikroskopisch klein sind und sich daher schlecht absetzen. Meistens entwickeln sich durch Mikroorganismen aufdringliche Fehlgeschmäcker, sodass Ihnen dieser Grund für eine Biertrübung wahrscheinlich nicht verborgen bliebe.

VERSCHIEDENE ARTEN VON BIERTRÜBUNGEN

Beim Bierbrauen gibt es zwei verschiedene Arten von Trübungen, die sich unterschiedlich verhalten. Die Trübung kann nur vorübergehend auftreten oder aber auf Dauer bestehen bleiben.

KÄLTETRÜBUNG

Wenn Sie ein sehr kaltes Bier ins Glas einschenken, kann es passieren, dass es zunächst trüb ist, dass diese Trübung aber verschwindet, sobald sich das Bier erwärmt. In diesem Fall hatte das Bier eine Kältetrübung. Proteine und kleine Polyphenoleinheiten verbinden sich nämlich bei niedrigen Temperaturen (um die 0 °C) lose miteinander. Die Molekülverbände sind aber nicht groß und schwer genug, um komplett auszufallen. Sobald sich das Bier auf Raumtemperatur erwärmt, halten diese Komplexe nicht mehr zusammen und die Trübung verschwindet. Die einzelnen Partikeln sind nun wieder zu klein, um eine Trübung zu verursachen.

DAUERTRÜBUNG

Dauertrübungen sind irreversibel und verschwinden nicht, wenn sich das Bier aufwärmt. Hier haben sich stabile Bindungen zwischen den Trübungsbildnern Protein und Polyphenol gebildet. Diese Art von Trübung ist bei manchen Bierstilen, etwa bei einem hellen Lagerbier, gefürchtet. Um eine solche Dauertrübung zu verhindern, filtrieren viele große Brauereien ihr Bier und setzen Bierklärungsmittel wie PVPP ein. Bei den modernen New England IPAs ist diese Art Trübung hingegen ausdrücklich erwünscht. Auch die Stärketrübung ist eine Dauertrübung.

BIERKLÄRUNGSMITTEL

Heimbrauer verwenden häufig eine Meeresalge, **Irish Moss** genannt, um das Bier schon während des Kochens vorzuklären. Es wird 10–20 Minuten vor dem Koch-Ende zugegeben und hilft beim Ausfällen von Proteinen. Nach der Gärung kann man ebenso **Hausenblase** (englisch: ising glass) verwenden. Diese wird traditionell den englischen Cask Ales zugesetzt, um Hefe und Proteine auszufällen.

In großen Brauereien werden Bierstabilisierungsmittel wie PVPP, Bentonit oder Kieselgel eingesetzt, um Polyphenole und Proteine aus dem Bier zu ziehen. Diese Bierklärungsmittel gelangen durch die Filtration nicht ins Bier und eignen sich daher nicht für den Heimbraubereich.

Ein glanzfeines Lagerbier.

ICH WILL TRÜBES BIER! WIE GEHT DAS?

Heimbrauer filtrieren ihr Bier normalerweise nicht und haben dadurch fast immer zumindest eine leichte Trübung im Bier. Diese kommt in der Regel durch Hefezellen, die noch in der Schwebe sind, sowie durch Polyphenol-Eiweiß-Verbindungen.

Bei einem New England IPA versuchen die Brauer bewusst, eine starke Polyphenol-Eiweiß-Trübung zu erzeugen. Bei so einem trüben Bier leidet allerdings die geschmackliche Stabilität stark. Innerhalb von 2 Wochen kann das Bier – insbesondere im Heimbraubereich – bereits alt schmecken, da beim Heimbrauen nicht so sauerstoffarm gearbeitet werden kann wie in einer großen Brauerei.

Wenn Sie ein extrem trübes Bier herstellen möchten, lesen Sie im Folgenden ein paar Tricks, mit denen es gelingt.

MALZ

Um mit Proteinen möglichst viele Reaktionspartner für die Polyphenole ins Bier zu bekommen, stellt sich die Frage, welche Art von Schüttung vorteilhaft ist. Dabei können Sie zwischen Malzen aus verschiedenen Getreidearten, unvermälztem Getreide und Malz mit bestimmten Spezifikationen auswählen. Erfahrungsgemäß ist vermälztes Getreide mit einer hohen Eiweißlösung (hohe Kolbachzahl) von Vorteil, wenn man eine Biertrübung erhalten will. Unvermälztes Getreide wie Haferflocken und Spitzmalz mit niedriger Eiweißlösung bringen dagegen weniger Trübung ins Bier. Der Grad der Eiweißlösung beschreibt, in welchem Maß große Proteine beim Mälzen enzymatisch in kleinere Einheiten aufgespalten wurden. Bei geringer Eiweißlösung sind noch mehr große Proteine vorhanden, die im Brauprozess ausfallen können.

Des Weiteren ist es bei der Auswahl des Malzes für ein trübes Bier weniger wichtig, nach Getreide mit einem hohen Gesamtproteingehalt zu suchen, als solches Getreide auszuwählen, das in seinem Protein viel Prolin enthält. Denn Polyphenole binden sehr gut an Prolin. Sowohl die Proteinfraktion Hordein in Gerste als auch Gliadin in Weizen hat viel Prolin. Gersten- und Weizenmalz können daher besser Trübungen verursachen als zum Beispiel vermälzter Buchweizen oder Quinoa, die beide nur wenig Prolin enthalten. In einer Studie wurde bei einer Gerstenmalzschüttung mit einem Anteil von 15–20 % Weizenmalz die stärkste Trübung beobachtet.

HOPFEN

Es liegt auf der Hand, dass umso mehr Polyphenole eingebracht werden, je mehr Hopfen gegeben wird. Dabei muss man aber aufpassen, dass sich diese Polyphenole nicht negativ auf den Geschmack des Bieres auswirken (siehe Hopfenpolyphenole im Brauprozess, ab Seite 60).

TRUB

Sobald die Temperatur der Würze nach dem Kochen unter 80 °C sinkt, bildet sich der sogenannte Kühltrub. In diesem flocken Verbindungen zwischen Proteinen und Polyphenolen aus, die bei Kochtemperatur noch löslich sind. Je schneller und weiter nach Koch-Ende heruntergekühlt wird, desto besser wird der Kühltrub abgeschieden. Denn dadurch bilden

Die Malzschüttung beeinflusst maßgeblich das Trübungspotential des Biers.

sich größere Flocken, die sich rascher absetzen. Nun liegt der Gedanke nahe, den Trub nicht vollständig abzutrennen, um mehr Proteine und Polyphenole in den Gärtank zu bekommen, die dann ihrerseits Trübungen verursachen können. Dies ist allerdings eine recht unelegante und wenig effektive Methode, da die schweren Trubpartikel mit der Zeit doch auf den Boden des Gärgefäßes sinken würden.

Außerdem ist diese Methode nur dann machbar, wenn Sie die Hefe lediglich für eine oder einige wenige Gärungen verwenden. Der Trub würde sich auf den Hefezellen anlagern und sie verschmieren. Eine verschmierte Hefe kann aber weniger Nährstoffe über ihre Zellwand aufnehmen und gärt infolgedessen schlecht oder gar nicht. Bei der ersten Gärung allerdings arbeitet die Hefe mit Trubresten sogar besser als ganz ohne Trub, da sich darin wertvolle Nährstoffe für die Hefezellen befinden.

PH-WERT

Auch der pH-Wert ist ein ausschlaggebender Faktor bei der Trübungsbildung. Eine maximale Trübungsbildung wird bei einem Bier-pH von 4,2 erreicht. Das liegt an der guten Löslichkeit der Proteine bei diesem pH-Wert. Allgemein kann man sagen, dass ein pH-Bereich von 3,7–4,2 vorteilhaft ist für Trübungen. Außerdem spielt der pH-Wert beim Würzekochen eine Rolle (siehe Seite 26). Dagegen flockt Eiweiß bei niedrigen pH-Werten von 5,2–5,4 besonders gut aus und steht dann während der Gärung nicht mehr als potentieller Trübungsbildner zur Verfügung. Allerdings ist ein pH-Wert von 5,2 nur schwer zu erreichen, es sei denn durch Zugabe von Säure.

ALKOHOLGEHALT

Der Alkoholgehalt hat zwar einen viel geringeren Einfluss auf Trübungen als der pH-Wert des Bieres, ist aber trotzdem erkennbar. Haben Sie schon einmal beobachtet, dass Double IPAs mit 8 Vol.-% Alkohol häufiger trüb sind als Biere mit 5 Vol.-% Alkohol? Bei 5,5 Vol.-% Alkohol kommt es zu der geringsten Trübungsbildung, bei höheren oder niedrigeren Alkoholgehalten steigt das Potenzial dafür wieder an.

LAGERUNG

Durch eine lange und kalte Lagerung klärt sich das Bier. Bereits nach einigen Tagen fallen die Hefezellen aus. Über einen längeren Zeitraum sinken zunächst die schweren, großen Zusammenschlüsse auf den Boden und später kommen auch die kleinen Partikeln nach. Wenn Sie also Ihr Bier bei −1,5 °C über einen langen Zeitraum lagern, wird die Biertrübung irgendwann schwinden!

WAS BEGÜNSTIGT EINE TRÜBUNG IM BIER?

- Bier-pH von 3,7–4,2
- Sehr viel oder sehr wenig Alkohol (minimale Trübung bei 5,5 Vol.-% Alkohol)
- Gerstenmalz und Weizenmalz (viel Prolin!)
- Kein unvermälztes Getreide oder Spitzmalz
- Hopfenstopfen
- Kurze Lagerdauer
- Keine niedrigen Lagertemperaturen

Trübung ist eine Stilfrage.

SO VIELE SORTEN

VON DEN LANDSORTEN ZUR MODERNEN ZÜCHTUNG

Die ersten Hopfensorten waren Landsorten, die sich jahrhundertelang durch Auslese der besten natürlich vorkommenden Pflanzen entwickelt hatten. Mittlerweile werden im Rahmen professioneller Züchtungsprogramme jedes Jahr Dutzende neuer Sorten auf den Markt gebracht. Die Züchter werden auch oft Hopfenflüsterer genannt, denn sie können bestimmte Eigenschaften von Hopfen entweder akzentuieren oder aber verschwinden lassen. Ein Hoch auf die Hopfenzüchtung! Denn ohne die kreative Arbeit und die Beharrlichkeit der Züchter gäbe es nicht diese Hopfenvielfalt, wie wir sie heute kennen und mit der wir Brauer und Biertrinker so viel Freude haben.

DIE LANDSORTEN

Die Gattung *Humulus* hatte wahrscheinlich vor rund 6 Millionen Jahren ihren Ursprung in Asien. Vor etwa 1 Million Jahren spaltete sich ein europäischer Zweig ab, und rund 500.000 Jahre später gelangte ein Zweig von Asien nach Nordamerika. Seit mehr als 1200 Jahren wird in Zentraleuropa Hopfen kultiviert. Die ersten Hopfengärten wurden von Klöstern angelegt oder gehörten zu fürstlichen Hofhaltungen. Schon bei diesem frühen Hopfenanbau wurden die gesündesten Hopfenpflanzen selektiert, ebenso wie diejenigen, die das schmackhafteste Bier ergaben. Bereits hier kann man von Züchtung durch Auslese reden. Wegen seiner konservierenden Eigenschaften konnte sich der Hopfen gegen den Gruit, eine variable Kräutermischung, mit der Bier ursprünglich gewürzt wurde, durchsetzen. Das Reinheitsgebot von 1516 gab dem Hopfenbau in Deutschland weiteren Aufwind, denn damit wurde es zum Gesetz erhoben, dass Bier ausschließlich mit Hopfen gewürzt werden darf.

Mittelalterlicher Hopfenbau (Quelle: Deutsches Hopfenmuseum Wolnznach).

DIE ENTWICKLUNG DER LANDSORTEN

In verschiedenen Regionen Europas gibt es verschiedene alte, traditionelle Hopfensorten. Diese sogenannten Landsorten sind immer mit einer bestimmten Region verbunden. Sie haben sich durch jahrhundertelange Selektion entwickelt und blieben entweder deshalb unterschiedlich, weil es geografische Trennungen wie Berge gab oder weil in den umliegenden Gebieten kein Hopfen angebaut wurde. Berühmte Landsorten sind zum Beispiel 'Tettnanger', 'Hallertauer Mittelfrüher' und 'Hersbrucker Spät' aus Deutschland, 'Fuggle' und ‘Golding’ aus England sowie ‘Saazer’ aus Tschechien. Diese Hopfensorten werden auch hochfeine Aromasorten (englisch: noble hops) genannt. Ihnen sind relativ geringe Alpha-Säuren-Gehalte und ein hoher Polyphenolanteil gemein. Sie bringen eine saubere Bittere ins Bier und haben häufig ein komplexes erdiges, blumiges und würziges Aroma. Insbesondere der ‘Saazer’ Hopfen aus Böhmen wird für seine Braueigenschaften sehr geschätzt und erzielte jahrhundertelang die höchsten Preise auf dem Hopfenmarkt. Der ‘Saazer’ Hopfen gelangte nach Süddeutschland und bekam dort den Namen ‘Spalt Spalter’ und ‘Tettnanger’. ‘Saazer’, ‘Tettnanger’ und ‘Spalt Spalter’ Hopfen sind sich genetisch so ähnlich, dass sie unter der Bezeichnung „Saazer Formenkreis“ zusammengefasst werden. Die Sorte ‘Fuggle’ wurde Ende des 19. Jahrhunderts ins ehemalige Jugoslawien eingeführt und wird dort als ‘Styrian Savinjski Golding’ angebaut. Auch die deutschen Landsorte ‘Hersbrucker Spät’ und die im Elsass angebaute Sorte ‘Strisselspalter’ kommen von derselben Hopfenpflanze. Durch den Einfluss der verschiedenen Anbaugebiete mit verschiedenen Böden und Klimata wurden aus den genetisch zunächst identischen Pflanzen letztlich unterschiedliche Hopfensorten.

Mit der Entdeckung Amerikas und dem Einführen englischer Hopfenpflanzen auf den neuen Kontinent kam mit amerikanischem Wildhopfen ein neues Element hinzu. Amerikanischer Wildhopfen kreuzte sich nämlich mit dem englischen Hopfen und es entstand die Sorte ‘Cluster’. Diese Sorte hatte einen höheren Alpha-Säuren-Gehalt als die europäischen Landsorten – der erste Bitterhopfen kam auf die Welt! Doch das Aroma dieser Sorte wurde damals als aufdringlich empfunden und europäischer Edelhopfen dominierte noch lange den Hopfenmarkt.

Eine Gemeinsamkeit der europäischen Landsorten sind ihre hervorragenden aromatischen Eigenschaften. Gleichzeitig gerät bei ihnen die Auslesezüchtung an ihre Grenzen, wenn es um höhere Erträge, verbesserte Schädlingsresistenzen oder um Anpassung an sich verändernde klimatische Bedingungen geht. Hier können nur seltene Spontanmutationen oder gentechnische Methoden helfen.

TIPP

Wenn Sie an der Geschichte des Hopfens interessiert sind, dann besuchen Sie doch einmal ein Hopfenmuseum! Im Anhang finden Sie Adressen.

BERÜHMTE LANDSORTEN

HOPFENSORTE	URSPRUNGSLAND	ALPHA-SÄUREN-GEHALT
Hallertauer Mittelfrüher	Deutschland	3,0–5,5 %
Hersbrucker Spät (Hersbrucker Formenkreis)	Deutschland	1,5–4,0 %
Spalt Spalter (Saazer Formenkreis)	Deutschland	2,5–5,5 %
Tettnanger (Saazer Formenkreis)	Deutschland	2,5–5,5 %
Saazer	Tschechien	2,5–4,0 %
Strisselspalter (Hersbrucker Formenkreis)	Frankreich	3,0–5,0 %
Fuggle	England	3,5–6,5 %
Golding	England	4,0–6,0 %
Styrian Savinjski Golding	Ehem. Jugoslawien	2,8–6,1 %
Lublin (Lubelski)	Polen	3,0–4,5 %
Cluster	USA	5,5–8,5 %

DIE ZUCHTSORTEN

Erst ab der Entdeckung der Vererbungsregeln durch Gregor Mendel im 19. Jahrhundert gab es eine Grundlage für systematische Kreuzungszüchtung. Vorher wurde nur durch Auslese gezüchtet. Die Zuchtsorten haben entscheidende Vorteile, was die Erträge, den Alpha-Säuren-Gehalt und die Widerstandsfähigkeit gegen Schädlinge und Extremwetterperioden angeht.

DIE ENTSTEHUNG DER ZÜCHTUNGSPROGRAMME

Das erste Institut für Hopfenzüchtung wurde in England 1904 im Wye College in Kent gegründet. Hier wurden mit amerikanischem und englischem Pflanzenmaterial die legendären Bittersorten 'Brewer's Gold' und 'Northern Brewer' entwickelt. Insbesondere die Sorte 'Brewer's Gold' hat so herausragend gute Eigenschaften, dass viele der Zuchtsorten mit sehr hohem Alpha-Gehalt ihr genetisches Material in sich tragen.

Die traditionellen Landsorten hatten große Probleme mit einer hohen Anfälligkeit gegenüber Krankheiten und Schädlingen. Nachdem immer wieder gesamte Ernten durch Schädlingsbefall ausfielen, führten die verschiedenen Hopfennationen Züchtungsprogramme ein. 1925 wurde das Institut für Hopfenforschung in Žatec gegründet, das sich ausschließlich auf 'Saazer' Hopfen konzentrierte. Nachdem in der Hallertau ganze Ernten durch Infektion mit dem Schadpilz *Peronospora* vernichtet worden waren, wurde das Hopfenforschungsinstitut in Hüll gegründet. In den USA wurde 1930 in Oregon ein Züchtungsprogramm der USDA (United States Department of Agriculture) ins Leben gerufen. Auch hier war der Anlass für die Gründung ein Ernteausfall durch *Peronospora*. Die Züchtungsprogramme der verschiedenen Länder arbeiten heute eng zusammen und profitieren voneinander. Wye und Hüll konnten bei Züchtungen auf Resistenzen gegenüber *Peronospora* und der Hopfenkrankheit *Verticillium*-Welke gemeinsame Erfolge feiern. Auch die sehr erfolgreiche Sorte 'Herkules' aus Hüll profitierte von Elternpflanzen aus Wye und Oregon.

WIE WERDEN SORTEN GESCHÜTZT?

Die Sorten der öffentlichen Zuchtprogramme stehen im Allgemeinen unter Sortenschutz. Dieser regelt, dass Lizenzabgaben an die Züchtungsprogramme zurückfließen. Die Sorten der öffentlichen Zuchtprogramme sind für Hopfenbauern frei verfügbar. Jeder Bauer darf diese Sorten anbauen, muss dafür aber Abgaben entrichten. Der Sortenschutz besteht über einen Zeitraum von 20 Jahren. Nachdem er abgelaufen ist, darf jeder, also auch der Heimbrauer, die Sorte anbauen, ohne Abgaben zahlen zu müssen.

Die Gesellschaft für Hopfenforschung in Hüll in der Hallertau macht jedoch für Heimbrauer und Hopfenliebhaber eine Ausnahme. Sie gewährt Einzelerlaubnisse an Brauereien oder Privatpersonen, wenn diese zum Zwecke der Zierde oder zur Eigenbenutzung eine Hüller Zuchtsorte, die noch unter Lizenzschutz steht, anbauen möchten. Es dürfen dabei maximal drei Stöcke pro Sorte ohne Lizenzabgabe gepflanzt werden.

Ein wichtiger Bestandteil des Sortenschutzes ist das Züchterprivileg. Dieses stellt sicher, dass jeder Züchter eine neu eingeführte Sorte sofort für seine Züchtungsarbeiten verwenden darf. Dadurch werden zügige Züchtungsfortschritte unterstützt. Neben den öffentlichen Zuchtprogrammen gibt es auch private Zuchtprogramme. Private Züchter sind oft Hopfenhandelsfirmen, die auch eigene Sorten herausbringen. Diese Sorten fallen in den USA dann meist unter das Patentrecht. Sie dürfen nur mit Erlaubnis des Patentinhabers von Hopfenbauern angebaut werden. Solche Sorten dürfen auch von anderen Züchtern nur mit Einwilligung des Patentinhabers zum Einkreuzen verwendet werden. Außerdem wird eine

Patentabgabe fällig. Die Europäische Union erteilt keine Patente auf Pflanzen.

DIE ZIELE DER ZÜCHTER

Bevor bei der Hopfenzüchtung auf Eigenschaften wie Aroma oder die Güte der Bittere geschaut wird, werden die Pflanzen bei der professionellen Züchtung zunächst auf gute agronomische Eigenschaften selektiert. Dazu gehören Resistenzen, hoher Ertrag und eine konstante Qualität. In verschiedenen Regionen der Erde haben die Züchter dabei unterschiedliche Ziele. In Südafrika, Mexiko und Kolumbien arbeitet man etwa an Hopfen, der sich gut für kürzere Tageslängen im Sommer eignet. In vielen Teilen der Erde werden die Sommer heißer, trockener und windiger, was zum Beispiel bei der Sorte 'Saazer' den Alpha-Säuren-Gehalt stark mindert.

Für Züchter im tschechischen Žatec ist das Erreichen einer beständigen Qualität ihres Hopfens bei unterschiedlicher Witterung ein Hauptziel. Da an vielen Orten der Welt auch stärkere Winde gehen, wird Hopfen, der auf niedrigen Gerüstanlagen wachsen kann, immer interessanter. In England wird schon seit langem sogenannter Zwerghopfen gezüchtet. Ein großes Züchtungsziel in Hüll ist zum Beispiel auch eine gute Stickstoff- und Nährstoffausnutzung der Pflanze, wodurch weniger Dünger gegeben werden muss. Bei Bitterhopfen werden vor allem Sorten mit hohem Alpha-Säuren-Gehalt und sehr guten Erträgen angestrebt. Seit dem Aufschwung der Craftbiere ist auch die Züchtung auf besondere Aromen in den Fokus gerückt. Zuvor war beim Aromahopfen das Züchten robusterer und ertragreicherer Sorten mit den klassischen, hochfeinen Eigenschaften das Ziel. Dieses Ziel wird immer noch verfolgt, um Sorten mit klassischen Aromaeigenschaften wettbewerbsfähig zu halten. Aber mittlerweile sind auch Hopfensorten sehr beliebt, die starke fruchtige Aromen haben. Australien und Neuseeland fokussieren sich in ihren Zuchtprogrammen vor allem auf exotisch-fruchtige Aromen. Auch Deutschland hat mit 'Mandarina Bavaria' und 'Huell Melon' sehr erfolgreiche Sorten, die mit entsprechender Brautechnik besondere Aromen ins Bier bringen können.

SPEZIELLE ZÜCHTUNGSZIELE

Eine weitere Sparte sind Sorten mit einem hohen Anteil an speziellen Inhaltsstoffen wie zum Beispiel Xanthohumol. Es gibt auch Züchtungen für die Lebensmittel- oder Agrarindustrie. Hier ist ein hoher Beta-Anteil für eine antibakterielle Wirkung in Nahrungs- oder Futtermitteln interessant. Der bittere Geschmack des Hopfens stellt dabei einen limitierenden Faktor dar. Die Pharmazie ist besonders an der beruhigenden Wirkung von Hopfen interessiert und an seinen antioxidativen Eigenschaften. Diese Sparten machen allerdings einen sehr geringen Prozentsatz des Hopfenmarktes aus. Von der weltweit erzeugten Hopfenmenge werden 97 % für Bier verwendet!

Hopfenzüchter Anton Lutz bei der Arbeit.

WIE FUNKTIONIERT DIE MODERNE ZÜCHTUNG?

Hopfenzüchtung braucht vor allem Zeit. Züchter benötigen 10–20 Jahre, um eine neue Hopfensorte auf den Markt bringen zu können. Dabei ist die Züchtung von Bittersorten weniger zeitaufwendig als das Entwickeln einer neuen Aromasorte. Bei Bittersorten geht es vor allem um die Lieferung von Alpha-Säuren. Ein neuer, preisgünstigerer Bitterhopfen wird relativ leicht von Brauern akzeptiert. Soll in einer großen Brauerei bei einer etablierten Biersorte ein neuer Aromahopfen eingesetzt werden, müssen hingegen jahrelang Testsude gemacht werden. Die jährlichen Schwankungen in den Eigenschaften des betreffenden Hopfens müssen minimal sein.

DIE KLASSISCHE KREUZUNGS-ZÜCHTUNG

Im Hopfenforschungszentrum in Hüll wird ausschließlich klassische Kreuzungszüchtung betrieben. Die Mitarbeiter führen pro Jahr 75–100 Kreuzungen durch. Im zweiten Jahr werden rund 100.000 Sämlinge im Gewächshaus zunächst auf ihre Resistenz gegen Echten Mehltau und *Peronospora* selektiert. Nur die dabei überlebenden Hopfenpflanzen kommen überhaupt in die zweite Runde, in der auf weitere Resistenzen, auf Ertrag und Inhaltsstoffe geprüft wird. Lediglich ein paar Dutzend Pflanzen gelangen dabei in die engere Auswahl und werden dann an unterschiedlichen Standorten gepflanzt und weiter selektiert. Bis zu einem Einsatz bei Brauversuchen schaffen es nur einige wenige Pflanzen. Wenn es eine Sorte tatsächlich zum Sortenschutz schafft und als neue Hopfensorte auf den Markt eingeführt wird, sind in der Regel mindestens 12 Jahre vergangen.

EINE BESONDERHEIT DER HOPFENZÜCHTUNG

Die meisten Kulturpflanzen sind zwittrige Pflanzen, wodurch zwei gut charakterisierte Sorten gezielt miteinander gekreuzt werden können. Der Hopfen hingegen ist eine zweihäusige Pflanze, das heißt, es gibt weibliche und männliche Pflanzen. Eine weibliche Mutterpflanze kann aufgrund von bestimmten Charakteristiken für eine Kreuzung systematisch ausgewählt werden. Anders die männlichen Pflanzen: Sie bilden zwar Blüten, haben aber so gut wie keine Lupulindrüsen. Dadurch ist es kaum möglich, für eine männliche Pflanze eine Zuchtwertabschätzung zu machen. Aufgrund dieser Besonderheit spielt bei der Züchtung von Hopfen auch das Glück eine große Rolle.

Bis eine neue Hopfensorte auf den Markt kommt, vergehen viele Jahre.

HIGHTECH-HOPFENZÜCHTUNG

Die Trickkiste der Kreuzungszüchtung wurde in den letzten Jahrzehnten durch einige biotechnologische und molekulardiagnostische Methoden erweitert. So wird heute in Hüll an Genom-basierter Präzisionszüchtung gearbeitet. Hierfür wurde ein Referenzhopfensortiment zusammengestellt, das 1200 männliche und weibliche Hüller Zuchtstämme und Wildhopfen enthält. Von diesen Sorten wird zum einen das Genom aufgeschlüsselt und zum andern werden Daten zu Resistenzen und agronomischen Eigenschaften sowie chemische Daten zu den Inhaltsstoffen und nicht zuletzt Erfahrungen mit der Brauqualität gesammelt. Aus all dem lassen sich molekulare Selektionsmarker entwickeln, die es erlauben, eine Zuchtwertabschätzung zu machen – sogar für männliche Pflanzen. Dadurch wird es künftig möglich sein, in der gezielten Sortenzüchtung viel schneller zu reagieren. In Zeiten eines sich verändernden Klimas wird dies besonders wichtig werden.

TRIPLOIDER HOPFEN

Hopfen ist von Natur aus eine diploide Pflanze, das heißt, alle seine Zellen haben einen doppelten Chromosomensatz. Mit chemischen Methoden lässt sich aber auch Hopfen erzeugen, dessen Zellen einen vierfachen (tetraploiden) Chromosomensatz haben. Wird nun diploider Hopfen mit tetraploidem Hopfen gekreuzt, entsteht ein Hopfen mit einem dreifachen Chromosomensatz. Dieser triploide Hopfen ist meist steril, das heißt, er kann keine Samen bilden. Er ist aber kräftig und robust und entwickelt größere Dolden, womit er höhere Erträge bringt als seine Elternpflanzen. Die beliebte Sorte 'Willamette' ist zum Beispiel ein triploider Hopfen. Ein Nachteil an triploidem Hopfen ist, dass mit ihm nicht weitergekreuzt werden kann.

MUTAGENESE

Eine Technik, die für in Deutschland erstmals zugelassene Hopfensorten nie angewandt wurde, ist die sogenannte Mutagenese. Dabei werden während der Kreuzung auf künstlichem Weg Mutationen ausgelöst, sei es durch radioaktive Bestrahlung, chemische Substanzen oder Röntgenstrahlung. So können mit neuartigem genetischem Material Züchtungsfortschritte gemacht werden. In Tschechien wurde zum Beispiel die Sorte 'Bor' mittels Mutagenese erzeugt und diente dann unter anderem als Muttersorte für die Hopfensorte 'Agnus'. Der Europäische Gerichtshof hat mit einem Urteil vom 25.7.2018 festgestellt, dass durch Mutagenese veränderte Pflanzen zu gentechnisch veränderten Organismen zählen. Dieses Urteil wurde heftig diskutiert.

DIY-ZÜCHTUNG

Sobald eine Hopfenpflanze aus einem Samen einer befruchteten Dolde wächst, entsteht im Grunde eine neue Hopfensorte. Um selbst züchterisch aktiv zu werden, müssen Sie nur Pollen von einer männlichen Pflanze sammeln und damit weibliche Blüten befruchten. Dabei müssen Sie allerdings darauf achten, dass Ihnen nicht der Wind zuvorkommt. Wenn Sie das Glück haben, in einem Hopfenanbaugebiet zu wohnen, in dem männlicher Hopfen gerodet wird, haben Sie ein leichtes Spiel. Dann brauchen Sie nur männlichen Pollen sammeln und diesen mit einem feinen Pinsel auf weibliche Blüten übertragen. Wenn Sie Wildhopfen in Ihrer Gegend haben, können Sie natürlich auch dessen Pollen zum Bestäuben verwenden. Um die weiblichen Blüten vor einer ungewollten Befruchtung schützen, stülpen Sie am besten jeweils eine Tasche über die Seitentriebe und binden diese am Ende zu. Solche Taschen können Sie aus einer Abdeckplane vom Baumarkt oder auch aus Pergamentpapier fertigen. Die Taschen werden übergezogen, bevor sich die Stempel der Blüten ausbilden. Am besten wählen Sie eine grob gewebte Plane, damit die Taschen Luft und Licht durchlassen, während sich darunter die Blüten ausbilden. Um die weiblichen Blüten zu befruchten, werden männliche Pollen in jede Tasche gegeben. Dies sollten Sie zwei- bis dreimal wiederholen und die Taschen nach dem Zumachen jeweils schütteln, um einen Befruchtungserfolg sicherzustellen. Nach etwa 3 Wochen kann die Tasche dann entfernt werden. Im Herbst sammeln Sie die entstandenen Samen ein und säen sie im Frühjahr im Gewächshaus aus. Im Mai können die Jungpflanzen dann auf dem Feld ausgepflanzt werden. Die Kreativität beim Selberzüchten liegt darin, die Mutter- und die Vaterpflanze gezielt auszuwählen.

Eine weitere Möglichkeit ist das Ernten von Samen von befruchtetem Wildhopfen. Jeder dieser Samen trägt eine neue Hopfensorte in sich. Nur handelt es sich hier um eine unkontrollierte Bestäubung. Oder Sie brauen versuchsweise gleich mit Wildhopfen, und wenn das Bier schmeckt, können Sie den Wildhopfen über Stecklinge weitervermehren. Letztlich entwickelten sich auf diese Weise einst die Landsorten. Wenn Sie selbst Hopfenzüchtung betreiben, stehen die Chancen zwar bei Weitem nicht so gut auf einen Volltreffer, wie bei einem professionellen Züchtungsprogramm, aber es stellt eine wunderbare Möglichkeit dar, Hopfen noch besser kennenzulernen. Im Folgenden sehen Sie, wie im Hopfenforschungszentrum in Hüll gearbeitet wird.

Samenbank für Kreuzungen.

Die Pollen von männlichen Blüten werden geerntet

Hopfensämlinge.

Test auf Mehltau-Anfälligkeit.

Aufziehen der Pflanzen im Gewächshaus.

Nur wenige Pflanzen schaffen es raus aufs Feld.

Hopfenbonitur.

HOPFENANBAUGEBIETE DER WELT

Die großen Hopfenanbaugebiete der Welt befinden sich zwischen dem 35. und 55. Breitengrad auf der Nord- wie auf der Südhalbkugel, wobei sich die besten Bedingungen zwischen dem 45. und 50. Breitengrad finden. Die großen europäischen Hopfennationen sind unbestritten Deutschland, England und Tschechien, aber auch Polen, Slowenien, Spanien und Frankreich können eine bedeutende Hopfenproduktion aufweisen. In China und Russland wird zwar ebenfalls viel Hopfen angebaut, aber zum Großteil für den heimischen Markt. Global gesehen haben die USA mittlerweile Deutschland als größter Hopfenproduzent der Welt abgelöst. Auf der Südhalbkugel gibt es in den vom Hopfen bevorzugten Breitengraden bei Weitem nicht so viel Landmasse wie auf der Nordhalbkugel. Trotzdem haben Neuseeland, Australien und Südafrika wichtige Hopfenanbaugebiete und auch eigene Hopfensorten, die bei Brauern sehr beliebt sind. In Südamerika wird vor allem im argentinischen Patagonien Hopfen angebaut.

TERROIR

Wenn eine Hopfensorte in unterschiedlichen Ländern angebaut wird, dann schmeckt und riecht derselbe Hopfen jeweils verschieden, obwohl er genetisch identisch ist. Im Weinbau spielt das Terroir (von lateinisch „terra“, die Erde), also die unterschiedlichen Standortfaktoren der Anbaugebiete und Weinberge und die daraus resultierenden Qualitätsunterschiede, eine große Rolle. Auch beim Hopfen rücken diese Einflüsse immer mehr in den Fokus. Der in Amerika wachsende 'Cascade' ist zum Beispiel für ausgeprägte Grapefruit-, Zitrus- und Schwarze-Johannisbeer-Noten bekannt, während der in Deutschland angebaute 'Cascade' weniger Grapefruit-, sondern eher zitronige Noten aufweist. Zudem treten in Deutschland grüne Früchte wie Birne oder Quitte in den Vordergrund. Der australische 'Cascade' wiederum hat starke Himbeer-, Pfirsich- und Ananasnoten. Dabei handelt es sich immer um die genetisch identische Hopfensorte, lediglich der Standort mit seinen unterschiedlichen Bodencharakteristiken, Klimata und Höhenlagen macht diese enormen Unterschiede aus. Es wird mittlerweile sogar untersucht, wie stark sich die Inhaltsstoffe des Hopfens an unterschiedlichen Stellen ein und desselben Hopfenfeldes unterscheiden.

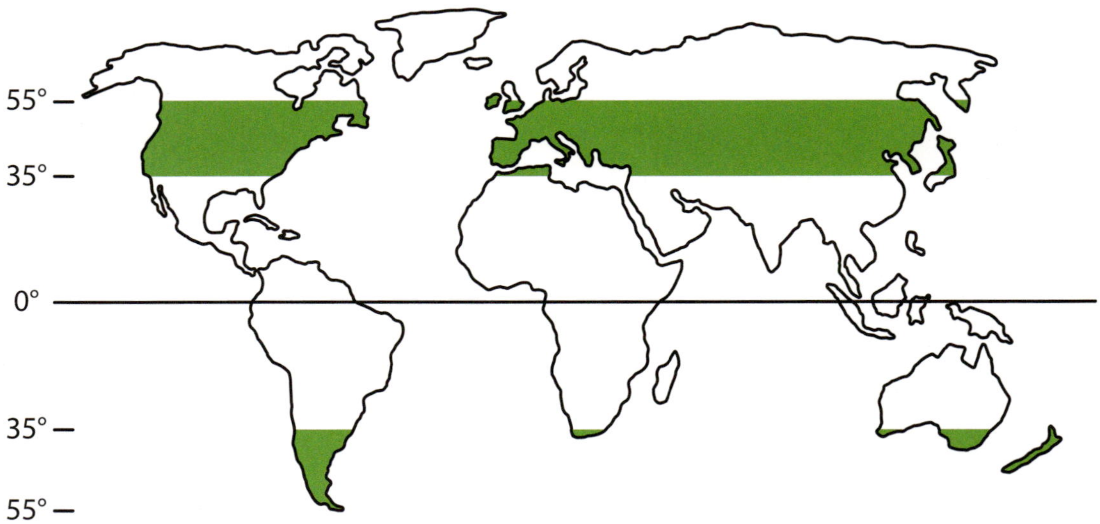

Hopfen wächst am besten zwischen dem 35. und 55. Breitengrad.

TRENDS

Früher versuchten Züchter, fast ausschließlich große Braukonzerne mit neuen Sorten zu bedienen. Ein Nachteil daran war eine große Abhängigkeit von eben diesen Konzernen. Wenn eine Mega-Brauerei eine bislang verwendete Hopfensorte wechselte, konnte es das Aus für diese Sorte bedeuten.

Da Craftbrauer sehr viel Hopfen einsetzen, wurden auch sie für die Züchter interessant. Hier ist der Vorteil, dass es viele kleine Produzenten gibt, wodurch weniger starke Abhängigkeiten entstehen. Allerdings ist die Craftszene in hohem Maße Trends unterworfen. Craftbrauer müssen Kunden befriedigen, die immer neue Biere und neue Geschmackserlebnisse haben wollen. Hopfen ist eine wunderbare Ressource dafür, aber die geringe Treue einer Sorte gegenüber bleibt nicht ohne Folgen für die Züchtung. Früher hatte eine Sorte eine deutlich höhere Lebenserwartung. Heute kommen hingegen häufiger neue Sorten auf den Markt, die aber oft nach ein paar Jahren schon wieder verschwinden. Am Ende liegt es immer an den Brauern, ob sich eine bestimmte Hopfensorte auf dem Markt halten kann. Eine positive Entwicklung ist, dass gerade von den Craftbrauern weniger Wert auf kosmetisch makellose Dolden gelegt wird.

DEFINITION BITTER- UND AROMAHOPFEN

Die Zuordnung zu Bitter- oder Aromahopfen nimmt bei Neuzüchtungen jeweils der Züchter vor. Lassen Sie sich aber durch diese Sorteneinteilung nicht davon abhalten, ebenso mit Bitterhopfen für Aromagaben zu experimentieren! Die Einteilung in Sortenkategorien wurde im Jahr 2017 neu geregelt und trat im Jahr 2019 bei der internationalen Sortenliste in Kraft. Zuvor wurden Hopfen mit einem Alpha-Säuren-Gehalt von über 10 % in der Regel als Bitterhopfen klassifiziert und Sorten mit einem angenehmen Aroma und niedrigem Alpha-Säuren-Gehalt als Aromahopfen. Das machte eine weitere Kategorie notwendig. Denn es gibt jede Menge Hopfensorten, die einen so hohen Alpha-Säuren-Gehalt haben, dass sie unter Bitterhopfen laufen müssten, die aber derartig interessante aromatische Eigenschaften haben, dass sie von den Brauern häufig als späte Aromagabe eingesetzt werden. Diese Sorten wurden in die Kategorie „dual-purpose“ gesteckt. Die neue Regelung sieht nun aber nur noch „Aroma“ und „Bitter“ vor. Deswegen wurden alle Hopfensorten im Jahr 2019 neu zugeordnet. Das hat entweder der Züchter oder ein Vertreter der Hopfenbaunation gemacht. Daher werden Sie bei alten und neuen Sortenverzeichnissen auf widersprüchliche Informationen treffen. 'Brewer's Gold' und 'Northern Brewer' galten zum Beispiel vorher als Bittersorten und werden nun unter „Aroma“ gelistet.

Brauer sprechen übrigens bei Alpha-Säuren-Gehalten von über 12 % von Hochalphasorten und bei Gehalten von über 15 % von Superhochalpha. Eine offizielle Sorteneinteilung war dies aber nie.

TIPP

Sie können die Sortenliste des Internationalen Hopfenbüros (IHB) auf der Internetseite der Bayerischen Landesanstalt für Landwirtschaft (LfL Bayern) beim Institut für Pflanzenbau und Pflanzenzüchtung herunterladen. Auf der Liste stehen alle Hopfensorten, die momentan unter wirtschaftlichen Gesichtspunkten kultiviert werden. Sie können hier auch die aktuellen Informationen zum Stand von Sortenschutz und Patent einsehen sowie darüber, in welchen Ländern eine Hopfensorte angebaut wird.

SORTENVERZEICHNIS

In diesem Sortenverzeichnis finden Sie 63 Hopfensorten, die in Deutschland gut erhältlich sind und von denen viele auch für den Anbau zuhause verfügbar sind. Es gibt aber um die 300 Hopfensorten weltweit, die unter kommerziellen Gesichtspunkten angebaut werden! Außerdem tauchen jedes Jahr neue Sorten auf. Manche davon verschwinden auch bald wieder, andere etablieren sich oder werden für ein paar Jahre ein Hit. Es lohnt sich, die Welt der Hopfensorten auch im Internet zu verfolgen.

HINWEISE ZUM LESEN DER SORTENBESCHREIBUNGEN

Es gibt einige Punkte, die beim Lesen der Sortenbeschreibungen beachtet werden müssen.

ANALYSENWERTE

Die hier abgedruckten Analysenwerte sind sortentypische Werte zum Zeitpunkt der Ernte. Sie können aber abhängig von Erntejahr, Anbaugebiet, Pflanzer und Alterungsgrad variieren. In den USA und in Europa werden unterschiedliche Analysemethoden angewandt, wodurch sich die Werte geringfügig unterscheiden können. Unten auf jeder Seite finden Sie einen Vermerk zur Quelle der hier angegebenen Analysenwerte. Wenn bei einzelnen Hopfensorten die Analysenwerte zu bestimmten Komponenten fehlen, sind von der jeweiligen Quelle keine Daten dazu veröffentlicht worden.

TYP

Hier wurde die neue Zuteilung des internationalen Hopfenbüros zu „Aroma" oder „Bitter" übernommen.

AROMAPROFIL

Unter dem Stichwort Charakteristik und in den Diagrammen wird das **Aromaprofil des Rohhopfens** beschrieben. Es werden dabei jeweils nur die hervorstechendsten Aromen herausgestellt und diese können – je nach Erntejahr – stark variieren. Bitte beachten Sie, dass sich das Aroma des Rohhopfens vom Hopfenaroma im fertigen Bier stark unterscheiden kann! Am ehesten gelangt das Aroma des Rohhopfens durch das Hopfenstopfen mit ähnlichen Noten ins Bier.

MÖGLICHER ERSATZ

Es gibt keinen perfekten Ersatz für eine Hopfensorte. Die hier erwähnten Hopfensorten sind der jeweiligen Sorte nur relativ ähnlich und für ähnliche Bierstile geeignet.

HERKUNFTSLAND

Eine Hopfensorte, die außerhalb ihres Ursprungslandes angebaut wurde, zeigt nicht die gleichen Charakteristiken wie der Hopfen, der tatsächlich im Ursprungsland angebaut wurde (siehe Abschnitt Terroir, Seite 76).

RESISTENZ

Krankheits- und Schädlingsresistenzen von Hopfen werden durch die Anpassungsfähigkeit von Schadorganismen immer wieder durchbrochen. Wenn Sie eine Sortenauswahl für den Anbau von Hopfen bei sich zu Hause treffen wollen, informieren Sie sich daher besser noch einmal beim zuständigen Landwirtschaftsamt über die in Ihrer Region auftretenden Schädlinge und über den aktuellen Stand der Resistenzen bei den Hopfensorten.

AHTANUM™

Die Aromasorte wurde Ende der 1980er-Jahre in den USA von Yakima Chief Ranches gezüchtet und 1997 veröffentlicht. Der häufig mit 'Cascade' und 'Willamette' verglichene Hopfen zeichnet sich durch deutliche Zitrusaromen aus und ist des Weiteren von Jasmin-, Apfel- und Holunderblütennoten geprägt. Er wird bevorzugt in Pale Ales, IPAs und amerikanischen Lagerbieren eingesetzt.

Typ Aroma
Abstammung Offene Bestäubung
Charakteristik Jasmin, Apfelblüte, Holunderblüte, Zitrusfrüchte, Geranie
Möglicher Ersatz 'Amarillo®', 'Cascade', 'Willamette'
Typische Bierstile IPA, amerikanisches Pale Ale, amerikanisches Lagerbier

Hopfenharze

Alpha-Säuren 3,5–6,5 Gew.-%
Beta-Säuren 4,0–6,0 Gew.-%
Cohumulon ca. 34 % der Alpha-Säuren

Hopfenöle

Gesamtöl 0,5–1,7 ml/100g Hopfen
Myrcen 45–55 % vom Gesamtöl
Caryophyllen 9–12 % vom Gesamtöl
Humulen 15–22 % vom Gesamtöl
Farnesen < 1 % vom Gesamtöl
Linalool 0,4–0,6 % vom Gesamtöl

Eigenschaften

Reifezeit Mittelfrüh bis spät
Ursprungsland USA
Ertrag 1775–1950 kg/ha
Resistent gegen Echten Mehltau, Peronospora
Lagerstabilität Mittel

Analysenwerte Hopfeninhaltsstoffe: Yakima Chief

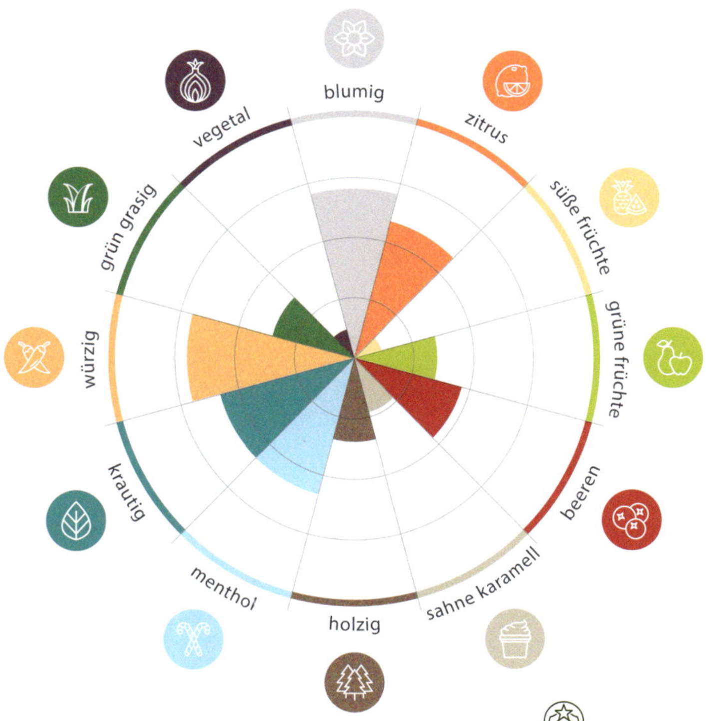

Quelle Rosechart: BarthHaas

AKOYA

Quelle Doldenfoto: Hopsteiner

'Akoya' wurde als Aromahopfen vom Hopsteiner Zuchtprogramm entwickelt und zeichnet sich durch einen hopfenwürzigen Charakter mit teeartigen Aromen und eine leichte Fruchtigkeit mit Noten von Minze und schwarzem Pfeffer aus. Die an den Klimawandel angepasste Sorte wurde als Alternative zu 'Perle' gezüchtet und bringt es konstant auf Alpha-Werte zwischen 9 und 10 %. 'Akoya' ist sowohl für die Bitter-, als auch die Aromagabe geeignet.

Typ Aroma

Abstammung 'Zenith' × Hopsteiner Zuchtstamm

Charakteristik Tee, hopfenwürzig, grüne Früchte, Minze, Pfeffer

Möglicher Ersatz 'Hallertauer Tradition', 'Perle'

Typische Bierstile Bayerisches Helles, Pilsener, Lager

Hopfenharze

Alpha-Säuren 8,1–11,2 Gew.-%

Beta-Säuren 3,9–4,9 Gew.-%

Cohumulon 29–31 % der Alpha-Säuren

Hopfenöle

Gesamtöl 1,5–2,1 ml/100g Hopfen

Myrcen 40–57 % vom Gesamtöl

Caryophyllen 9–14 % vom Gesamtöl

Humulen 22–34 % vom Gesamtöl

Linalool 0,7–0,8 % vom Gesamtöl

Polyphenole

Gesamtpolyphenole ca. 4,3 Gew.-%

Xanthohumol ca. 1,1 Gew.-%

Eigenschaften

Reifezeit Früh

Hauptanbauland Deutschland

Ertrag 2000–2500 kg/ha

Tolerant gegen Peronospora, Echten Mehltau

Analysenwerte Hopfeninhaltsstoffe: Hopsteiner

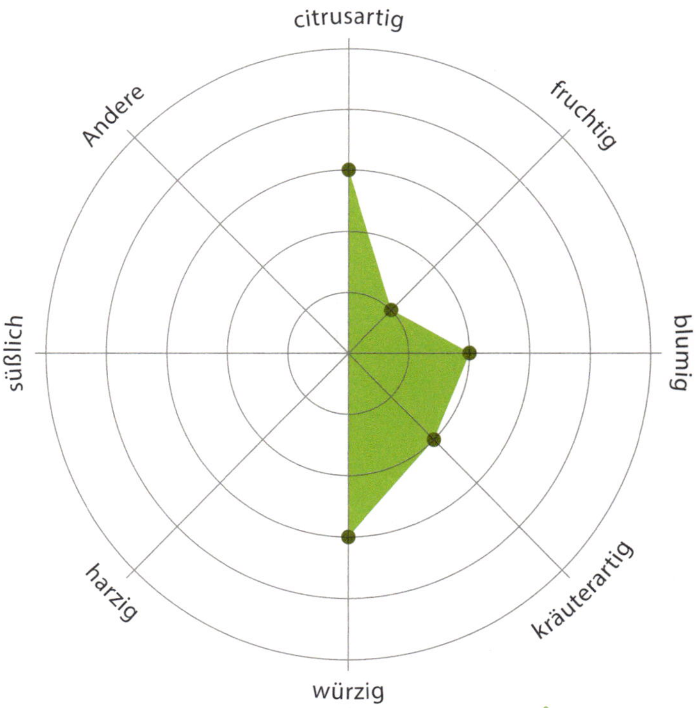

Quelle Matrize: Hopsteiner

AMARILLO®

Quelle Doldenfoto: BarthHaas®

'Amarillo®' wurde im Jahr 1990 durch Zufall am Rande eines Hopfenfeldes mit der Sorte 'Liberty' auf den Virgil Gamache Farms im Staate Washington entdeckt. 2003 wurde 'Amarillo®' als Aromasorte eingeführt, die sich durch einen auffällig hohen Myrcen- und einen geringen Cohumulongehalt auszeichnet. Die Sorte wird von Craft- und Mikrobrauern sehr gerne verwendet, um fruchtig-frische IPAs und Pale Ales zu brauen. Mittlerweile wird 'Amarillo®' auch in Deutschland angebaut.

Typ Aroma

Abstammung Offene Bestäubung

Charakteristik Grapefruit, schwarzer Tee mit Zitrone, Melone, Aprikose

Möglicher Ersatz 'Ahtanum™', 'Cascade', 'Centennial', 'Chinook'

Typische Bierstile IPA, Pale Ale

Hopfenharze

Alpha-Säuren 7,0–11,0 Gew.-%

Beta-Säuren 5,5–8,0 Gew.-%

Cohumulon 20–24 % der Alpha-Säuren

Hopfenöle

Gesamtöl 1,0–2,3 ml/100g Hopfen

Myrcen 40–50 % vom Gesamtöl

Caryophyllen 7–10 % vom Gesamtöl

Humulen 19–24 % vom Gesamtöl

Farnesen < 1 % vom Gesamtöl

Linalool 0,5–0,8 % vom Gesamtöl

Eigenschaften

Reifezeit Mittel

Ursprungsland USA

Ertrag 1350–1800 kg/ha

Lagerstabilität Sehr gut

Analysenwerte Hopfeninhaltsstoffe: Yakima Chief

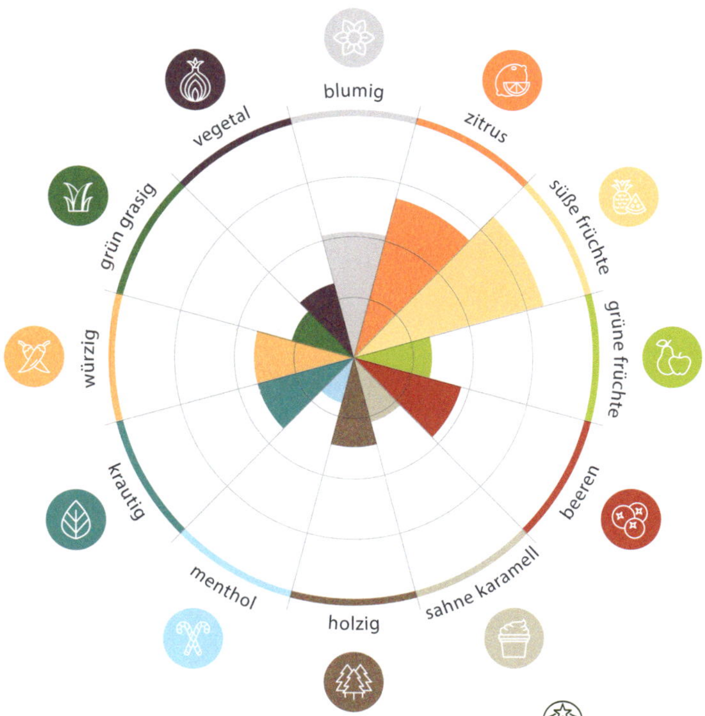

Quelle Rosechart: BarthHaas®

ARIANA

Quelle Doldenfoto: BarthHaas

'Ariana' wurde gemeinsam mit 'Callista' im Jahr 2016 vom Hopfenforschungszentrum in Hüll freigegeben. Die Sorte zeigt im Rohhopfen spritzige Noten von Maracuja, Ananas, Quitte und Beeren. Dieses Profil wird durch Aromen von Jasmin abgerundet. Durch den Einsatz als frühe Gabe bildet Ariana typische Hopfennoten und eine harmonische Bittere aus und ist damit besonders gut für klassische Stile wie Helles, Pilsener und Weißbier geeignet.

Typ Aroma
Abstammung 'Herkules' × männlicher Wildhopfen
Charakteristik Maracuja, Ananas, Quitte, Jasmin, Beeren
Typische Bierstile Helles Lagerbier, Weißbier, Pale Ale, Stout

Hopfenharze

Alpha-Säuren 8,6–10,1 Gew.-%
Beta-Säuren 4,9–5,6 Gew.-%
Cohumulon 38–41 % der Alpha-Säuren

Hopfenöle

Gesamtöl 1,0–1,4 ml/100g Hopfen
Myrcen 38–45 % vom Gesamtöl
Caryophyllen 6–8 % vom Gesamtöl
Humulen 22–26 % vom Gesamtöl
Farnesen <1 % vom Gesamtöl
Linalool 0,5–0,7 % vom Gesamtöl

Polyphenole

Xanthohumol 0,4–0,5 Gew.-%

Eigenschaften

Reifezeit Sehr spät
Ursprungsland Deutschland
Ertrag ca. 2300 kg/ha
Resistent gegen Echten Mehltau
Tolerant gegen Welke, Peronospora, Spinnmilbe
Lagerstabilität Gut

Analysenwerte Hopfeninhaltsstoffe: Hopsteiner

Verfügbar für den Anbau zuhause!

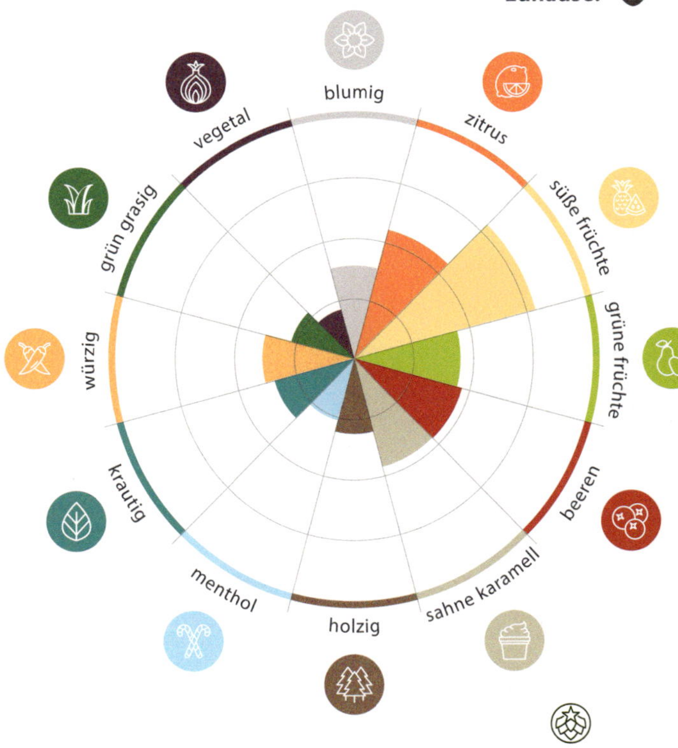

Quelle Rosechart: BarthHaas

AURORA
(SUPER STYRIAN)

Quelle Doldenfoto: Hopsteiner

Die Hopfensorte 'Aurora' (das heißt auf Lateinisch „Morgenröte") ist auch bekannt als 'Super Styrian'. Sie ist eine in Slowenien entwickelte Kreuzung zwischen 'Northern Brewer' und einem slowenischen Wildstamm. Sie zeichnet sich durch ein intensiv hopfiges, blumig-zitrusartiges Aroma und außergewöhnlich hohe Extraktionsraten aus. 'Aurora' lässt sich sehr gut als Bitter- wie auch als Aromagabe einsetzen.

Typ Aroma

Abstammung Tochter von 'Northern Brewer'

Charakteristik Blumig, Zitrone, Bergamotte, Zitronengras, Anis

Möglicher Ersatz 'Northern Brewer', 'Perle', 'Styrian Golding (Celeia)'

Typische Bierstile Pilsener, Lagerbier, Pale Ale, Golden Ale

Hopfenharze

Alpha-Säuren 7,2–12,6 Gew.-%

Beta-Säuren 2,7–4,4 Gew.-%

Cohumulon 22–26 % der Alpha-Säuren

Hopfenöle

Gesamtöl 0,9–1,6 ml/100g Hopfen

Myrcen 35–53 % vom Gesamtöl

Caryophyllen 4–8 % vom Gesamtöl

Humulen 20–27 % vom Gesamtöl

Farnesen 6–9 % vom Gesamtöl

Linalool 0,6–1,0 % vom Gesamtöl

Polyphenole

Xanthohumol 0,3–0,5 Gew.-%

Eigenschaften

Reifezeit Mittelfrüh

Ursprungsland Slowenien

Ertrag 1600–2400 kg/ha

Resistent gegen Peronospora, Echten Mehltau

Anfällig für Welke

Lagerstabilität Sehr gut

Analysenwerte Hopfeninhaltsstoffe: Slovenian Institute of Hop Research and Brewing

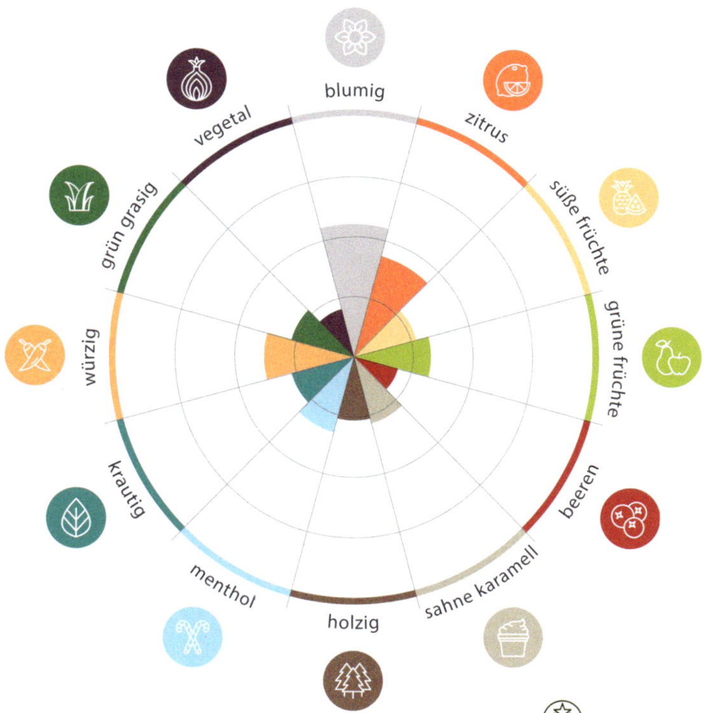

Quelle Rosechart: BarthHaas

BRAMLING CROSS

Die englische Hopfensorte wurde bereits 1927 gezüchtet und 1951 vom Wye College in Großbritannien veröffentlicht. Die Sorte entfaltet je nach Einsatz im Sudhaus sehr unterschiedliche Charakteristiken. Durch die Einkreuzung eines kanadischen Manitoba-Hopfens hat sie auch typisch amerikanisch fruchtige Eigenschaften. Aufgrund eines für eine Aromasorte eher hohen Alpha-Säuren-Gehalts kann sie auch gut als Bittergabe eingesetzt werden.

Typ Aroma

Abstammung 'Bramling' gekreuzt mit einem männlichen Setzling einer wilden Hopfensorte aus Manitoba, Kanada

Charakteristik Liebstöckel, Estragon, bittere Grapefruit, Karamell

Möglicher Ersatz 'Whitbread Goldings'

Typische Bierstile Pale Ale, IPA, Strong Ale, Extra Special Bitter, Cask Ale, Stout

Hopfenharze

Alpha-Säuren 6,0–8,0 Gew.-%

Beta-Säuren 2,3–3,5 Gew.-%

Cohumulon ca. 34 % der Alpha-Säuren

Hopfenöle

Gesamtöl 0,7–1,0 ml/100g Hopfen

Myrcen ca. 36 % vom Gesamtöl

Humulen ca. 25 % vom Gesamtöl

Farnesen <1,0 % vom Gesamtöl

Eigenschaften

Reifezeit Früh

Ursprungsland Großbritannien

Ertrag 1700–1900 kg/ha

Tolerant gegen Welke

Anfällig für Peronospora, Echten Mehltau

Lagerstabilität Gut

Analysenwerte Hopfeninhaltsstoffe: British Hop Association

Verfügbar für den Anbau zuhause!

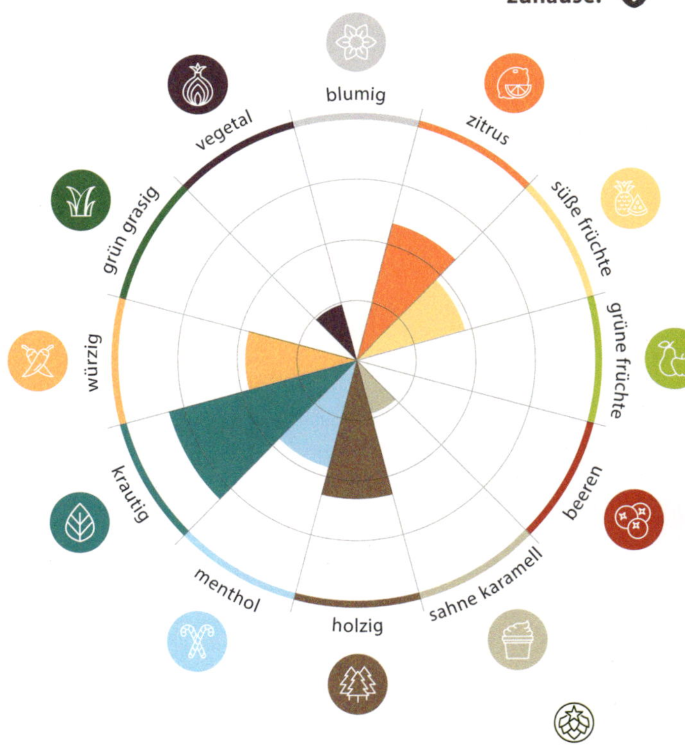

Quelle Rosechart: BarthHaas

BREWER'S GOLD

Quelle Doldenfoto: BarthHaas

'Brewer's Gold' entstand 1917 aus einer Kreuzung von Professor Ernest Stanley Salmon im Wye College in England und wurde 1934 als Bitterhopfen veröffentlicht. Die Sorte ist seither ein beliebter Partner für Kreuzungen. Die Muttersorte einiger bekannter Hopfensorten mit hohen Alpha-Säuren-Gehalten, wie etwa 'Galena', 'Nugget' und 'Centennial', ist auch bei späten Hopfengaben beliebt. Mittlerweile ist Deutschland das Hauptanbauland von 'Brewer's Gold'.

Typ Aroma
Abstammung Wilder Manitoba BB1 mit offener Bestäubung
Charakteristik Zitrone, Johannisbeere, Melisse, Gewürze
Möglicher Ersatz 'Bullion', 'Cascade', 'Galena'
Typische Bierstile Pale Ale, Barley Wine, Imperial Stout

Hopfenharze
Alpha-Säuren 5,5–6,2 Gew.-%
Beta-Säuren 3,3–4,0 Gew.-%
Cohumulon 38–41 % der Alpha-Säuren

Hopfenöle
Gesamtöl 1,0–1,4 ml/100g Hopfen
Myrcen 29–49 % vom Gesamtöl
Caryophyllen 12–14 % vom Gesamtöl
Humulen 25–30 % vom Gesamtöl
Farnesen <1 % vom Gesamtöl
Linalool 0,3–0,7 % vom Gesamtöl

Polyphenole
Gesamtpolyphenole ca. 5,0 Gew.-%
Xanthohumol 0,6–0,7 Gew.-%

Eigenschaften
Reifezeit Spät
Ursprungsland Großbritannien
Ertrag 2100–2400 kg/ha
Anfällig für Welke, Peronospora, Echten Mehltau

Analysenwerte Hopfeninhaltsstoffe: Hopsteiner

Verfügbar für den Anbau zuhause!

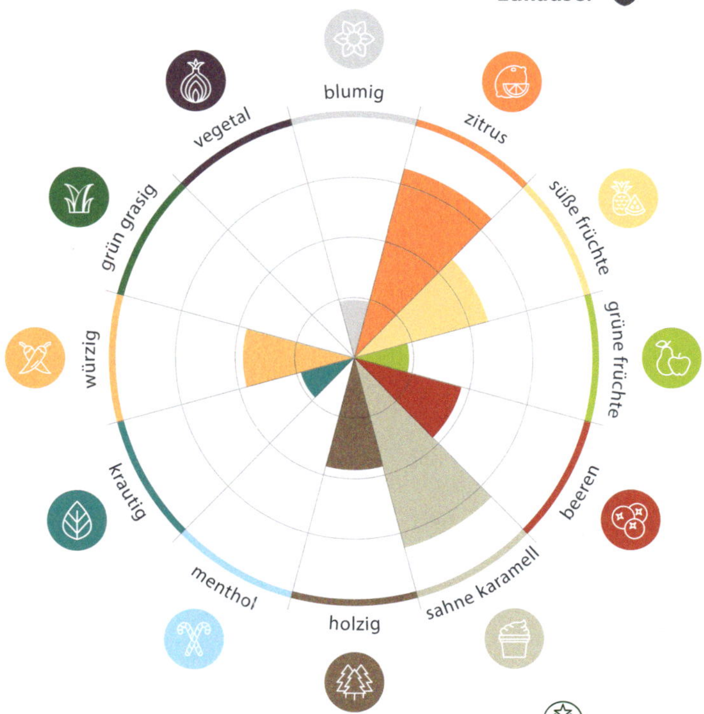

Quelle Rosechart: BarthHaas

BULLION

Diese englische Hopfensorte entstand während der bekannten Züchtungsprogramme von Professor Ernest Stanley Salmon am Wye College und wurde 1938 freigegeben. 'Bullion' stammt, wie auch 'Brewer's Gold', von kanadischem Wildhopfen ab. Bei mittleren und späten Gaben treten würzig-pikante Aromen roter Beerenfrüchte hervor. Mittlerweile wird 'Bullion' hauptsächlich in den USA angebaut, wo er seit ein paar Jahren ein Revival durch den Trend hin zu fruchtigen IPAs erlebt.

Typ Aroma
Abstammung Wilder Manitoba BB1 mit offener Bestäubung
Charakteristik Schwarze Johannisbeere, kräuterartig, würzig
Möglicher Ersatz 'Brewer's Gold', 'Galena', 'Northern Brewer', 'Target'
Typische Bierstile Dunkle Lagerbiere, englische Porter und Stout, Barleywine, Scottish Ale, IPA

Hopfenharze
Alpha-Säuren 5,3–9,5 Gew.-%
Beta-Säuren 4,5–5,3 Gew.-%
Cohumulon 37–50 % der Alpha-Säuren

Hopfenöle
Gesamtöl 1,0–1,9 ml/100g Hopfen
Myrcen ca. 50 % vom Gesamtöl
Farnesen < 1 % vom Gesamtöl

Eigenschaften
Reifezeit Früh bis mittelfrüh
Ursprungsland Großbritannien
Ertrag 2000–2600 kg/ha
Resistent gegen Welke
Tolerant gegen Peronospora
Anfällig für Echten Mehltau, Viruserkrankungen
Lagerstabilität Gering

Analysenwerte Hopfeninhaltsstoffe: British Hop Association

Verfügbar für den Anbau zuhause!

Quelle Matrize: Hopsteiner

CALLISTA

Quelle Doldenfoto: BarthHaas

'Callista', benannt nach dem griechischen Wort für „schön", wurde 2016 vom Hopfenforschungszentrum in Hüll freigegeben. Die Sorte ist in vielen Biertypen einsetzbar, entwickelt aber besonders schön ihr Aroma in klassischen Bierstilen wie Bayerisches Helles, Pilsener, Weißbier und Märzen. Im Rohhopfen entfalten sich intensive Aromen von Maracuja, Mango, Ananas und Beeren.

Typ Aroma

Abstammung 'Hallertauer Tradition' × männlicher Hüller Zuchtstamm

Charakteristik Mango, Ananas, Maracuja, Zitrone, Erdbeere, Stachelbeere, Brombeere

Möglicher Ersatz 'Comet', 'Huell Melon'

Typische Bierstile Bayerisches Helles, Pilsener, Märzen, Weißbier, IPA, Pale Ale

Hopfenharze

Alpha-Säuren 2,9–4,1 Gew.-%

Beta-Säuren 6,4–7,0 Gew.-%

Cohumulon 17–18 % der Alpha-Säuren

Hopfenöle

Gesamtöl 0,7–1,2 ml/100g Hopfen

Myrcen 42–58 % vom Gesamtöl

Caryophyllen 5–7 % vom Gesamtöl

Humulen 19–20 % vom Gesamtöl

Farnesen < 1 % vom Gesamtöl

Linalool 1,2–1,3 % vom Gesamtöl

Polyphenole

Xanthohumol 0,4–0,5 Gew.-%

Eigenschaften

Reifezeit Mittelspät

Ursprungsland Deutschland

Ertrag ca. 2000 kg/ha

Resistent gegen Welke, Peronospora, Echten Mehltau

Tolerant gegen Blattlaus, Spinnmilbe

Lagerstabilität Mittel

Analysenwerte Hopfeninhaltsstoffe: Hopsteiner

Verfügbar für den Anbau zuhause!

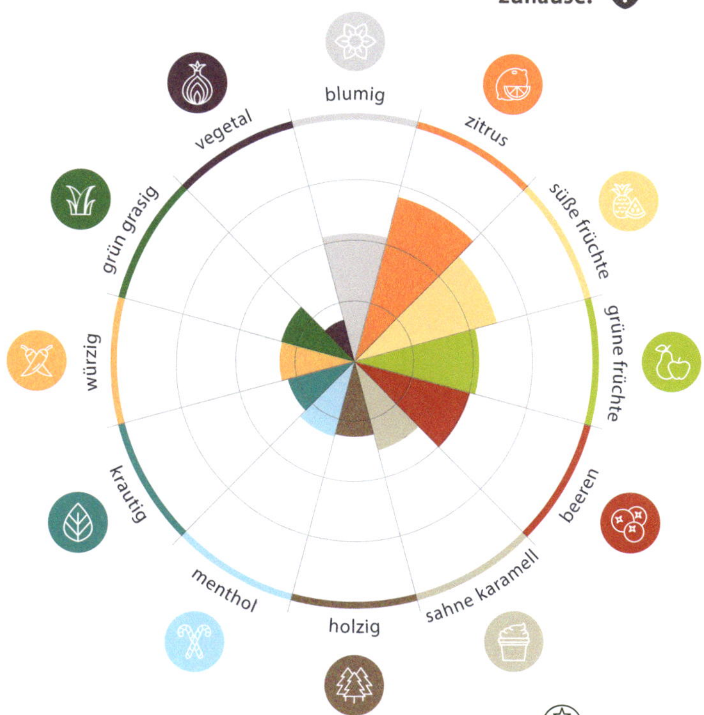

Quelle Rosechart: BarthHaas

CALYPSO

Quelle Doldenfoto: Hopsteiner

Die Hopfensorte 'Calypso' wurde im Jahr 2012 von Hopsteiner herausgegeben. Sie wurde als Aromasorte gezüchtet und freigegeben, fiel aber in den Zuchtgärten durch einen hohen Alpha-Säuren-Gehalt und einen hohen Cohumulonanteil auf. Das Aromaprofil ist mild und gut ausbalanciert. Es trägt Noten von Äpfeln, Birnen und tropischen Früchten.

Typ Aroma

Abstammung Weiblicher Zuchtstamm von Hopsteiner (98005) × männlicher Hopsteiner Zuchtstamm (Abkömmling von 'Nugget' und USDA 19058m)

Charakteristik Birne, Apfel, tropische Früchte, Minze

Möglicher Ersatz 'Huell Melon'

Typische Bierstile IPA, Pale Ale, Golden Ale, Brown Ale, Stout, Barley Wine

Hopfenharze

Alpha-Säuren 8,1–14,2 Gew.-%

Beta-Säuren 5,1–5,6 Gew.-%

Cohumulon 32–41 % der Alpha-Säuren

Hopfenöle

Gesamtöl 1,4–2,7 ml/100g Hopfen

Myrcen 30–49 % vom Gesamtöl

Caryophyllen 12–18 % vom Gesamtöl

Humulen 26–39 % vom Gesamtöl

Linalool 0,2–0,5 % vom Gesamtöl

Polyphenole

Xanthohumol 0,4–0,7 Gew.-%

Eigenschaften

Reifezeit Früh

Ursprungsland USA

Ertrag 2800–3000 kg/ha

Resistent gegen Echten Mehltau

Tolerant gegen Welke, Peronospora

Lagerstabilität Gut

Analysenwerte Hopfeninhaltsstoffe: Hopsteiner

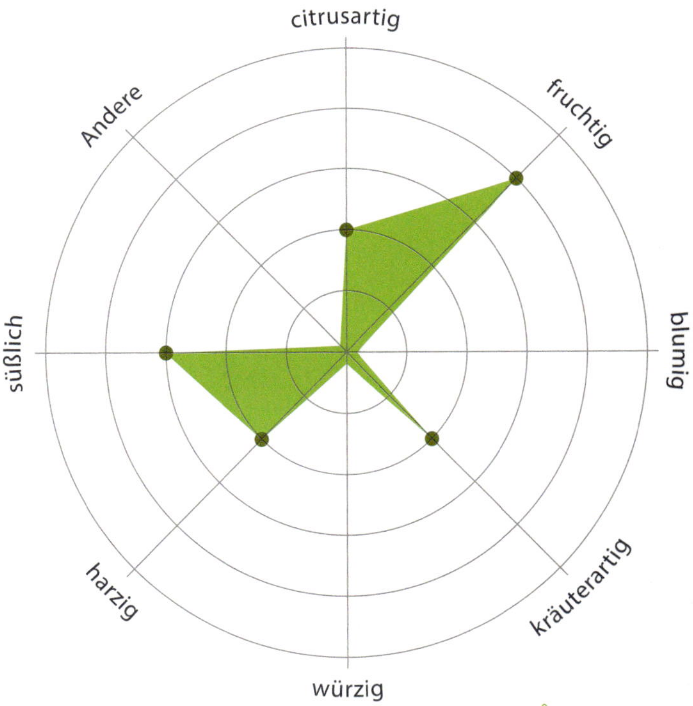

Quelle Matrize: Hopsteiner

CASCADE

Quelle Doldenfoto: BarthHaas

Der beliebteste Hopfen der Craftbraubewegung hat eine bewegte Geschichte hinter sich. Er wurde bereits 1956 von der USDA gezüchtet und 1972 freigegeben. Zunächst bestand kaum Interesse an der Sorte. Aber nach einem verheerenden Ernteausfall von 'Hallertauer Mittelfrüher' wurde die Sorte wegen ihrem relativ geringen Alpha-Säuren-Gehalt von Brauern unter Vertrag genommen. Der 'Cascade'-Hopfen eignete sich jedoch nicht als Ersatz für europäische hochfeine Aromasorten, da ihm ein intensiver Geruch nach Zitrusfrüchten anhängt. Genau dies aber wusste die Brauerei Sierra Nevada für ihr Flagship Pale Ale zu schätzen und „der Rest ist Geschichte", wie die Amerikaner sagen würden.

Typ Aroma

Abstammung Kreuzung von englischem 'Fuggle' mit einer männlichen Pflanze, die von der russischen Sorte 'Serebrianka' abstammt

Charakteristik Zitrusfrüchte, Erdbeere, Litschi, Brombeere, Sahnebonbon

Möglicher Ersatz 'Centennial', 'Lemondrop'

Typische Bierstile Pale Ale, IPA

Verfügbar für den Anbau zuhause!

Hopfenharze

Alpha-Säuren 4,5–7,0 Gew.-%

Beta-Säuren 4,8–7,0 Gew.-%

Cohumulon 33–40 % der Alpha-Säuren

Hopfenöle

Gesamtöl 0,7–1,4 ml/100g Hopfen

Myrcen 45–60 % vom Gesamtöl

Caryophyllen 4–6 % vom Gesamtöl

Humulen 8–13 % vom Gesamtöl

Farnesen 3–7 % vom Gesamtöl

Eigenschaften

Reifezeit Früh bis mittelfrüh

Ursprungsland USA

Ertrag 1600–2200 kg/ha

Tolerant gegen Peronospora, Echten Mehltau

Lagerstabilität Mittel

Analysenwerte Hopfeninhaltsstoffe: Hop Growers of America

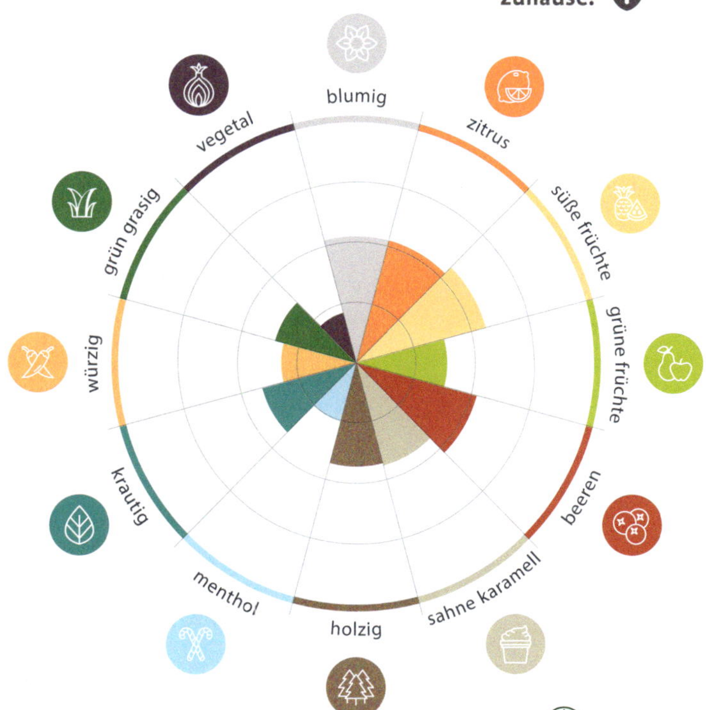

Quelle Rosechart: BarthHaas

CASHMERE

Quelle Doldenfoto: Hopsteiner

Die Kreuzung aus 'Cascade' und 'Northern Brewer' wurde 2013 von der Washington State University (WSU) freigegeben und ist eine frei verfügbare Sorte. Sie weist höhere Alpha-Werte als die Muttersorte 'Cascade' auf, des Weiteren hat sie im Vergleich zu 'Cascade' mehr als doppelt so viel Humulen, aber kaum Farnesen. 'Cashmere' bringt eine sanfte Bittere und fruchtig-würzige Aromen ins Bier. Im Rohhopfen treten Aromen von Zitrone, Erdbeere und Melone zutage.

Typ Aroma

Abstammung 'Cascade'-Tochter mit 'Northern Brewer' im genetischen Material

Charakteristik Erdbeere, Zitrone, Melone, würzig

Typische Bierstile Pale Ale, IPA, Saison

Hopfenharze

Alpha-Säuren 7,7–9,1 Gew.-%

Beta-Säuren 6,4–7,1 Gew.-%

Cohumulon 22–24 % der Alpha-Säuren

Hopfenöle

Gesamtöl 1,2–1,4 ml/100g Hopfen

Myrcen 39–42 % vom Gesamtöl

Caryophyllen 12–13 % vom Gesamtöl

Humulen 26–29 % vom Gesamtöl

Farnesen < 1 % vom Gesamtöl

Eigenschaften

Reifezeit Mittelfrüh bis spät

Ursprungsland USA

Ertrag 1950–2150 kg/ha

Lagerstabilität Sehr gut

Analysenwerte Hopfeninhaltsstoffe: Hop Growers of America

Verfügbar für den Anbau zuhause!

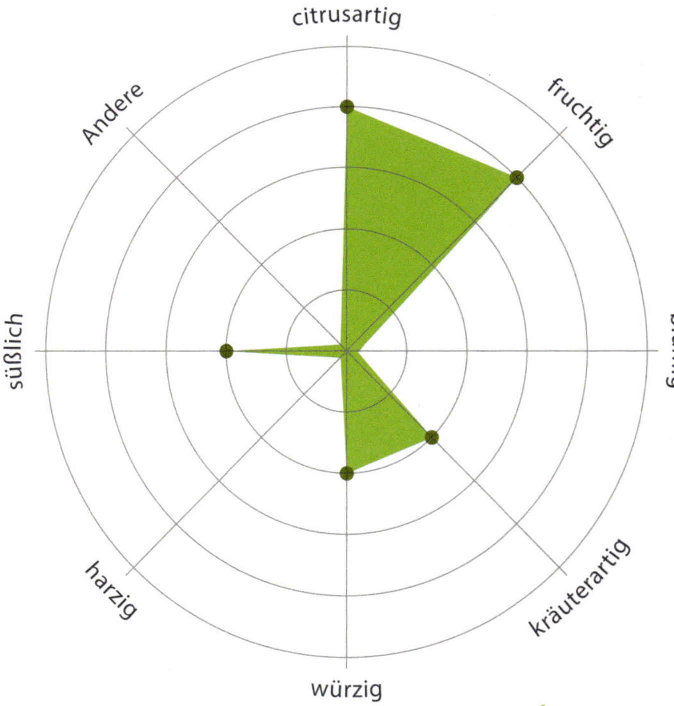

Quelle Matrize: Hopsteiner

CELEIA
(STYRIAN GOLDING)

Diese Sorte wurde im Jahr 2009 vom slowenischen Hopfenforschungsinsitut in Žalec herausgebracht. Das Züchtungsziel war es, die agronomischen Eigenschaften des traditionellen 'Styrian Savinjski Golding' zu verbessern, dabei aber die edle Aromacharakteristik zu erhalten. Der Hopfen wird in Slowenien und in der Steiermark angebaut und ist bei Brauern wegen seiner harmonischen Bittere und dem angenehmen Aroma sehr beliebt.

Typ Aroma

Abstammung Triploide Kreuzung aus 'Styrian Savinjski Golding' und 105/58 (Kreuzung aus 'Aurora' und einem slowenischen Wildhopfen)

Charakteristik Thymian, Estragon, Minze, Limette

Möglicher Ersatz 'Hallertauer Tradition', 'Spalter Select'

Typische Bierstile Pilsener, Lagerbier, Pale Ale, belgische Alebiere

Hopfenharze

Alpha-Säuren 3,0–6,5 Gew.-%

Beta-Säuren 2,0–3,3 Gew.-%

Cohumulon 26–29 % der Alpha-Säuren

Hopfenöle

Gesamtöl 1,5–3,6 ml/100g Hopfen

Myrcen 26–40 % vom Gesamtöl

Caryophyllen 8–9 % vom Gesamtöl

Humulen 18–23 % vom Gesamtöl

Farnesen 3–7 % vom Gesamtöl

Linalool 0,6–1,2 % vom Gesamtöl

Polyphenole

Xanthohumol 0,1–0,2 Gew.-%

Eigenschaften

Reifezeit Mittelspät

Ursprungsland Slowenien

Ertrag 1700–2600 kg/ha

Tolerant gegen Echten Mehltau, Peronospora

Anfällig für Welke

Lagerstabilität Sehr gut

Analysenwerte Hopfeninhaltsstoffe: Slovenian Institute of Hop Research and Brewing

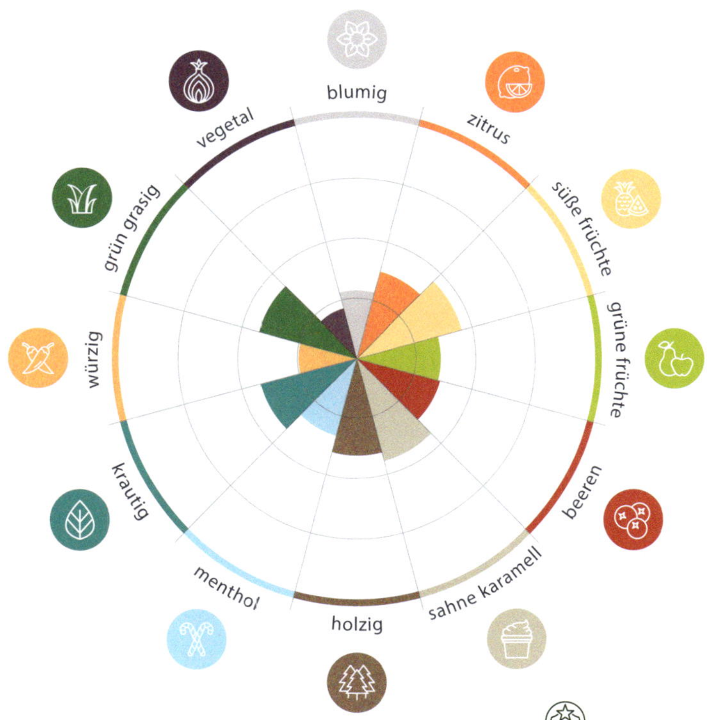

Quelle Rosechart: BarthHaas

CENTENNIAL

Quelle Doldenfoto: Hopsteiner

'Centennial' wurde 1990 freigegeben und ist eine Kreuzung aus 'Brewer's Gold', 'East Kent Golding', 'Fuggle' und einem bayerischen Hopfen. Er wird manchmal auch 'Super Cascade' genannt, da er höhere Alpha-Werte aufweist und ähnliche Zitrusnoten mit sich bringt, die aber weniger ausgeprägt sind als bei 'Cascade'. 'Centennial' hat auch starke florale Aromen. Wegen seiner Vielseitigkeit und der sehr guten Balance zwischen Bittere und Aroma gehört 'Centennial' seit vielen Jahren zu den beliebtesten Hopfensorten bei den Craftbrauern.

Typ Aroma

Abstammung Genetische Zusammensetzung: 3/4 'Brewer's Gold', 3/32 'Fuggle', 1/16 'East Kent Golding', 1/32 bayerischer Hopfen, 1/16 unbekannt

Charakteristik Zitrusfrüchte, blumig, Anis

Möglicher Ersatz 'Cascade', 'Chinook', CTZ, 'Lemondrop', 'Nugget'

Typische Bierstile Pale Ale, India Pale Ale, Imperial Stout, Barley Wine

Hopfenharze

Alpha-Säuren 9,5–11,5 Gew.-%

Beta-Säuren 3,5–4,5 Gew.-%

Cohumulon 29–30 % der Alpha-Säuren

Hopfenöle

Gesamtöl 1,5–2,5 ml/100g Hopfen

Myrcen 45–55 % vom Gesamtöl

Caryophyllen 5–8 % vom Gesamtöl

Humulen 10–18 % vom Gesamtöl

Farnesen < 1 % vom Gesamtöl

Eigenschaften

Reifezeit Früh bis mittelfrüh

Ursprungsland USA

Ertrag 1700–2000 kg/ha

Tolerant gegen Welke, Peronospora

Anfällig für Echten Mehltau

Lagerstabilität Gut

Analysenwerte Hopfeninhaltsstoffe: Hop Growers of America

Verfügbar für den Anbau zuhause!

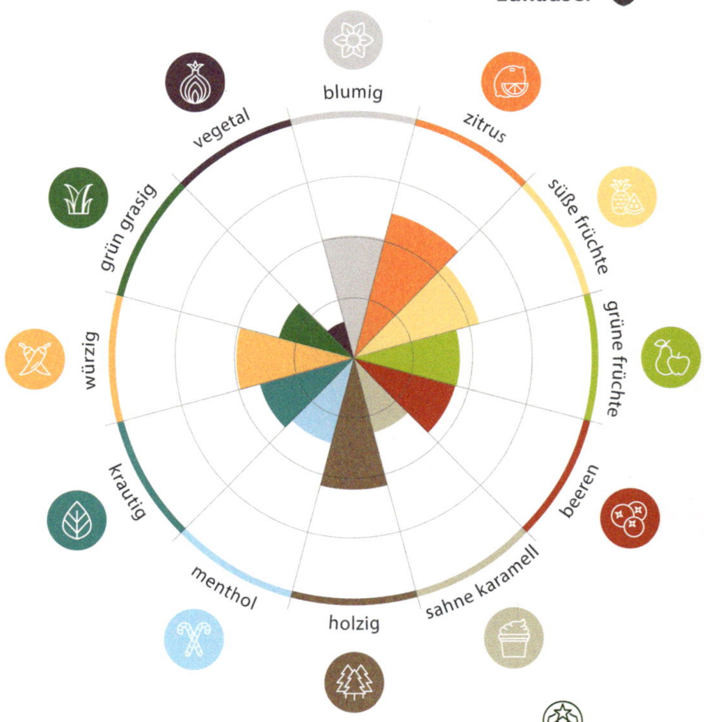

Quelle Rosechart: BarthHaas

CHALLENGER

Quelle Doldenfoto: Hopsteiner

Diese Sorte wurde im Wye College in Kent gezüchtet und 1972 zugelassen. Wird 'Challenger' als Bitterhopfen verwendet, bringt er eine volle und gut abgerundete Bittere ins Bier. Durch eine späte Hopfengabe kommt ein klartöniges, fruchtiges Aroma hervor. Dies wird von süßlichen Noten abgerundet.

Typ Aroma

Abstammung Enkel der Sorte 'Northern Brewer', Nichte von 'Northdown', Vetter zur Sorte 'Target'

Charakteristik Zedernholz, Banane, Cognac

Möglicher Ersatz 'Northern Brewer', 'Perle', 'Target'

Typische Bierstile Englisches Pale Ale, Golden Ale, Stout

Hopfenharze

Alpha-Säuren 6,5–9,0 Gew.-%

Beta-Säuren 3,2–4,2 Gew.-%

Cohumulon 20–25 % der Alpha-Säuren

Hopfenöle

Gesamtöl 1,0–1,5 ml/100g Hopfen

Myrcen ca. 30 % vom Gesamtöl

Humulen ca. 25 % vom Gesamtöl

Farnesen ca. 1 % vom Gesamtöl

Eigenschaften

Reifezeit Spät

Ursprungsland Großbritannien

Ertrag 1400–1750 kg/ha

Resistent gegen Peronospora

Anfällig für Welke, Echten Mehltau

Lagerstabilität Sehr gut

Analysenwerte Hopfeninhaltsstoffe: British Hop Association

Verfügbar für den Anbau zuhause!

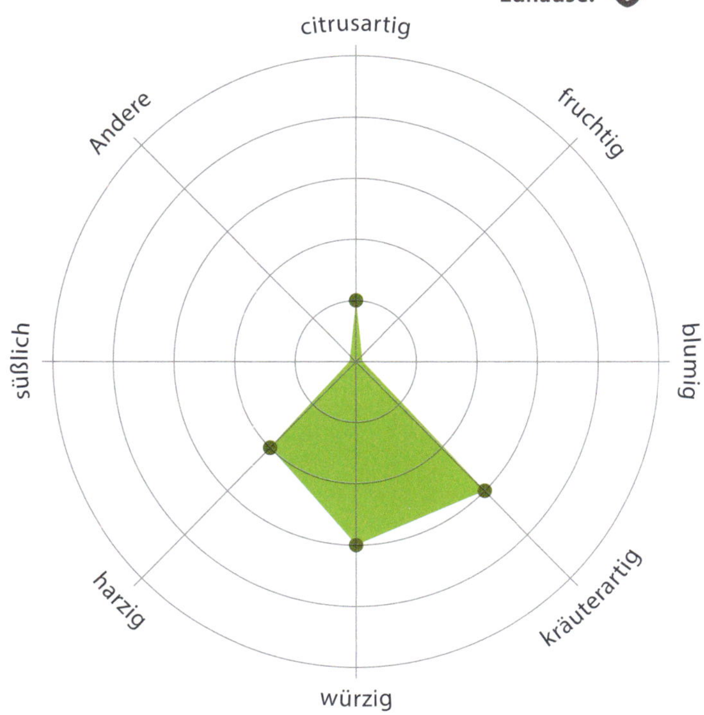

Quelle Matrize: Hopsteiner

CHINOOK

Quelle Doldenfoto: Hopsteiner

'Chinook' ist ein bekanntes Beispiel für eine ursprünglich als „Hochalpha" herausgebrachte Hopfensorte, die aufgrund ihres sehr attraktiven Aromaprofils häufig zu einem späten Zeitpunkt im Brauprozess eingesetzt wurde und so zu einer „dual-purpose"-Hopfensorte wurde. Mittlerweile wird 'Chinook' als Aromasorte geführt. 'Chinook' wurde 1985 von der USDA herausgebracht und ist bei Hopfenbauern für ein kräftiges Wachstum beliebt. Die Bierbrauer schätzen die robuste Bittere sowie das ausgeprägte Grapefruitaroma dieser Sorte.

Typ Aroma

Abstammung Kreuzung aus 'Petham Goldings' und einem USDA-Stamm

Charakteristik Grapefruit, Basilikum, Litschi, Fenchel, rote Beeren

Möglicher Ersatz CTZ, 'Galena', 'Nugget'

Typische Bierstile Pale Ale, India Pale Ale, Porter, Stout, Barley Wine, American Ale, Winter Ale

Hopfenharze

Alpha-Säuren 12,0–14,0 Gew.-%

Beta-Säuren 3,0–4,0 Gew.-%

Cohumulon 29–35 % der Alpha-Säuren

Hopfenöle

Gesamtöl 1,7–2,7 ml/100g Hopfen

Myrcen 35–40 % vom Gesamtöl

Caryophyllen 9–11 % vom Gesamtöl

Humulen 18–23 % vom Gesamtöl

Farnesen < 1 % vom Gesamtöl

Eigenschaften

Reifezeit Mittelfrüh bis spät

Ursprungsland USA

Ertrag 2000–2500 kg/ha

Tolerant gegen Peronospora

Anfällig für Echten Mehltau

Lagerstabilität Sehr gut

Analysenwerte Hopfeninhaltsstoffe: Hop Growers of America

Verfügbar für den Anbau zuhause!

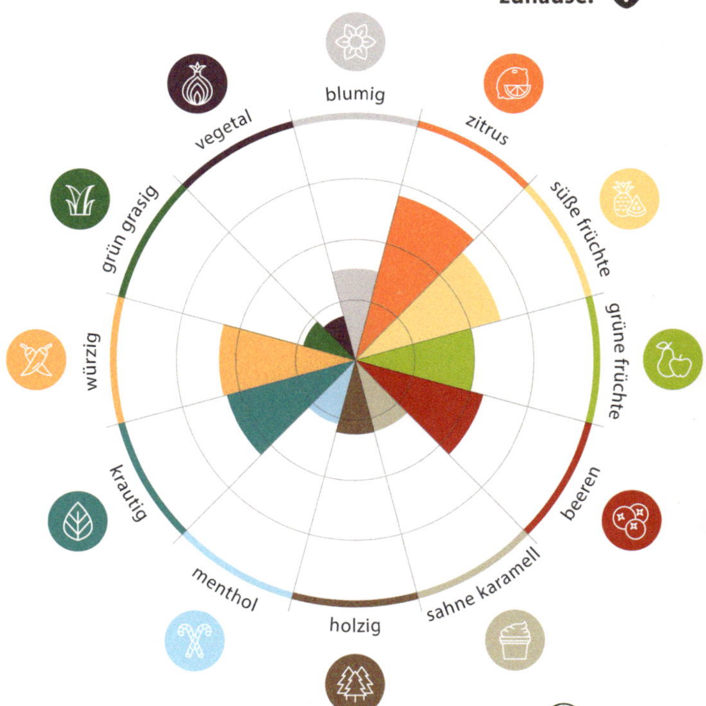

Quelle Rosechart: BarthHaas

CITRA®

Nach 12 Jahren Züchtung präsentierte die Hop Breeding Company 2008 eine Hopfensorte mit einem bisher noch nicht dagewesenen Aromabouquet. ‘Citra®’ hält, was der Name verspricht, und bringt frische Aromen nach Limette, Grapefruit, Zitrone und heller Orange ins Bier. Dies wird mit Aromen von tropischen Früchten abgerundet. ‘Citra®’ ist eine der beliebtesten Sorten für das Hopfenstopfen und eignet sich auch hervorragend für ein Single Hop IPA.

Typ Aroma

Abstammung 50 % ‘Hallertauer Mittelfrüher’, 25 % ‘US Tettnanger’ (die restlichen 25 % wurden nicht öffentlich gemacht)

Charakteristik Zitrusfrüchte, Litschi, Stachelbeere, Rote Johannisbeere

Möglicher Ersatz ‘Amarillo®’, ‘Centennial’, ‘Galaxy™’, ‘Mosaic®’, ‘Simcoe®’, ‘Sorachi Ace’

Typische Bierstile American IPA, American Pale Ale, Double IPA, Amber Ale, Single Hop IPA

Hopfenharze

Alpha-Säuren 11,0–13,0 Gew.-%

Beta-Säuren 3,5–4,5 Gew.-%

Cohumulon 22–24 % der Alpha-Säuren

Hopfenöle

Gesamtöl 2,2–2,8 ml/100g Hopfen

Myrcen 60–65 % vom Gesamtöl

Caryophyllen 6–8 % vom Gesamtöl

Humulen 11–13 % vom Gesamtöl

Farnesen Farnesenfrei!

Eigenschaften

Reifezeit Früh bis mittelfrüh

Ursprungsland USA

Ertrag 1600–1900 kg/ha

Resistent gegen Welke, Peronospora, Echten Mehltau

Anfällig für Blattlaus

Lagerstabilität Sehr gut

Analysenwerte Hopfeninhaltsstoffe: Hop Breeding Company

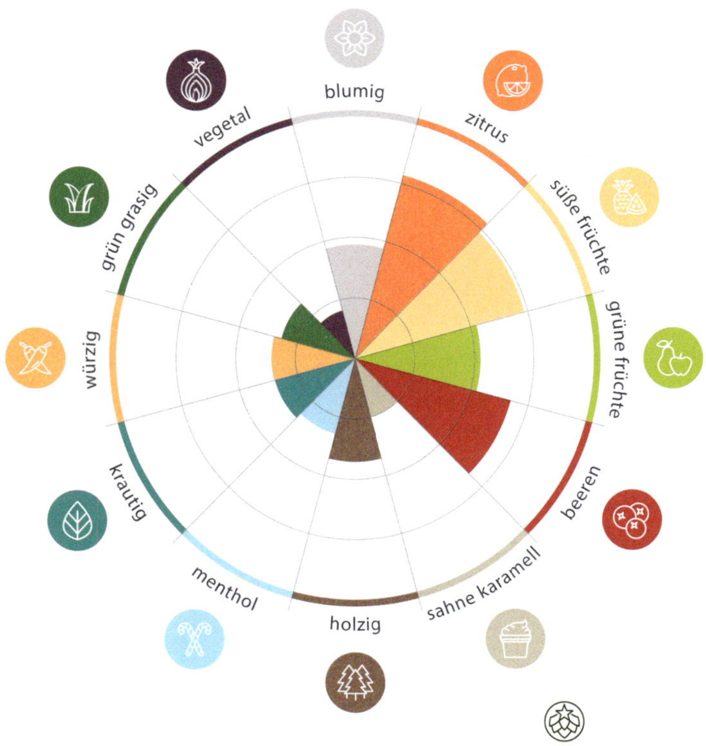

Quelle Rosechart: BarthHaas®

CLUSTER

Quelle Doldenfoto: Hopsteiner

'Cluster' ist die älteste in Nordamerika angebaute und eine sehr robuste Hopfensorte. Sie wird als die einzige Landsorte aus der Neuen Welt gehandelt. 'Cluster' findet gerne Einsatz in amerikanischen Lagerbieren, Porters und Stouts. Charakteristisch sind eine reintönige Bittere und leicht blumige Aromen. Bis Ende der 1970er-Jahre war 'Cluster' die am meisten angebaute Hopfensorte in den USA.

Typ Aroma

Abstammung Unbekannt, aber wahrscheinlich eine Kreuzung aus einer englischen Sorte und einem männlichen US-Hopfen

Charakteristik Flieder, Rose, Erdbeere, Aprikose, Zitronentee, Sahne

Möglicher Ersatz 'Galena', 'Super Galena'

Typische Bierstile Amerikanisches Lagerbier, englisches Pale Ale, Porter, Stout

Hopfenharze

Alpha-Säuren 5,5–8,5 Gew.-%

Beta-Säuren 4,5–5,5 Gew.-%

Cohumulon 37–43 % der Alpha-Säuren

Hopfenöle

Gesamtöl 0,4–0,8 ml/100g Hopfen

Myrcen 45–55 % vom Gesamtöl

Caryophyllen 6–7 % vom Gesamtöl

Humulen 15–18 % vom Gesamtöl

Farnesen <1 % vom Gesamtöl

Eigenschaften

Reifezeit Mittelfrüh bis spät

Ursprungsland USA

Ertrag 1900–2400 kg/ha

Anfällig für Echten Mehltau, Peronospora

Lagerstabilität Sehr gut

Analysenwerte Hopfeninhaltsstoffe: Hop Growers of America

Verfügbar für den Anbau zuhause!

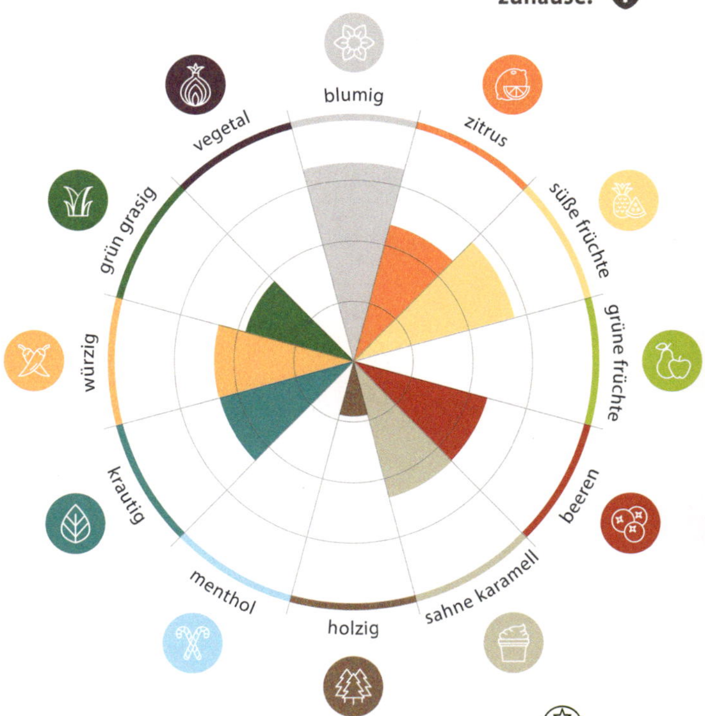

Quelle Rosechart: BarthHaas

COLUMBUS

Quelle Doldenfoto: Hopsteiner

'Columbus', 'Tomahawk®' und 'Zeus' sind die derzeit bedeutendsten Bittersorten. Sie werden häufig zusammengruppiert und mit CTZ abgekürzt. Columbus und Tomahawk® sind Halbschwestern von Zeus, da alle drei 'Nugget' zur Mutter haben. Allerdings haben nur 'Columbus' und 'Tomahawk®' das identische genetische Material. Die beiden unterschiedlichen Namen resultieren aus Streitigkeiten um das Patent. Wegen dem intensiv hopfigen Aroma, das einen gewaltigen „hop punch" hat, wird 'Columbus' häufig als späte Hopfengabe eingesetzt.

Typ Bitter

Abstammung Tochter von ‚Nugget'

Charakteristik Zedernholz, Tabak, Bärlauch, Orangenschale, Zitronengras

Möglicher Ersatz 'Chinook', 'Galena', 'Nugget'

Typische Bierstile Imperial Stout, Porter, Barley Wine, IPA, Pale Ale

Hopfenharze

Alpha-Säuren 14,5–16,5 Gew.-%

Beta-Säuren 4,0–5,0 Gew.-%

Cohumulon 28–32 % der Alpha-Säuren

Hopfenöle

Gesamtöl 2,0–3,0 ml/100g Hopfen

Myrcen 40–50 % vom Gesamtöl

Caryophyllen 9–11 % vom Gesamtöl

Humulen 12–18 % vom Gesamtöl

Farnesen < 1 % vom Gesamtöl

Eigenschaften

Reifezeit Spät

Ursprungsland USA

Ertrag 2800–3250 kg/ha

Anfällig für Echten Mehltau, Blattlaus

Lagerstabilität Mittel bis gut

Analysenwerte Hopfeninhaltsstoffe: Hop Growers of America

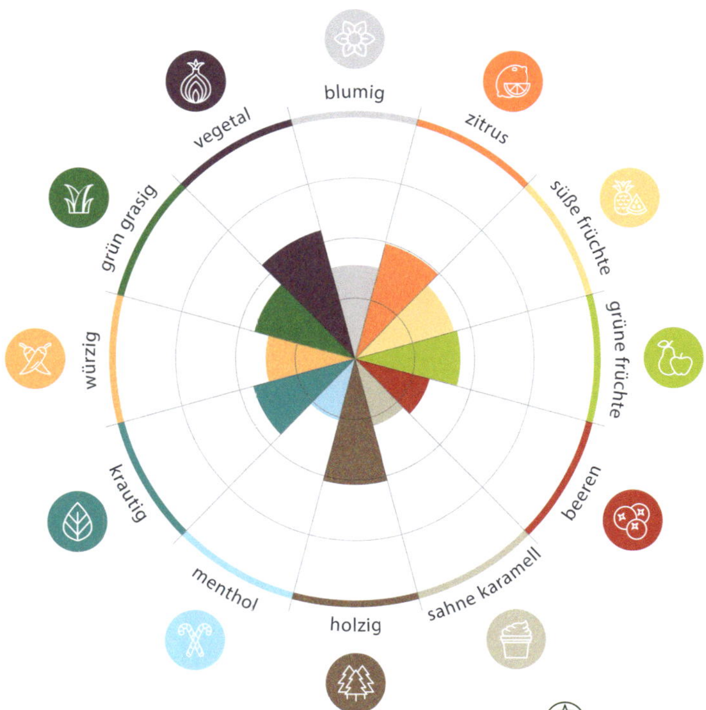

Quelle Rosechart: BarthHaas

COMET

Quelle Doldenfoto: BarthHaas

Die Sorte 'Comet' erhielt die Zulassung 1974 als Hochalphasorte und wurde zunächst zum Brauen von amerikanischen Lagerbieren verwendet. Bald aber wurde die Sorte von Züchtungen mit weitaus höheren Alpha-Gehalten überholt. 'Comet' geriet nahezu in Vergessenheit und wurde nur noch von einigen wenigen Bauern in der Hallertau angebaut. Wegen seiner typischen Charakteristik von amerikanischem Wildhopfen mit starken Grapefruitnoten und „dank"-Aromen feierte 'Comet' vor kurzem sein Comeback in den USA und wird heutzutage bevorzugt zum Hopfenstopfen verwendet. Die unten stehenden Daten beziehen sich auf in Amerika angebauten 'Comet'-Hopfen.

Typ Aroma

Abstammung 'English Sunshine' und amerikanischer Wildhopfen

Charakteristik Grapefruit, grasig, Rose, fruchtig

Möglicher Ersatz 'Galena'

Typische Bierstile Amerikanisches Lagerbier, Pale Ale, IPA

Verfügbar für den Anbau zuhause!

Hopfenharze

Alpha-Säuren 9,0–11,0 Gew.-%

Beta-Säuren 4,0–6,1 Gew.-%

Cohumulon 40–45 % der Alpha-Säuren

Hopfenöle

Gesamtöl 1,4–3,3 ml/100g Hopfen

Myrcen 40–65 % vom Gesamtöl

Caryophyllen 5–7 % vom Gesamtöl

Humulen 1–2 % vom Gesamtöl

Farnesen < 1 % vom Gesamtöl

Eigenschaften

Reifezeit Spät

Ursprungsland USA

Ertrag 2000–2400 kg/ha

Resistent gegen Welke

Anfällig für Peronospora

Lagerstabilität Sehr gut

Analysenwerte Hopfeninhaltsstoffe: Hop Growers of America

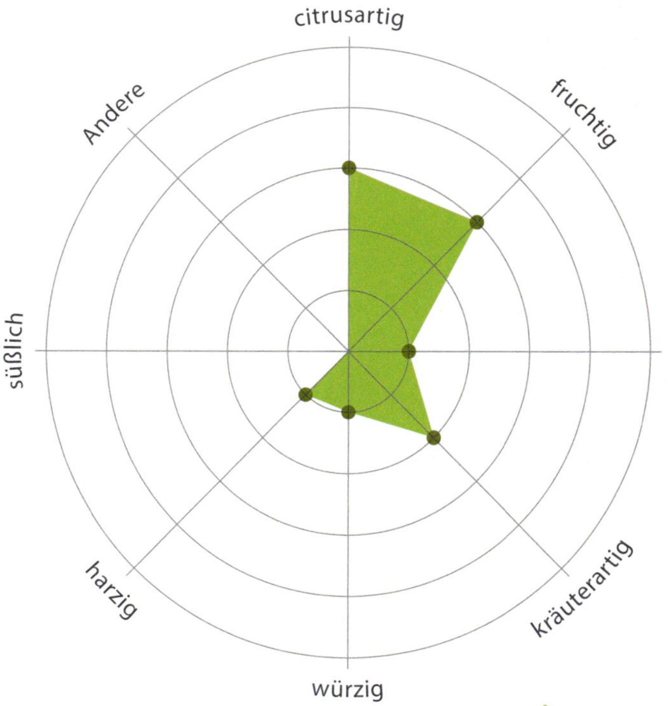

Quelle Matrize: Hopsteiner

CRYSTAL

Quelle Doldenfoto: Hopsteiner

Die tetraploide Aromasorte wurde von der USDA gezüchtet und erschien im Jahr 1993. Sie wurde aus dem deutschen 'Hallertauer Mittelfrüher' entwickelt und man verfolgte mit der Sorte das Ziel, eine amerikanische Alternative zu deutschen hochfeinen Aromasorten zu schaffen. Heraus kam eine vielseitig verwendbare, milde Aromasorte, die bis heute bei Brauern sehr beliebt ist. Sie zeichnet sich durch ein fruchtig-blumiges Profil aus.

Typ Aroma

Abstammung Triploider 'Hallertauer Mittelfrüher' × ('Cascade' × USDA 65009-64034M); Halbschwester von 'Mt. Hood', 'Liberty' und 'Ultra'

Charakteristik Aprikose, Kamillenblüte, Zitronengras, Limette, Maracuja

Möglicher Ersatz 'Hallertauer Mittelfrüher', 'Mt. Hood', 'Strisselspalter'

Typische Bierstile Amerikanisches Lagerbier, leichtes Lagerbier, Pilsener, Golden Ale, IPA

Hopfenharze

Alpha-Säuren 3,5–5,5 Gew.-%

Beta-Säuren 4,5–6,7 Gew.-%

Cohumulon 20–26 % der Alpha-Säuren

Hopfenöle

Gesamtöl 0,8–2,1 ml/100g Hopfen

Myrcen 40–65 % vom Gesamtöl

Caryophyllen 4–8 % vom Gesamtöl

Humulen 18–24 % vom Gesamtöl

Farnesen < 1 % vom Gesamtöl

Eigenschaften

Reifezeit Mittelfrüh bis spät

Ursprungsland USA

Ertrag 2100–2500 kg/ha

Anfällig für Peronospora, Echten Mehltau

Lagerstabilität Mittel

Analysenwerte Hopfeninhaltsstoffe: Hop Growers of America

Verfügbar für den Anbau zuhause!

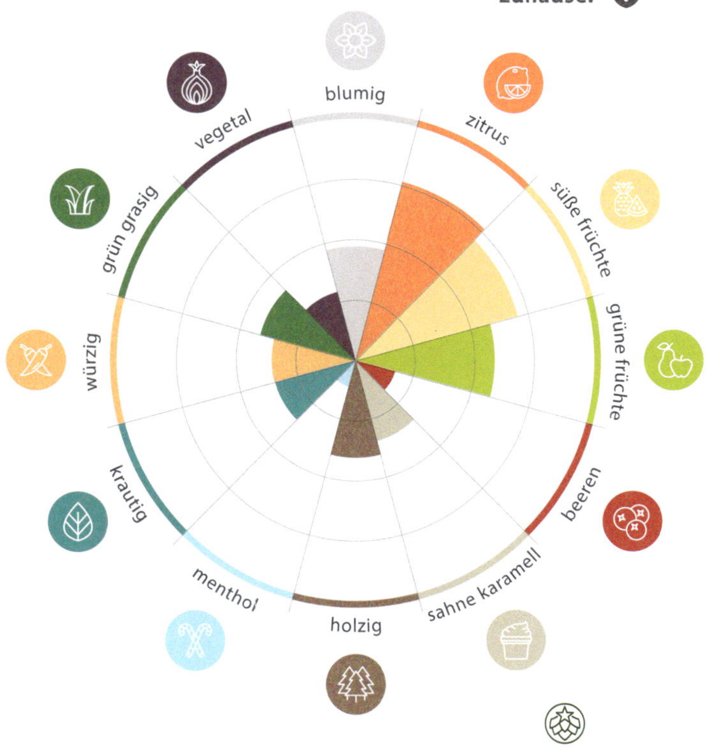

Quelle Rosechart: BarthHaas

DIAMANT

Quelle Doldenfoto: BarthHaas

Diese neue Zuchtsorte aus Hüll ist eine Antwort auf sich verändernde klimatische Bedingungen, denen die traditionellen Landsorten oft nicht gewachsen sind. Mit 'Diamant' kommt eine neue Hopfensorte des Saazer Formenkreises auf den Markt, welche die Charakteristiken der hochfeinen Aromasorte 'Spalt Spalter' mit sich bringt. Je nach Hopfenmenge und Zeitpunkt der Hopfengabe kann damit ein dezentes und angenehm mildes Hopfenaroma bis hin zu einer betonten, leicht blumigen Zitrusnote ins Bier gebracht werden.

Typ Aroma

Abstammung Mutter: 'Spalt Spalter', Landsorte; Vater: 80/18/62, Hüller Zuchtstamm; Großmutter väterlicherseits: 'Super Styrian Aurora', slowenische Sorte

Charakteristik Zitrone, Lavendel, Fenchel

Möglicher Ersatz 'Spalt Spalter', 'Saazer', 'Tettnanger'

Typische Bierstile Helles Lagerbier, Pilsener

Hopfenharze

Alpha-Säuren 7,0–7,5 Gew.-%

Cohumulon 18–20 % der Alpha-Säuren

Hopfenöle

Gesamtöl 1,5–1,7 ml/100g Hopfen

Farnesen 20–21 % vom Gesamtöl

Linalool 0,9–1,0 % vom Gesamtöl

Eigenschaften

Reifezeit Mittelfrüh bis spät

Ursprungsland Deutschland

Ertrag 1900–1950 kg/ha

Resistent gegen Peronospora, Welke, Blattlaus

Lagerstabilität Mittel

Analysenwerte Hopfeninhaltsstoffe: Hopsteiner

Verfügbar für den Anbau zuhause!

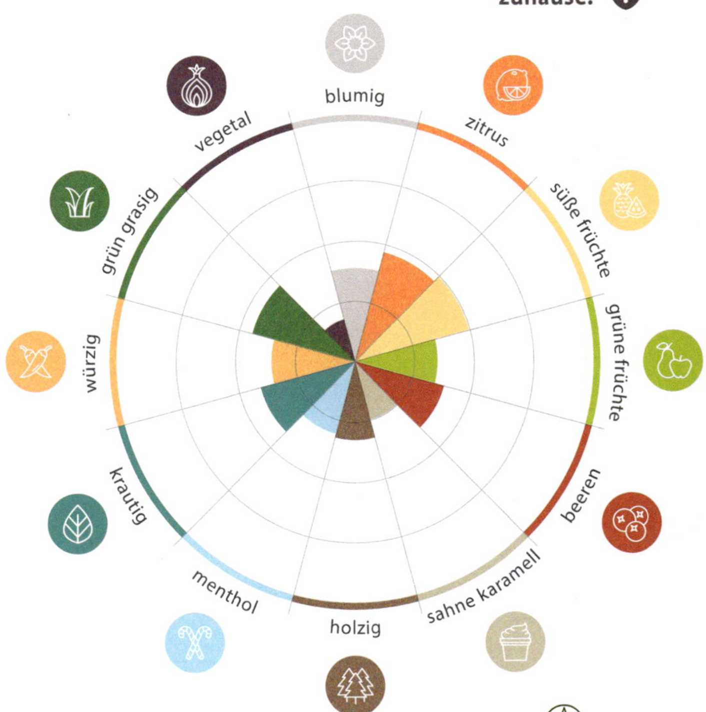

Quelle Rosechart: BarthHaas

EAST KENT GOLDING

Quelle Doldenfoto: Hopsteiner

Die alte englische Sorte wurde bereits im späten 18. Jahrhundert aus der Sorte 'Canterbury Whitebine' entwickelt. Die Gruppe der „Golding-Hopfen" besteht aus Klonen derselben Hopfenpflanze. Es gab verschiedene Bezeichnungen für die Sorte und sie kamen entweder vom Namen des Landwirts, der sie angebaut hat, oder vom Namen des Dorfes, in dem der Hopfen angebaut wurde. 'East Kent Golding' wird ausschließlich im östlichen Teil von Kent in England kultiviert. Die Sorte zeichnet sich durch krautig-erdige und leicht würzige Noten aus.

Typ Aroma
Abstammung 'Canterbury Whitebine'
Charakteristik Würzig, erdig, Waldmeister
Möglicher Ersatz 'Whitbreads Golding'
Typische Bierstile Englische Alebiere

Hopfenharze
Alpha-Säuren 4,0–6,0 Gew.-%
Beta-Säuren 1,9–3,0 Gew.-%
Cohumulon 25–30 % der Alpha-Säuren

Hopfenöle
Gesamtöl 0,4–0,8 ml/100g Hopfen
Myrcen ca. 25 % vom Gesamtöl
Humulen ca. 36 % vom Gesamtöl
Farnesen < 1 % vom Gesamtöl

Eigenschaften
Reifezeit Mittelfrüh bis spät
Ursprungsland Großbritannien
Ertrag 1500–1900 kg/ha
Anfällig für Welke, Peronospora, Echten Mehltau, Hopfenmosaikvirus
Lagerstabilität Gut

Analysenwerte Hopfeninhaltsstoffe: British Hop Association

Verfügbar für den Anbau zuhause!

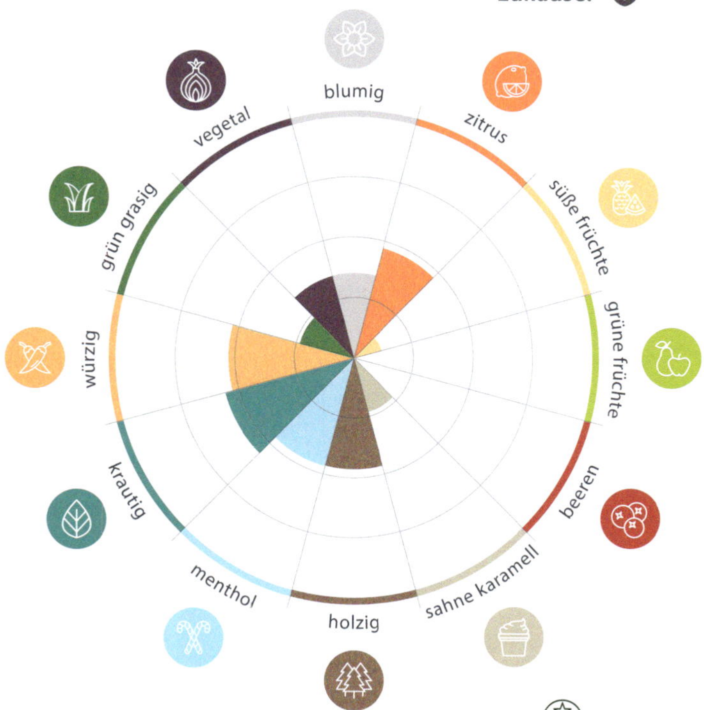

Quelle Rosechart: BarthHaas

EKUANOT®

'Ekuanot®' (ehemals 'Equinox', davor 'HBC 366') ist eine Sorte mit sehr hohem Alpha-Säuren- und Gesamtölgehalt, die von den Züchtern der Sorten 'Citra®' und 'Mosaic®' auf den Markt gebracht worden ist. Sie wird häufig als späte Aromagabe oder beim Hopfenstopfen verwendet. Die Sorte ist bekannt für ihr komplexes und intensives Aromaprofil mit spritzigen Noten von Zitrus- und anderen Früchten.

Typ Aroma
Abstammung 'Warrior' und amerikanischer Wildhopfen
Charakteristik Grapefruit, Mandarine, Guave, Fenchel, Erdbeere, Stachelbeere
Möglicher Ersatz 'Chinook', 'Galena'
Typische Bierstile Pale Ale, IPA, Roggenbier, Saison, amerikanisches Weizenbier, Pilsener, Single Hop IPA

Hopfenharze
Alpha-Säuren 13,0–15,5 Gew.-%
Beta-Säuren 4,0–5,0 Gew.-%
Cohumulon 31–36 % der Alpha-Säuren

Hopfenöle
Gesamtöl 2,0–4,0 ml/100g Hopfen
Myrcen 30–45 % vom Gesamtöl
Caryophyllen 8–12 % vom Gesamtöl
Humulen 12–20 % vom Gesamtöl
Farnesen < 1 % vom Gesamtöl
Linalool 0,2–0,5 % vom Gesamtöl

Eigenschaften
Reifezeit Mittelspät
Ursprungsland USA
Ertrag 2500–3000 kg/ha
Tolerant gegen Echten Mehltau
Anfällig für Peronospora, Hopfenblatt-laus
Lagerstabilität Gut

Analysenwerte Hopfeninhaltsstoffe: Yakima Chief

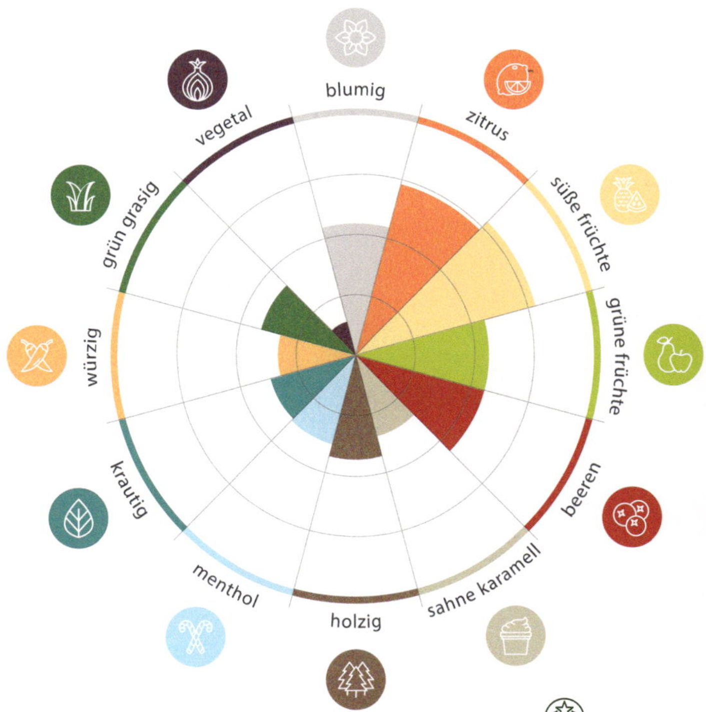

Quelle Rosechart: BarthHaas®

EUREKA!™

Quelle Doldenfoto: Hopsteiner

Die Hopfensorte 'Eureka!™' wurde im Jahr 2015 von Hopsteiner veröffentlicht. Sie wird häufig als „radikal" oder „stechend" beschrieben, was auf den extrem hohen Ölgehalt zurückzuführen ist. Wenn von diesem Hopfen eine Tüte geöffnet wird, dann kann er noch einige Meter entfernt gerochen werden. Hervorstechend sind fruchtige Aromen von dunklen Steinfrüchten, sowie „dank"-harzige Noten. Bei 'Eureka!™' drängt sich weniger der Gedanke auf, sogleich ein Single-Hop-Bier zu brauen, sondern eher, durch diesen Hopfen eine Kombination mit anderen Hopfensorten abzurunden.

Typ Bitter

Abstammung 'Apollo', 'Merkur'

Charakteristik Dunkle Früchte, Schwarze Johannisbeere, starke kräuterartige Noten, Kiefer

Möglicher Ersatz 'Simcoe®', 'Summit™'

Typische Bierstile Double IPA, IPA, Pale Ale

Hopfenharze

Alpha-Säuren 16,2–18,0 Gew.-%

Beta-Säuren 3,7–4,4 Gew.-%

Cohumulon 27–30 % der Alpha-Säuren

Hopfenöle

Gesamtöl 2,1–3,4 ml/100g Hopfen

Myrcen 31–50 % vom Gesamtöl

Caryophyllen 13–19 % vom Gesamtöl

Humulen 26–36 % vom Gesamtöl

Linalool 0,6–1,0 % vom Gesamtöl

Polyphenole

Gesamtpolyphenole ca. 4,6 Gew.-%

Xanthohumol 0,6–0,7 Gew.-%

Eigenschaften

Reifezeit Spät

Ursprungsland USA

Ertrag 2800–3000 kg/ha

Tolerant gegen Peronospora, Echten Mehltau

Analysenwerte Hopfeninhaltsstoffe: Hopsteiner

Quelle Matrize: Hopsteiner

FUGGLE

Quelle Doldenfoto: Hopsteiner

'Fuggle' ist ein alter englischer Hopfen und wurde nach einem Pflanzer aus Kent benannt, der ihn 1875 auf dem Markt eingeführt hat. Für eine Landsorte hat er relativ hohe Alpha-Säuren-Gehalte und wurde lange Zeit sowohl zur Bitterung als auch für das Aroma eingesetzt. Er bietet eine runde Bittere sowie ein feines holzig-aromatisches Bouquet mit leicht grasigen und erdigen Tönen. Häufig findet er Anwendung in klassischen englischen Alebieren.

Typ Aroma

Abstammung Englische Landsorte

Charakteristik Erdig, Tabak, Curry, grüner Tee, Heu

Möglicher Ersatz 'Celeia', 'Willamette' (Sudhaus); 'Progress', 'Sovereign' (Kalthopfung)

Typische Bierstile Englisches Ale, Porter, Extra Special Bitter, Mild Ale, Cask Ale, Brown Ale, Stout

Hopfenharze

Alpha-Säuren 3,5–6,5 Gew.-%

Beta-Säuren 2,0–4,0 Gew.-%

Cohumulon 27–33 % der Alpha-Säuren

Hopfenöle

Gesamtöl 0,7–1,1 ml/100g Hopfen

Myrcen 25–30 % vom Gesamtöl

Humulen 30–38 % vom Gesamtöl

Farnesen 6–8 % vom Gesamtöl

Eigenschaften

Reifezeit Früh

Ursprungsland Großbritannien

Ertrag 1200–1400 kg/ha

Tolerant gegen Peronospora

Anfällig für Welke, Echten Mehltau

Lagerstabilität Gut bis sehr gut

Analysenwerte Hopfeninhaltsstoffe: British Hop Association

Verfügbar für den Anbau zuhause!

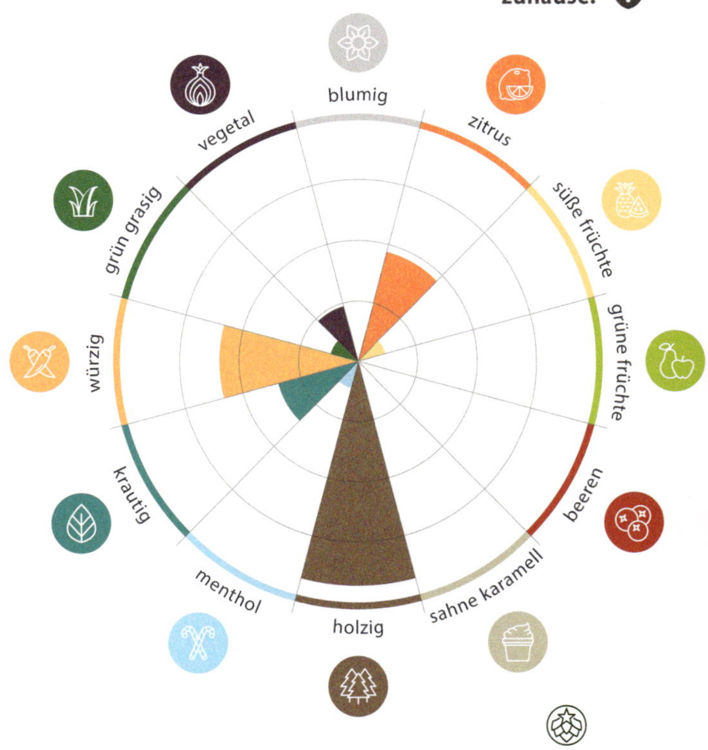

Quelle Rosechart: BarthHaas

GALAXY™

Die australische Sorte 'Galaxy™' wurde gezüchtet, um einen Hopfen mit europäischen Zügen, ähnlich der deutschen Hopfensorte 'Perle', zu bekommen. Dieses Ziel wurde mit 'Galaxy™' zwar nicht ganz erreicht, aber der Hopfen trägt eindeutig die Charakteristik eines Hopfens aus der neuen Welt. Während im Rohhopfen Beerenaromen dominieren, treten durch die späte Hopfengabe im Sudhaus Aromen von tropischen Früchten wie Maracuja zutage.

Typ Aroma
Abstammung 25 % 'Perle' + australisches Zuchtmaterial
Charakteristik Schwarze Johannisbeere, Pfirsich, Anis, Heidelbeere, Brombeere
Möglicher Ersatz 'Amarillo®', 'Citra®'
Typische Bierstile Australian Pale Ale, IPA, bayerisches Weißbier

Hopfenharze
Alpha-Säuren 13,0–18,5 Gew.-%
Beta-Säuren 6,1–11,6 Gew.-%
Cohumulon 32–43 % der Alpha-Säuren

Hopfenöle
Gesamtöl 1,9–2,9 ml/100g Hopfen
Myrcen 32–56 % vom Gesamtöl
Caryophyllen 7,0–14,7 % vom Gesamtöl
Humulen 0,8–2,2 % vom Gesamtöl
Farnesen 2,8–5,1 % vom Gesamtöl
Linalool 0,5–1,0 % vom Gesamtöl

Eigenschaften
Reifezeit Spät
Ursprungsland Australien

Analysenwerte Hopfeninhaltsstoffe:
Hop Products Australia

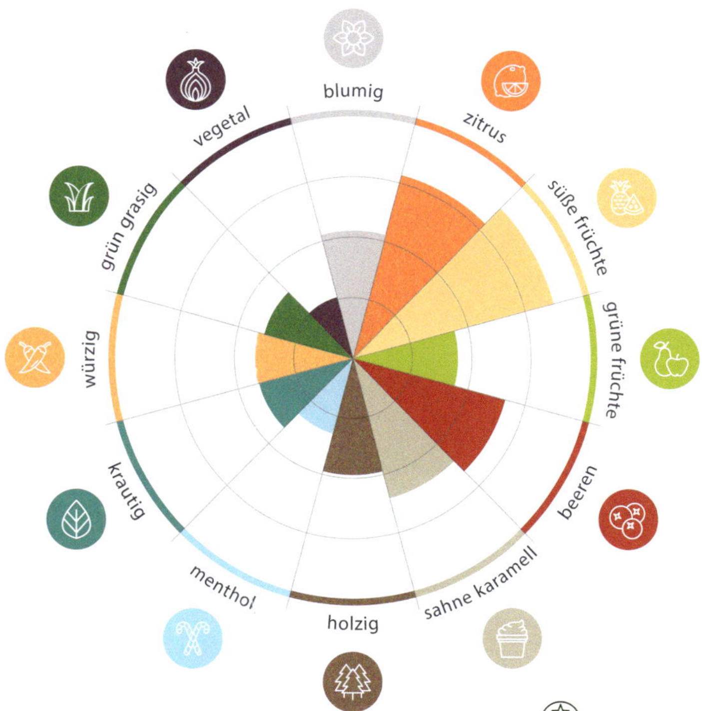

Quelle Rosechart: BarthHaas®

GALENA

Quelle Doldenfoto: Hopsteiner

'Galena' war die erste Hopfensorte, die im Jahr 1978 in den Vereinigten Staaten als Hochalphasorte veröffentlicht wurde. Sie ist dort eine der am häufigsten eingesetzten Bittersorten. 'Galena' ist geprägt von einem sanften und klartönigen Bittercharakter. Im Rohhopfen treten ausgeprägte Aromen von Südfrüchten wie Ananas zutage sowie Noten von Stachelbeere, Birne und Limette.

Typ Bitter
Abstammung Offene Bestäubung der Sorte 'Brewer's Gold'
Charakteristik Ananas, Limette, Stachelbeere, Birne
Möglicher Ersatz 'Cluster', CTZ, 'Nugget', 'Super Galena'
Typische Bierstile IPA, Stout, Porter, Barley Wine, Brown Ale

Hopfenharze
Alpha-Säuren 13,0–15,0 Gew.-%
Beta-Säuren 7,5–8,5 Gew.-%
Cohumulon 34–39 % der Alpha-Säuren

Hopfenöle
Gesamtöl 1,3–2,1 ml/100g Hopfen
Myrcen 40–50 % vom Gesamtöl
Caryophyllen 5–9 % vom Gesamtöl
Humulen 11–17 % vom Gesamtöl
Farnesen < 1 % vom Gesamtöl
Linalool 0,1–0,3 % vom Gesamtöl

Eigenschaften
Reifezeit Früh bis mittelfrüh
Ursprungsland USA
Ertrag 1900–2500 kg/ha
Tolerant gegen Peronospora
Anfällig für Echten Mehltau
Lagerstabilität Sehr gut

Analysenwerte Hopfeninhaltsstoffe: Yakima Chief

Verfügbar für den Anbau zuhause!

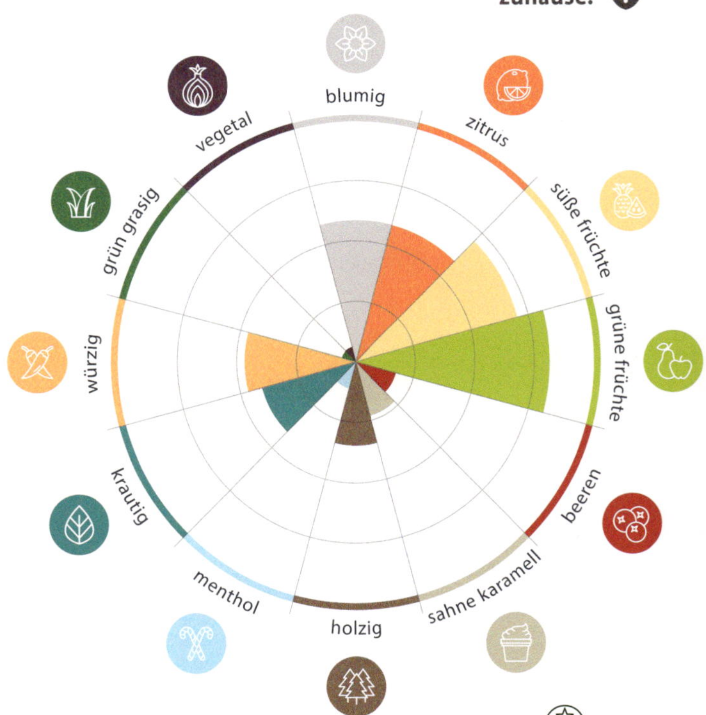

Quelle Rosechart: BarthHaas

HALLERTAU BLANC

Quelle Doldenfoto: BarthHaas®

Die Tochter von 'Cascade' ist eine Züchtung des Hopfenforschungszentrums in Hüll und wurde 2012 freigegeben. Ein lang anhaltendes, blumiges Bouquet paart sich hier mit vielschichtigen Aromen von grünen Früchten und Zitrusfrüchten und erinnert an Sauvignon-blanc-Trauben. Der Aromahopfen eignet sich hervorragend für IPAs, belgische Alebiere und bayerische Weißbiere.

Typ Aroma

Abstammung Tochter von 'Cascade' und männlicher Zuchtstamm aus Hüll

Charakteristik Grapefruit, Traube, Johannisbeere, Holunderblüte, Zitronengras

Möglicher Ersatz 'Nelson Sauvin™'

Typische Bierstile IPA, belgische Alebiere, bayerisches Weißbier

Hopfenharze

Alpha-Säuren 9,4–10,6 Gew.-%

Beta-Säuren 5,4–5,5 Gew.-%

Cohumulon 21–24 % der Alpha-Säuren

Hopfenöle

Gesamtöl 0,8–1,1 ml/100g Hopfen

Myrcen 37–55 % vom Gesamtöl

Caryophyllen 1,5–3,1 % vom Gesamtöl

Humulen 1,3–3,2 % vom Gesamtöl

Farnesen 2,2–2,7 % vom Gesamtöl

Linalool 0,3–0,6 % vom Gesamtöl

Polyphenole

Gesamtpolyphenole ca. 4,8 Gew.-%

Xanthohumol 0,3–0,4 Gew.-%

Eigenschaften

Reifezeit Spät

Ursprungsland Deutschland

Ertrag ca. 2300 kg/ha

Resistent gegen Echten Mehltau, Peronospora

Tolerant gegen Welke, Blattlaus

Lagerstabilität Gut

Analysenwerte Hopfeninhaltsstoffe: Hopsteiner

Verfügbar für den Anbau zuhause!

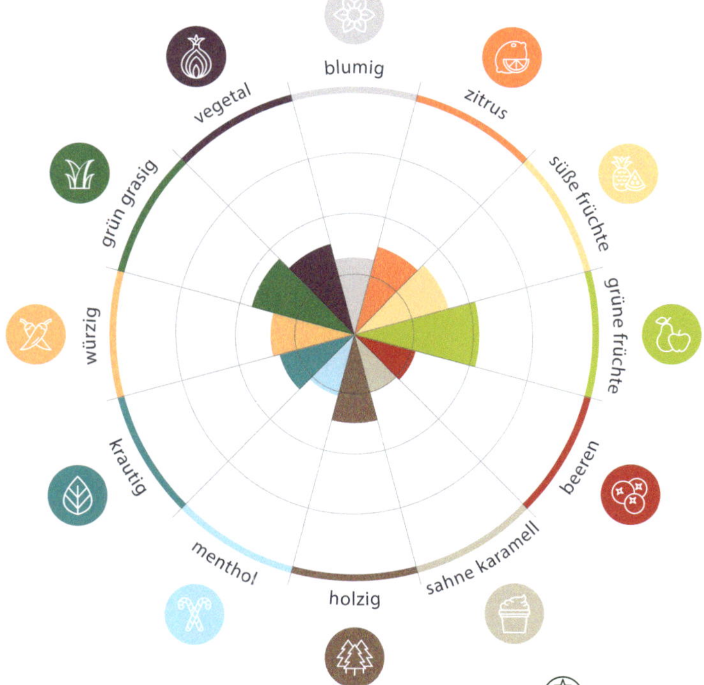

Quelle Rosechart: BarthHaas®

HALLERTAUER MAGNUM

Quelle Doldenfoto: BarthHaas

'Hallertauer Magnum' wurde 1992 als die erste Hochalphasorte aus Deutschland zugelassen und war sogleich ein großer Erfolg in den deutschen Anbaugebieten. Auch nach der Einführung von Sorten mit noch deutlich höheren Alpha-Säuren-Gehalten konnte sich 'Hallertauer Magnum' am Markt behaupten. Er wird von Brauern für eine saubere Bittere und für subtile Zitrusaromen geschätzt. Der Name „Magnum" bezieht sich auf die auffällig großen und schweren Dolden, den sehr hohen Ertrag und die hervorragende Lagerstabilität der Sorte.

Typ Bitter

Abstammung Tochter von US 'Galena' und 75/15/13M

Charakteristik Zitrone, Schokolade, grüne Paprika, Minze, Apfel

Möglicher Ersatz 'Hallertauer Merkur', 'Hallertauer Taurus', 'Herkules'

Typische Bierstile Helles Lagerbier, Pale Ale, Porter, IPA

Hopfenharze

Alpha-Säuren 11,0–16,0 Gew.-%

Beta-Säuren 5,0–7,0 Gew.-%

Cohumulon 21–29 % der Alpha-Säuren

Hopfenöle

Gesamtöl 1,6–2,6 ml/100g Hopfen

Myrcen 30–45 % vom Gesamtöl

Caryophyllen 8–13 % vom Gesamtöl

Humulen 30–45 % vom Gesamtöl

Farnesen < 1 % vom Gesamtöl

Linalool 0,2–0,7 % vom Gesamtöl

Polyphenole

Gesamtpolyphenole ca. 2,6 Gew.-%

Xanthohumol 0,4–0,5 Gew.-%

Eigenschaften

Reifezeit Spät

Ursprungsland Deutschland

Ertrag 1700–2100 kg/ha

Resistent gegen Welke, Peronospora

Anfällig für Echten Mehltau, Blattlaus

Lagerstabilität Sehr gut

Analysenwerte Hopfeninhaltsstoffe: Verband Deutscher Hopfenpflanzer

Verfügbar für den Anbau zuhause!

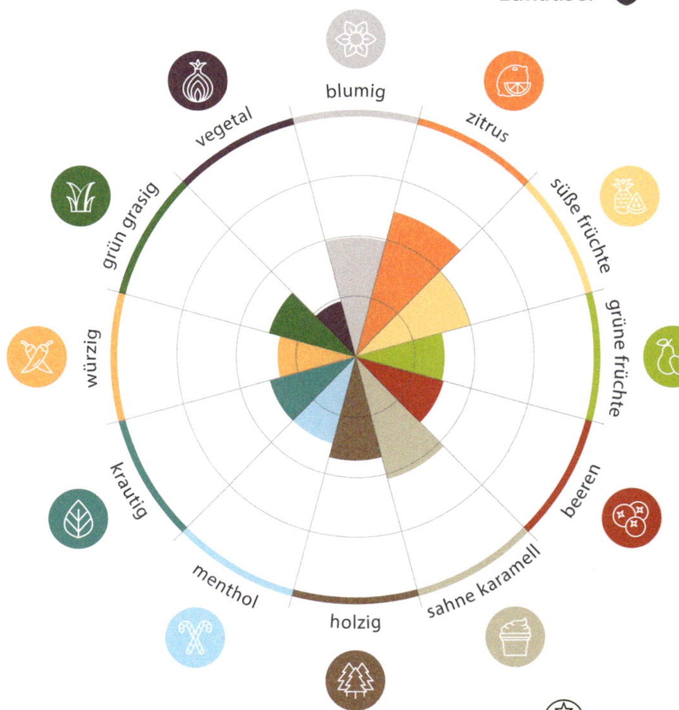

Quelle Rosechart: BarthHaas

HALLERTAUER MITTELFRÜHER

Quelle Doldenfoto: BarthHaas®

'Hallertauer Mittelfrüher' ist eine traditionelle Landsorte aus der Hallertau. Die feine Hopfenblume der Sorte ist der Inbegriff des Charakters der Hallertau (auf Bayerisch: „Holledau"). Sie ist eine Kernsorte des hochfeinen Aromahopfens, der weltweit sehr geschätzt wird. Anfälligkeiten für Krankheiten und Schädlinge ließ die Anbauflächen zwar schrumpfen, aber eine treue Anhängerschaft unter den Brauern sichert dieser alten Sorte bis heute einen festen Platz in der Hallertau.

Typ Aroma

Abstammung Deutsche Landsorte

Charakteristik Apfelblüte, Tomatenblätter, Bergamotte, Pinie, Lakritz

Möglicher Ersatz 'Hallertauer Tradition' (Sudhaus); 'Saphir' (Kalthopfung)

Typische Bierstile Helles Lagerbier, Pilsener, Bayerisches Helles, Weißbier, Bock, Alt, Kölsch, Rauchbier

Hopfenharze

Alpha-Säuren 3,0–5,5 Gew.-%

Beta-Säuren 3,0–5,0 Gew.-%

Cohumulon 18–28 % der Alpha-Säuren

Hopfenöle

Gesamtöl 0,7–1,3 ml/100g Hopfen

Myrcen 20–28 % vom Gesamtöl

Caryophyllen 10–15 % vom Gesamtöl

Humulen 45–55 % vom Gesamtöl

Farnesen < 1 % vom Gesamtöl

Linalool 0,7–1,1 % vom Gesamtöl

Polyphenole

Gesamtpolyphenole 4,0–5,0 Gew.-%

Xanthohumol 0,2–0,3 Gew.-%

Eigenschaften

Reifezeit Früh

Ursprungsland Deutschland

Ertrag 1050–1300 kg/ha

Resistent gegen Echten Mehltau

Anfällig für Welke, Peronospora, Blattlaus

Lagerstabilität Mittel

Analysenwerte Hopfeninhaltsstoffe: Verband Deutscher Hopfenpflanzer

Verfügbar für den Anbau zuhause!

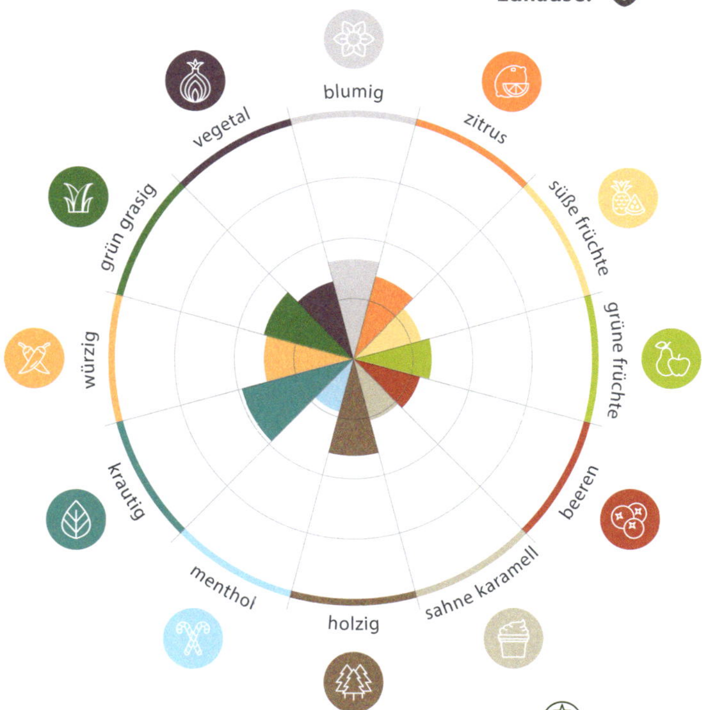

Quelle Rosechart: BarthHaas®

HALLERTAUER TAURUS

Quelle Doldenfoto: BarthHaas®

Die Bittersorte wurde in Hüll gezüchtet und 1995 zugelassen. 'Hallertauer Taurus' sorgt für eine angenehme Bittere und ein dezentes, leicht hopfenwürziges Aroma im Bier. Im Rohhopfen treten süßlich-fruchtige sowie würzige Noten zutage. 'Hallertauer Taurus' hat einen der höchsten Xanthohumolgehalte von allen Hopfensorten weltweit.

Typ Bitter

Abstammung Kreuzung zwischen 82/39/37 und 85/54/15M, Zuchtmaterial aus Hüll

Charakteristik Pfeffer, Schokolade, reife Banane

Möglicher Ersatz 'Hallertauer Magnum', 'Hallertauer Merkur', 'Herkules'

Typische Bierstile Bittergabe für Lagerbier, Festbier, Schwarzbier

Hopfenharze

Alpha-Säuren 12,0–17,0 Gew.-%

Beta-Säuren 4,0–6,0 Gew.-%

Cohumulon 20–25 % der Alpha-Säuren

Hopfenöle

Gesamtöl 0,9–1,4 ml/100g Hopfen

Myrcen 30–50 % vom Gesamtöl

Caryophyllen 6–11 % vom Gesamtöl

Humulen 23–33 % vom Gesamtöl

Farnesen < 1 % vom Gesamtöl

Linalool 1–1,5 % vom Gesamtöl

Polyphenole

Gesamtpolyphenole 3,0–4,0 Gew.-%

Xanthohumol 0,9–1,0 Gew.-%

Eigenschaften

Reifezeit Spät

Ursprungsland Deutschland

Ertrag 1600–2000 kg/ha

Resistent gegen Welke

Tolerant gegen Peronospora

Anfällig für Echten Mehltau, Blattlaus

Lagerstabilität Gut bis sehr gut

Analysenwerte Hopfeninhaltsstoffe: Verband Deutscher Hopfenpflanzer

Verfügbar für den Anbau zuhause!

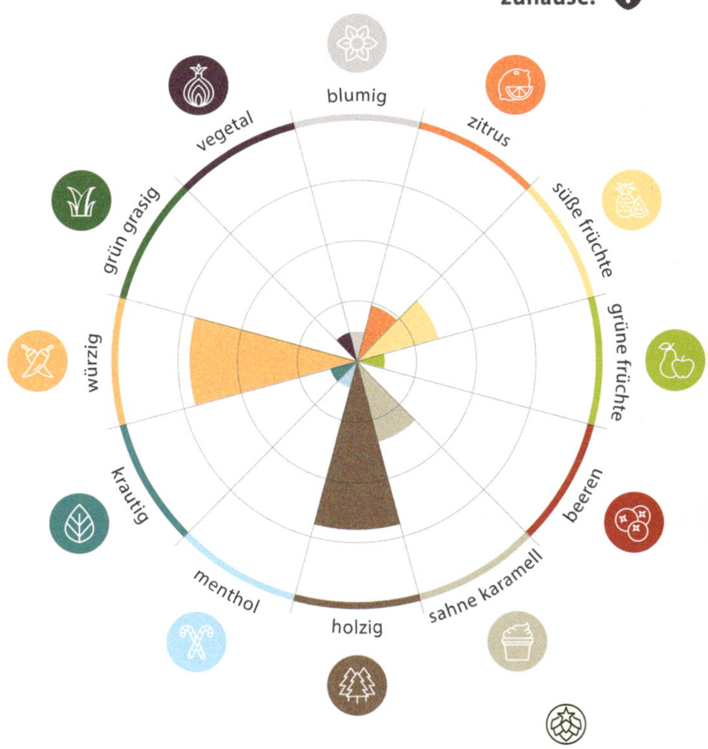

Quelle Rosechart: BarthHaas®

HALLERTAUER TRADITION

Quelle Doldenfoto: BarthHaas®

'Hallertauer Tradition' ist eine Zuchtsorte aus Hüll, welche die guten Braueigenschaften von 'Hallertauer Mittelfrüher' mit verbesserten agronomischen Eigenschaften verbindet. Die hochfeine Aromasorte bringt sehr milde Hopfennoten ins Bier, die als grün-grasig, hopfenwürzig und leicht fruchtig beschrieben werden. Durch frühe Hopfengaben mit 'Hallertauer Tradition' gelangt eine harmonische Bittere ins Bier.

Typ Aroma

Abstammung Kreuzung zwischen 'Hallertauer Gold' und 75/15/106M, Zuchtmaterial aus Hüll

Charakteristik Thymian, Pinie, Zitrone, Limette

Möglicher Ersatz 'Celeia', 'Hallertauer Mittelfrüher'

Typische Bierstile Helles Lagerbier, Pilsener, Bayerisches Helles, Weißbier, Bock, Alt, Kölsch, Rauchbier

Hopfenharze

Alpha-Säuren 4,0–7,0 Gew.-%

Beta-Säuren 3,0–6,0 Gew.-%

Cohumulon 17–32 % der Alpha-Säuren

Hopfenöle

Gesamtöl 0,5–1,0 ml/100g Hopfen

Myrcen 17–32 % vom Gesamtöl

Caryophyllen 10–14 % vom Gesamtöl

Humulen 35–50 % vom Gesamtöl

Farnesen <1 % vom Gesamtöl

Linalool 0,7–1,2 % vom Gesamtöl

Polyphenole

Gesamtpolyphenole 4,0–5,0 Gew.-%

Xanthohumol ca. 0,4 Gew.-%

Eigenschaften

Reifezeit Mittelfrüh

Ursprungsland Deutschland

Ertrag 1750–2000 kg/ha

Resistent gegen Welke, Peronospora, Echten Mehltau

Anfällig für Blattlaus

Lagerstabilität Gut

Analysenwerte Hopfeninhaltsstoffe: Verband Deutscher Hopfenpflanzer

Verfügbar für den Anbau zuhause!

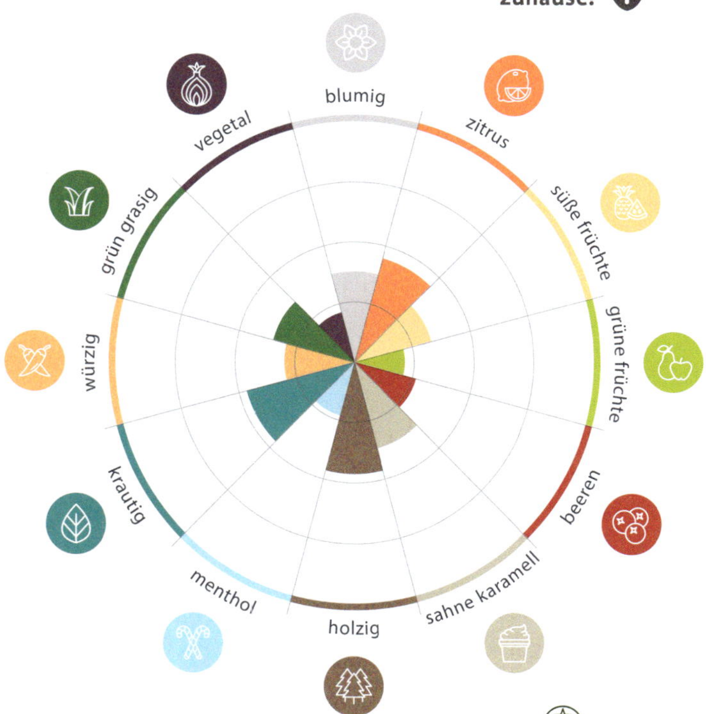

Quelle Rosechart: BarthHaas®

HERKULES

Quelle Doldenfoto: BarthHaas®

Mit der Bittersorte 'Herkules' löste das Hopfenforschungszentrum in Hüll Aufgaben, die als schier unlösbar galten. Besonders sind nicht nur die sehr hohen Alpha-Säuren-Werte, die mit einem extrem hohen Ertrag gekoppelt wurden. Der eigentliche Durchbruch waren die guten Resistenzen gegen Welke und Mehltau, beides Erkrankungen, für die Sorten mit sehr hohen Alpha-Gehalten in der Regel sehr anfällig sind. Im Bier sorgt 'Herkules' für eine angenehme Grundbittere, während die verschiedenen Aromaeindrücke gleichmäßig verteilt sind.

Typ Bitter

Abstammung Tochter von 'Hallertauer Taurus' × männlicher Hüller Zuchtstamm, mit Anteilen von 'Wye Target' und 'Zenith'

Charakteristik Tomatenblätter, Minze, Majoran, Pinie, Zitronengras, Melone

Möglicher Ersatz 'Hallertauer Magnum', 'Hallertauer Merkur', ,Hallertauer Taurus'

Typische Verwendung Bittergabe für Lagerbier

Hopfenharze

Alpha-Säuren 12,0–17,0 Gew.-%

Beta-Säuren 4,0–5,5 Gew.-%

Cohumulon 32–38 % der Alpha-Säuren

Hopfenöle

Gesamtöl 1,6–2,4 ml/100g Hopfen

Myrcen 30–50 % vom Gesamtöl

Caryophyllen 7–12 % vom Gesamtöl

Humulen 30–45 % vom Gesamtöl

Farnesen < 1 % vom Gesamtöl

Linalool 0,3–0,8 % vom Gesamtöl

Polyphenole

Gesamtpolyphenole 3,0–4,0 Gew.-%

Xanthohumol ca. 0,7 Gew.-%

Eigenschaften

Reifezeit Sehr spät

Ursprungsland Deutschland

Ertrag 2500–2700 kg/ha

Resistent gegen Welke, Peronospora, Echten Mehltau

Lagerstabilität Sehr gut

Analysenwerte Hopfeninhaltsstoffe: Verband Deutscher Hopfenpflanzer

Verfügbar für den Anbau zuhause!

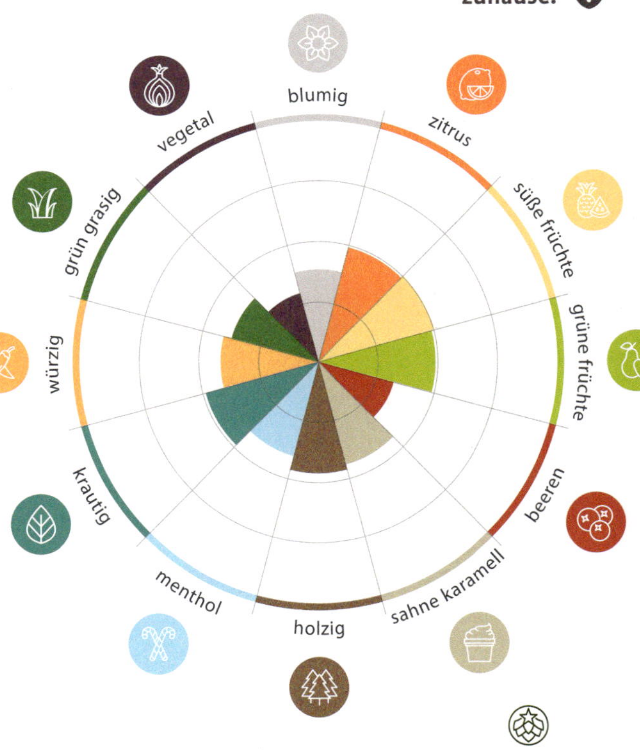

Quelle Rosechart: BarthHaas®

HERSBRUCKER SPÄT

Quelle Doldenfoto: Hopsteiner

'Hersbrucker Spät' ist eine traditionelle Hopfensorte aus dem gleichnamigen Gebiet in Mittelfranken. Die alte Landsorte wird weltweit für ihr feinwürziges Aroma geschätzt, in dem auch florale und fruchtige Noten mitschwingen. Das charaktervolle Profil von 'Hersbrucker Spät' hat die Sorte nicht nur für helles Lagerbier beliebt gemacht, sie wird auch häufig für belgische Farmhaus Ales und zum Hopfenstopfen bei bei englischen Cask Ales eingesetzt. 'Hersbrucker Spät' ist für eine Landsorte recht robust und daher auch als Biohopfen erhältlich.

Typ Aroma

Abstammung Deutsche Landsorte

Charakteristik Melisse, Zitrusfrüchte, schwarzer Tee, Pfeffer, Majoran

Möglicher Ersatz 'Strisselspalter'

Typische Bierstile Helles und dunkles Lagerbier, Bayerisches Helles, belgisches Farmhaus Ale, Cask Ale

Analysenwerte Hopfeninhaltsstoffe: Verband Deutscher Hopfenpflanzer

Verfügbar für den Anbau zuhause!

Hopfenharze

Alpha-Säuren 1,5–4,0 Gew.-%

Beta-Säuren 2,5–6,0 Gew.-%

Cohumulon 17–25 % der Alpha-Säuren

Hopfenöle

Gesamtöl 0,5–1,0 ml/100g Hopfen

Myrcen 15–30 % vom Gesamtöl

Caryophyllen 8–13 % vom Gesamtöl

Humulen 20–30 % vom Gesamtöl

Farnesen < 1 % vom Gesamtöl

Linalool 0,5–1,0 % vom Gesamtöl

Polyphenole

Gesamtpolyphenole ca. 4,4 Gew.-%

Xanthohumol 0,2–0,3 Gew.-%

Eigenschaften

Reifezeit Mittelspät bis spät

Ursprungsland Deutschland

Ertrag 1450–1750 kg/ha

Tolerant gegen Welke, Blattlaus

Anfällig für Peronospora, Echten Mehltau

Lagerstabilität Gering

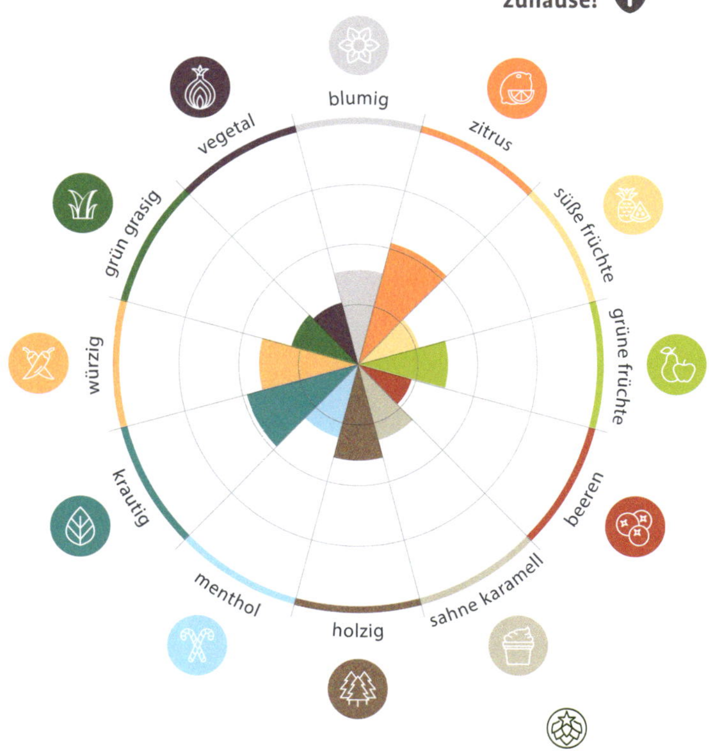

Quelle Rosechart: BarthHaas

HUELL MELON

Quelle Doldenfoto: BarthHaas

Ein intensiv-süßes Fruchtaroma, geprägt von reifer Melone, Erdbeere und Pfirsich, zeichnet die 'Cascade'-Tochter aus. 'Huell Melon' ist eine Aromasorte, die 2012 vom Hopfenforschungszentrum in Hüll eingeführt wurde. Sie harmoniert besonders gut mit Hefearomen in Weißbieren und belgischen Trappistenbieren, eignet sich aber auch hervorragend für Single-Hop-Biere und IPAs.

Typ Aroma

Abstammung 'Cascade' × männlicher Hüller Zuchtstamm

Charakteristik Melone, Walderdbeere, Pfirsich, Joghurt, Geranie

Möglicher Ersatz 'Calypso™'

Typische Bierstile IPAs, Pale Ale, Weißbier, belgische Alebiere, Single-Hop-Biere

Hopfenharze

Alpha-Säuren 5,5–6,4 Gew.-%

Beta-Säuren 7,2–9,0 Gew.-%

Cohumulon 28–30 % der Alpha-Säuren

Hopfenöle

Gesamtöl 0,9–1,0 ml/100g Hopfen

Myrcen 15–31 % vom Gesamtöl

Caryophyllen 2,4–3,8 % vom Gesamtöl

Humulen 2,0–2,5 % vom Gesamtöl

Farnesen 7,8–12,3 % vom Gesamtöl

Linalool 0,3–0,5 % vom Gesamtöl

Polyphenole

Gesamtpolyphenole ca. 3,7 Gew.-%

Xanthohumol 0,6–0,7 Gew.-%

Eigenschaften

Reifezeit Spät

Ursprungsland Deutschland

Ertrag ca. 1900 kg/ha

Resistent gegen Peronospora, Echten Mehltau

Tolerant gegen Welke, Blattlaus

Lagerstabilität Mittel

Analysenwerte Hopfeninhaltsstoffe: Hopsteiner

Verfügbar für den Anbau zuhause!

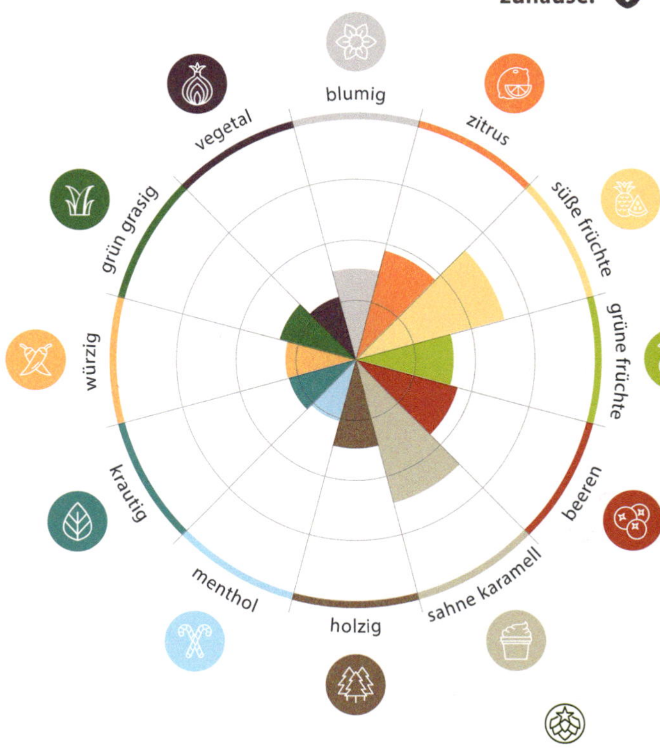

Quelle Rosechart: BarthHaas

LEMONDROP

Quelle Doldenfoto: Hopsteiner

'Lemondrop' wurde im Yakima Valley gezüchtet und 2014 als Aromasorte von Hopsteiner veröffentlicht. Ziel war es, einen Hopfen zu entwickeln, mit dem der Zitruscharakter eines Bieres verstärkt werden kann. Dabei ist dieser Charakter aber nicht scharf und intensiv, sondern eher mild. Das Aromaprofil wird von blumig-frischen Noten abgerundet.

Typ Aroma
Abstammung 'Cascade' × USDA 19058M
Charakteristik Zitrone, Minze, grüner Tee, Melone
Möglicher Ersatz 'Cascade', 'Centennial', 'Mandarina Bavaria'
Typische Bierstile IPA, Pale Ale, bayerisches Weißbier, Saison

Hopfenharze

Alpha-Säuren 4,3–6,0 Gew.-%
Beta-Säuren 3,7–3,8 Gew.-%
Cohumulon 31–33 % der Alpha-Säuren

Hopfenöle

Gesamtöl 0,5–1,1 ml/100g Hopfen
Myrcen 27–51 % vom Gesamtöl
Caryophyllen 8–14 % vom Gesamtöl
Humulen 14–23 % vom Gesamtöl
Farnesen 4,8–9,1 % vom Gesamtöl
Linalool 0,4–0,6 % vom Gesamtöl

Polyphenole

Gesamtpolyphenole 2,4–3,6 Gew.-%
Xanthohumol 0,2–0,3 Gew.-%

Eigenschaften

Reifezeit Früh bis mittelfrüh
Ursprungsland USA
Ertrag 2450–2900 kg/ha
Tolerant gegen Peronospora
Anfällig für Echten Mehltau

Analysenwerte Hopfeninhaltsstoffe: Hopsteiner

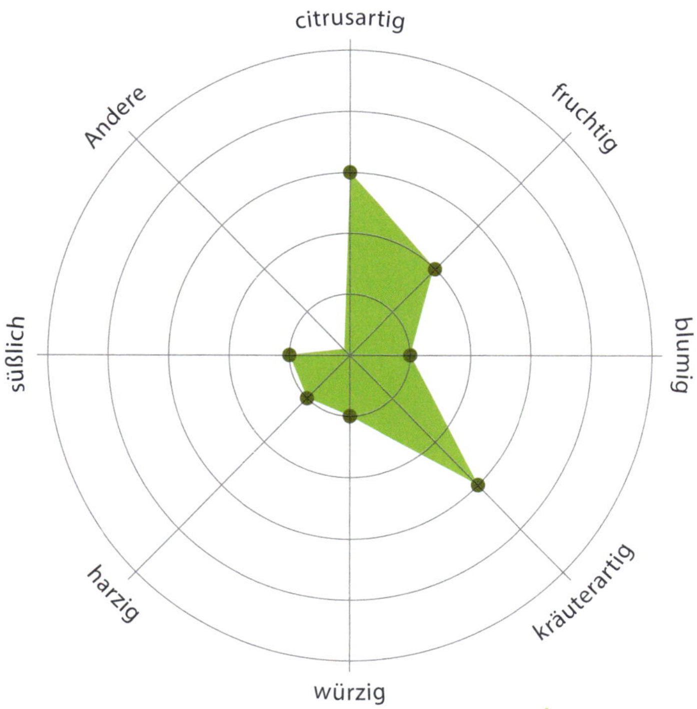

Quelle Matrize: Hopsteiner

LUBELSKI (LUBLIN)

Quelle Doldenfoto: Hopsteiner

Die Aromasorte aus Polen, auch bekannt unter dem Namen 'Lublin', ist eine polnische Landsorte und wurde in den 1960er-Jahren selektiert. Die ungewöhnlich hohen Farnesengehalte verleihen der Sorte ein besonders intensives Aroma im Stil des Saazer Formenkreises. 'Lubelski' ist seit Jahrzehnten die beliebteste polnische Aromasorte und wird vor allem in klassischen tschechischen und deutschen Bierstilen eingesetzt.

Typ Aroma

Abstammung Landsorte aus Polen, wahrscheinlich Abkömmling der Sorte 'Saazer'

Charakteristik Blumig, Zitronentee, Brennnessel, Wacholder, Tabak

Möglicher Ersatz 'Tettnanger', 'Spalt Spalter', 'Saazer', 'Styrian Savinjski Golding'

Typische Bierstile Helles Lagerbier, Pilsener

Hopfenharze

Alpha-Säuren 1,6–4,2 Gew.-%
Beta-Säuren 4,5–8,1 Gew.-%
Cohumulon 23–25 % der Alpha-Säuren

Hopfenöle

Gesamtöl 0,3–0,5 ml/100g Hopfen
Myrcen 14–29 % vom Gesamtöl
Caryophyllen 7–10 % vom Gesamtöl
Humulen 26–35 % vom Gesamtöl
Farnesen 8–16 % vom Gesamtöl
Linalool 0,3–0,9 % vom Gesamtöl

Polyphenole

Gesamtpolyphenole 4,5–5,0 Gew.-%
Xanthohumol 0,2–0,3 Gew.-%

Eigenschaften

Reifezeit Früh
Ursprungsland Polen
Ertrag 1000–1400 kg/ha
Tolerant gegen Peronospora
Lagerstabilität Sehr gut

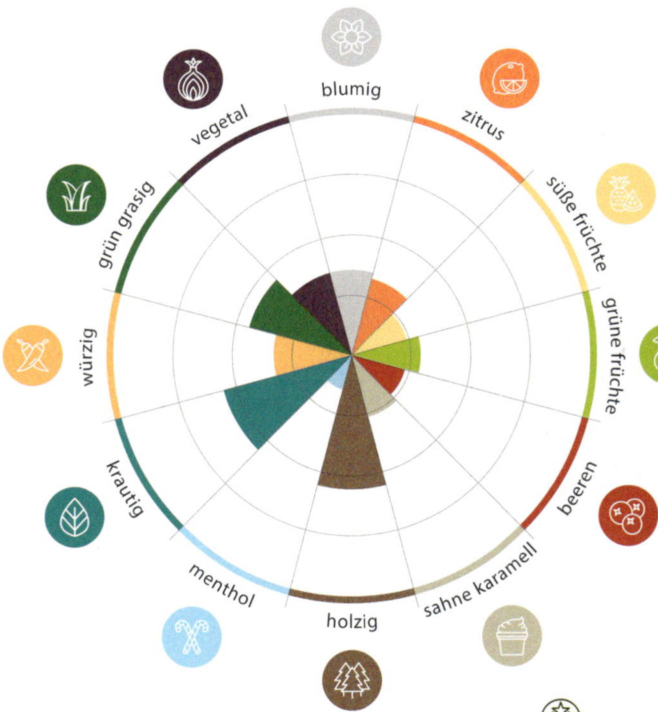

Quelle Rosechart: BarthHaas

Analysenwerte Hopfeninhaltsstoffe: Hopsteiner

MANDARINA BAVARIA

Quelle Doldenfoto: BarthHaas

'Mandarina Bavaria' wurde im Hopfenforschungszentrum in Hüll entwickelt, um Brauern einen Hopfen an die Hand zu geben, der bei einer üppigen, späten Hopfengabe und im Kaltbereich mit Zitrusaromen glänzt. Wird der Hopfen im Heißbereich eingesetzt, bringt er eine harmonische Bittere und ein angenehmes Aroma ins Bier, das an die Sorte 'Perle' erinnert. Die hohe Klimatoleranz der Sorte machen 'Mandarina Bavaria' zu einer guten Wahl für Brauer, die großen Wert auf konstante Inhaltsstoffe legen.

Typ Aroma

Abstammung 'Cascade' × Hüller männlicher Stamm (94/045/001 × mehltauresistenter männlicher Wildhopfen)

Charakteristik Zitrone, Ananas, Stachelbeere, Schwarze Johannisbeere, Erdbeere

Möglicher Ersatz 'Hallertauer Tradition', 'Lemondrop', 'Perle'

Typische Bierstile Helle Lagerbiere, Bayerisches Helles, Pale Ale, IPA

Verfügbar für den Anbau zuhause!

Analysenwerte Hopfeninhaltsstoffe: Hopsteiner

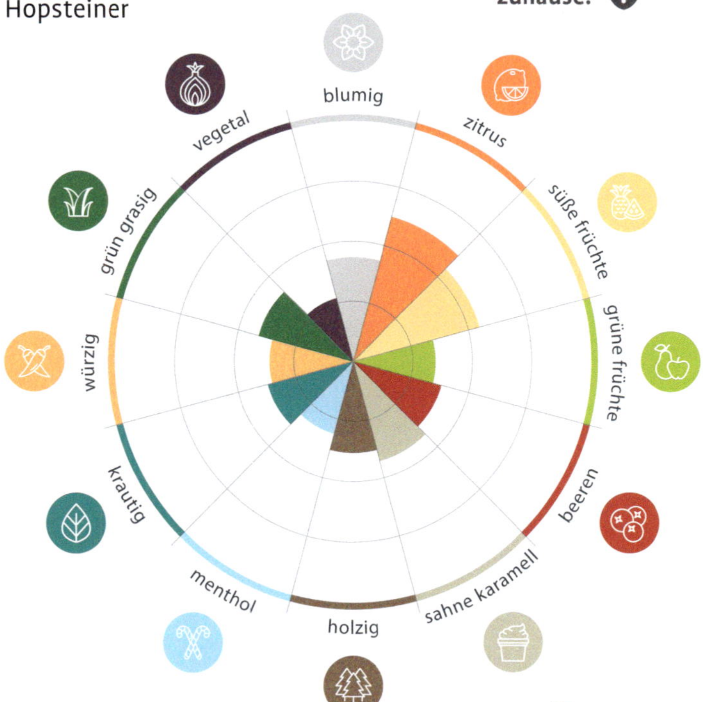

Quelle Rosechart: BarthHaas

Hopfenharze

Alpha-Säuren 7,4–9,2 Gew.-%

Beta-Säuren 6,1–8,0 Gew.-%

Cohumulon 30–34 % der Alpha-Säuren

Hopfenöle

Gesamtöl 1,0–1,4 ml/100g Hopfen

Myrcen 21–44 % vom Gesamtöl

Caryophyllen 4,3–5,9 % vom Gesamtöl

Humulen 13–19 % vom Gesamtöl

Farnesen 1,5–2,3 % vom Gesamtöl

Linalool 0,3–0,4 % vom Gesamtöl

Polyphenole

Gesamtpolyphenole ca. 3,9 Gew.-%

Xanthohumol 0,6–0,7 Gew.-%

Eigenschaften

Reifezeit Spät

Ursprungsland Deutschland

Ertrag 2000–2500 kg/ha

Resistent gegen Peronospora, Echten Mehltau

Tolerant gegen Welke

Lagerstabilität Gut

MARYNKA

Quelle Doldenfoto: Hopsteiner

Diese polnische Zuchtsorte ist aus einer Kreuzung von 'Brewer's Gold' mit einem männlichen Hopfen aus dem ehemaligen Jugoslawien hervorgegangen. Sie wurde ursprünglich für einen hohen Alpha-Säuren-Gehalt und eine reintönige Bittere im Bier entwickelt. Später wurde 'Marynka' eine beliebte Dual-Purpose-Sorte und wird heute als Aromasorte geführt. Durch Hopfenstopfen kommen Aromen von Grapefruit, Zitrone, Heu und Anis ins Bier.

Typ Aroma

Abstammung Tochter von 'Brewer's Gold' und einem männlichen Hopfen aus dem ehemaligen Jugoslawien

Charakteristik Zitrone, Heu, Grapefruit, Lakritz, Anis

Möglicher Ersatz 'Saazer', 'Tettnanger'

Typische Bierstile Pilsener, Pale Ale, IPA, Bittergabe Lagerbier

Hopfenharze

Alpha-Säuren 5,6–10,2 Gew.-%

Beta-Säuren 2,3–3,3 Gew.-%

Cohumulon 21–28 % der Alpha-Säuren

Hopfenöle

Gesamtöl 1,1–1,6 ml/100g Hopfen

Myrcen 32–42 % vom Gesamtöl

Caryophyllen 6,7–9,7 % vom Gesamtöl

Humulen 12–20 % vom Gesamtöl

Farnesen 18–27 % vom Gesamtöl

Linalool 0,4–0,5 % vom Gesamtöl

Polyphenole

Gesamtpolyphenole ca. 6,1 Gew.-%

Xanthohumol 0,4–0,5 Gew.-%

Eigenschaften

Reifezeit Früh bis mittelfrüh

Ursprungsland Polen

Ertrag 2200–2500 kg/ha

Lagerstabilität Gut bis sehr gut

Analysenwerte Hopfeninhaltsstoffe: Hopsteiner

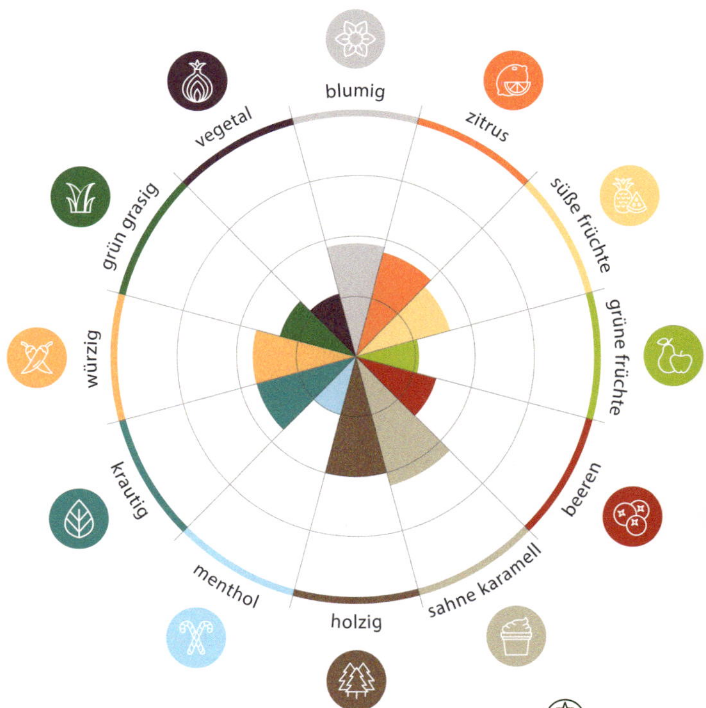

Quelle Rosechart: BarthHaas

MOSAIC®

Mit 'Mosaic®' sollte eigentlich nur eine Sorte mit besseren Erträgen als 'Simcoe®' gezüchtet werden. Als 'Mosaic®' im Jahr 2012 auf den Markt kam, entwickelte sich die Sorte sehr schnell zum Hit. Kaum eine Sorte hatte in den letzten Jahren einen so großen Einfluss auf Craftbier wie 'Mosaic®'. Sie lässt sich hervorragend mit anderen Sorten kombinieren, eignet sich aber auch sehr gut zum Brauen mit einer einzigen Hopfensorte. Die Aromen der Sorte sind komplex und vielseitig, daher die Wahl des Namens „Mosaic“.

Typ Aroma
Abstammung Von 'Simcoe®' und einem männlichen Nachkommen der Sorte 'Nugget'
Charakteristik Mandarine, Limette, Pfirsich, Stachelbeere, Birne, Schwarze Johannisbeere
Typische Bierstile IPA, Pale Ale, Stout

Hopfenharze
Alpha-Säuren 11,5–13,5 Gew.-%
Beta-Säuren 3,2–3,9 Gew.-%
Cohumulon 24–26 % der Alpha-Säuren

Hopfenöle
Gesamtöl 1,0–1,5 ml/100g Hopfen
Myrcen 47–53 % vom Gesamtöl
Caryophyllen 5–8 % vom Gesamtöl
Humulen 13–16 % vom Gesamtöl
Farnesen Farnesenfrei!

Eigenschaften
Reifezeit Mittel
Ursprungsland USA
Lagerstabilität Sehr gut

Analysenwerte Hopfeninhaltsstoffe:
Hop Breeding Company

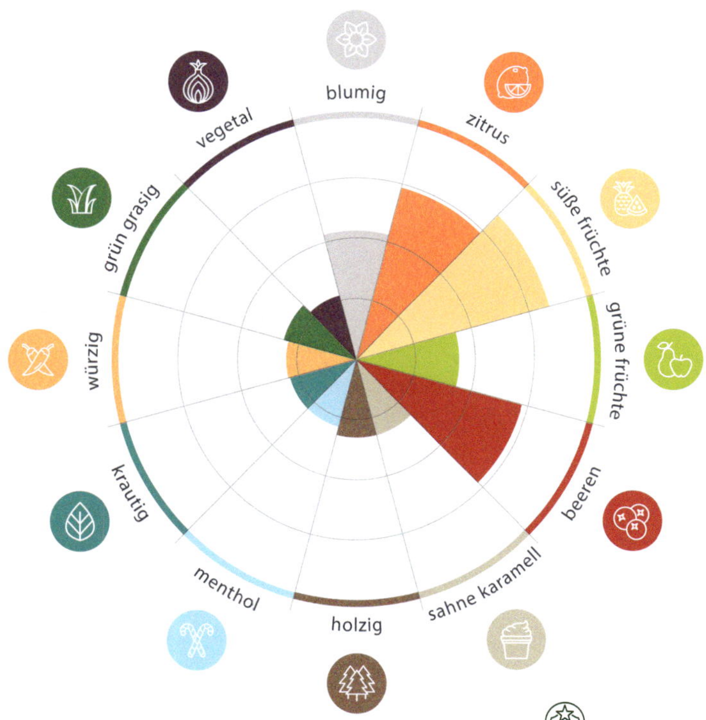

Quelle Rosechart: BarthHaas

NELSON SAUVIN™

Quelle Doldenfoto: Hopsteiner

Benannt nach der Weißwein-Rebsorte Sauvignon Blanc, zeichnet sich diese in Neuseeland gezüchtete und 2000 veröffentlichte Hopfensorte durch fruchtige Aromen und intensive Noten von weißen Weintrauben und Stachelbeeren aus. Durch hervorragende Aroma- und Bittereigenschaften lässt sich 'Nelson Sauvin™' vielseitig für amerikanische Stile und Spezialbiere einsetzen.

Typ Aroma

Abstammung Triploider Abkömmling der Sorte 'Smoothcone'; Zuchtmaterial aus dem HortReseach Center aus Neuseeland

Charakteristik Weißwein, fruchtig, Weintraube, Stachelbeere

Möglicher Ersatz 'Hallertau Blanc', 'Pacific Jade'

Typische Bierstile Pale Ale, IPA, Weizenbier, Lagerbier

Hopfenharze

Alpha-Säuren 12,0–13,0 Gew.-%

Beta-Säuren 6,0–8,0 Gew.-%

Cohumulon ca. 24 % der Alpha-Säuren

Hopfenöle

Gesamtöl ca. 1,1 ml/100g Hopfen

Myrcen ca. 22,2 % vom Gesamtöl

Caryophyllen ca. 10,7 % vom Gesamtöl

Humulen ca. 36,4 % vom Gesamtöl

Farnesen ca. 0,4 % vom Gesamtöl

Eigenschaften

Reifezeit Mittel bis spät

Ursprungsland Neuseeland

Lagerstabilität Gut

Analysenwerte Hopfeninhaltsstoffe: New Zealand Hops Limited

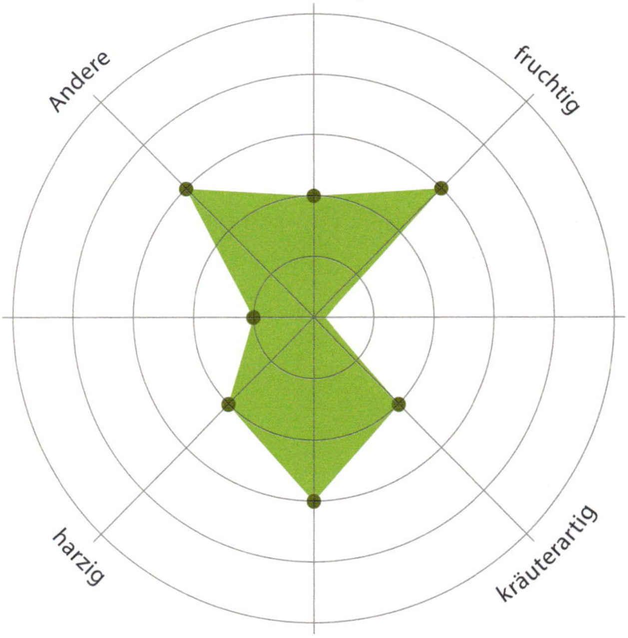

Quelle Matrize: Hopsteiner

NORTHERN BREWER

Quelle Doldenfoto: BarthHaas

'Northern Brewer' wurde am Wye College in England gezüchtet und 1944 veröffentlicht. Aufgrund des frischen Aromas und des relativ hohen Alpha-Säuren-Gehalts eignet sich diese Sorte besonders gut für duale Zwecke. 'Northern Brewer' wird mittlerweile vor allem in den USA und in Deutschland angebaut. Die unten stehenden Analysenwerte stammen von in Deutschland angebautem 'Northern Brewer'.

Typ Aroma

Abstammung Kreuzung zwischen 'Canterbury Goldings' und 'OB21' (= männliche Samen der Sorte 'Brewer's Gold')

Charakteristik Grasig, würzig, Zitrone, Kiefer, Minze

Möglicher Ersatz 'Aurora', 'Perle'

Typische Bierstile Europäische Lager- und Alebiere

Hopfenharze

Alpha-Säuren 6,0–10,0 Gew.-%

Beta-Säuren 3,0–5,0 Gew.-%

Cohumulon 27–32 % der Alpha-Säuren

Hopfenöle

Gesamtöl 1,0–1,6 ml/100g Hopfen

Myrcen 25–45 % vom Gesamtöl

Caryophyllen 10–20 % vom Gesamtöl

Humulen 35–50 % vom Gesamtöl

Farnesen <1 % vom Gesamtöl

Linalool 0,3–0,8 % vom Gesamtöl

Polyphenole

Gesamtpolyphenole 3,0–4,0 Gew.-%

Xanthohumol ca. 0,6 Gew.-%

Eigenschaften

Reifezeit Früh

Ursprungsland Großbritannien

Ertrag ca. 1600 kg/ha

Resistent gegen Welke

Anfällig für Peronospora, Echten Mehltau, Blattlaus

Lagerstabilität Gut

Analysenwerte Hopfeninhaltsstoffe: Verband Deutscher Hopfenpflanzer

Verfügbar für den Anbau zuhause!

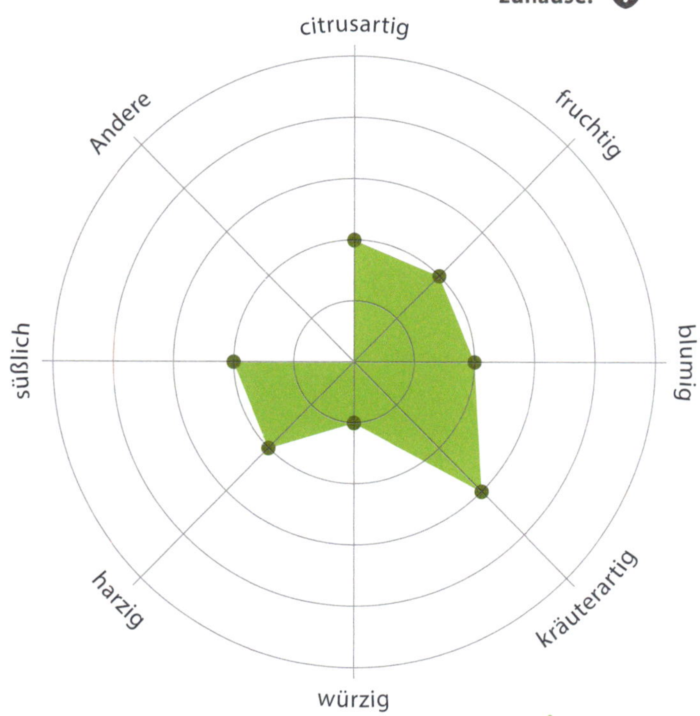

Quelle Matrize: Hopsteiner

NUGGET

Quelle Doldenfoto: BarthHaas®

Die Bittersorte ‘Nugget’ ist ein echtes Arbeitstier – sowohl auf dem Feld, als auch im Sudhaus. ‘Nugget’ ist für hohe Erträge bekannt, die kaum von der Bodenbeschaffenheit abhängen. Brauer benutzen die Sorte gerne für einen extra Kick in der Bittere bei IPAs und Imperial Stouts. Seit 1982 ist ‘Nugget’ auf dem Markt und wird mittlerweile in vielen Ländern angebaut.

Typ Bitter
Abstammung Tochter von ‘Brewer’s Gold’
Charakteristik Litschi, Ananas, Geranie, Zitrone
Möglicher Ersatz ‘Galena’, ‘Zeus’
Typische Bierstile IPA, Imperial Stout

Hopfenharze

Alpha-Säuren 13,0–16,0 Gew.-%
Beta-Säuren 4,4–5,5 Gew.-%
Cohumulon 22–26 % der Alpha-Säuren

Hopfenöle

Gesamtöl 1,0–3,0 ml/100g Hopfen
Myrcen 40–50 % vom Gesamtöl
Caryophyllen 9–11 % vom Gesamtöl
Humulen 18–22 % vom Gesamtöl
Farnesen <1 % vom Gesamtöl
Linalool 0,8–1,0 % vom Gesamtöl

Eigenschaften

Reifezeit Spät
Ursprungsland USA
Ertrag 1900–2500 kg/ha
Tolerant gegen Peronospora, Echten Mehltau
Lagerstabilität Sehr gut

Analysenwerte Hopfeninhaltsstoffe: Yakima Chief

Verfügbar für den Anbau zuhause!

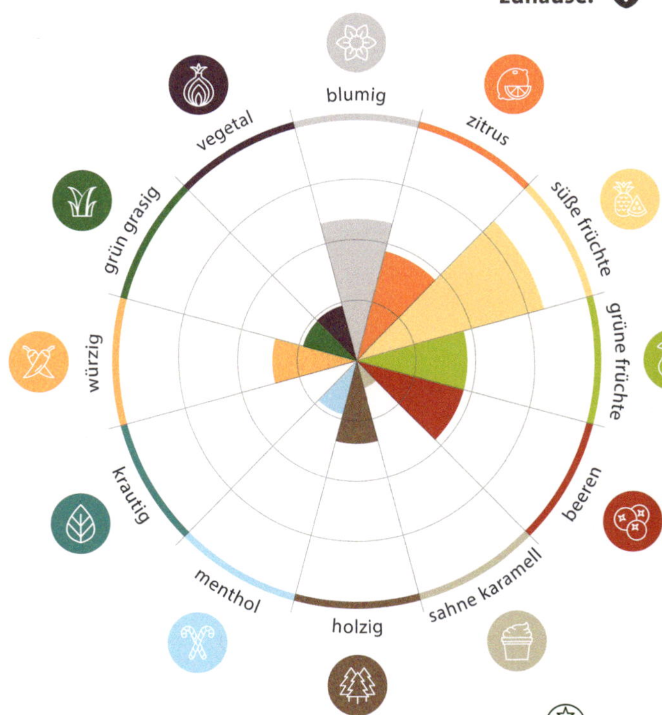

Quelle Rosechart: BarthHaas®

PERLE

Quelle Doldenfoto: BarthHaas

Der Abkömmling von 'Northern Brewer' ist für eine angenehme und reine Bittere sowie für eine milde Würzigkeit bekannt und gehört zu den beliebtesten Aromahopfensorten Deutschlands. 'Perle' wurde vom Hopfenforschungszentrum in Hüll als eine resistente Alternative zu 'Hallertauer Mittelfrüher' gezüchtet und 1978 freigegeben. Heute wird die Sorte vor allem in Deutschland und den USA angebaut. 'Perle' wird gerne in hellen Lagerbieren und Hefeweizen als Aroma- und auch als Bittergabe eingesetzt.

Typ Aroma

Abstammung 'Northern Brewer' × 63/5/27M

Charakteristik Pfeffer, Rosinen, Barrique, Vanille

Möglicher Ersatz 'Akoya', 'Aurora', 'Hallertauer Tradition', 'Mandarina Bavaria'

Typische Bierstile Bayerisches Helles, Pilsener, Märzen, Oktoberfestbier, Hefeweizen, Kölsch

Hopfenharze

Alpha-Säuren 4,0–9,0 Gew.-%

Beta-Säuren 2,5–4,5 Gew.-%

Cohumulon 29–35 % der Alpha-Säuren

Hopfenöle

Gesamtöl 0,5–1,5 ml/100g Hopfen

Myrcen 20–35 % vom Gesamtöl

Caryophyllen 10–20 % vom Gesamtöl

Humulen 35–55 % vom Gesamtöl

Farnesen <1 % vom Gesamtöl

Linalool 0,2–0,6 % vom Gesamtöl

Polyphenole

Gesamtpolyphenole 3,0–5,0 Gew.-%

Xanthohumol 0,4–0,5 Gew.-%

Eigenschaften

Reifezeit Mittelspät

Ursprungsland Deutschland

Ertrag 1550–1950 kg/ha

Resistent gegen Welke, Peronospora

Anfällig für Echten Mehltau, Blattlaus

Lagerstabilität Gut

Analysenwerte Hopfeninhaltsstoffe: Verband Deutscher Hopfenpflanzer

Verfügbar für den Anbau zuhause!

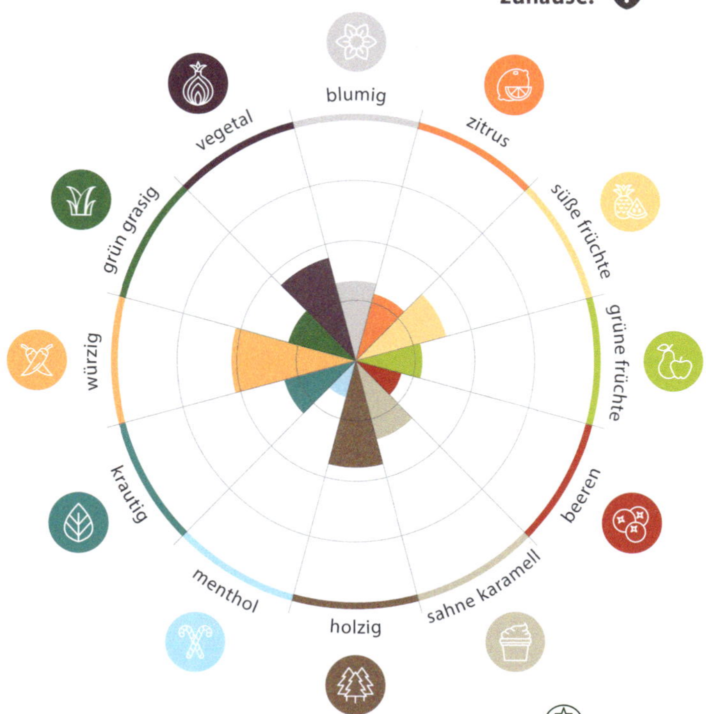

Quelle Rosechart: BarthHaas

POLARIS

Quelle Doldenfoto: BarthHaas®

Die Zuchtsorte aus Hüll von 2012 kombiniert ein extrem hohes Bitterpotential mit einem intensiven Aromaprofil, welches von minzigen Gletschereisbonbon-Noten dominiert wird. Ein zudem fruchtiger Charakter, geprägt von Südfrüchten wie Banane und Ananas, verschafft dem 'Polaris'-Hopfen Einsatz in IPAs, Pale Ales und Spezialbieren.

Typ Bitter

Abstammung 94/075/758 × 97/060/720 (= diverses Hüller Zuchtmaterial)

Charakteristik Minze, Bergamotte, Banane, Waldmeister, Ananas

Typische Bierstile Spezialbiere, IPA, Pale Ale

Hopfenharze

Alpha-Säuren 17,7–20,6 Gew.-%

Beta-Säuren 4,0–5,3 Gew.-%

Cohumulon 22–25 % der Alpha-Säuren

Hopfenöle

Gesamtöl 2,6–3,3 ml/100g Hopfen

Myrcen 39–44 % vom Gesamtöl

Caryophyllen 13–14 % vom Gesamtöl

Humulen 32–34 % vom Gesamtöl

Linalool 0,2–0,3 % vom Gesamtöl

Polyphenole

Gesamtpolyphenole ca. 3,9 Gew.-%

Xanthohumol 0,7–0,8 Gew.-%

Eigenschaften

Reifezeit Sehr spät

Ursprungsland Deutschland

Ertrag ca. 2300 kg/ha

Resistent gegen Welke

Anfällig für Peronospora, Echten Mehltau, Blattlaus

Lagerstabilität Sehr gut

Analysenwerte Hopfeninhaltsstoffe: Hopsteiner

Verfügbar für den Anbau zuhause!

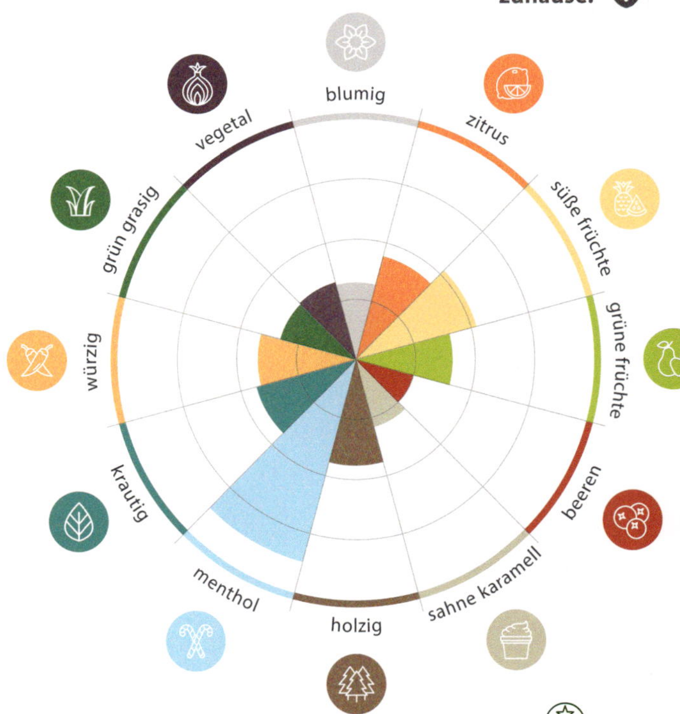

Quelle Rosechart: BarthHaas®

SAAZER

Quelle Doldenfoto: BarthHaas

Der international geschätzte Hopfen aus Tschechien wird schon seit über 700 Jahren kultiviert. 'Saazer' erzielte lange Zeit die höchsten Preise am Hopfenmarkt und findet bis heute Verwendung in klassischen Pilsener und Lagerbieren. Die Sorte prägte maßgeblich das Aroma des ursprünglichen tschechischen Pilseners. Eine milde Hopfennote und ein erdiger und würziger Charakter zeichnen diese alte Hopfensorte aus.

Typ Aroma

Abstammung Tschechische Landsorte; Grundsorte des Saazer Formenkreises

Charakteristik Tabak, Cognac, Barrique, Leder, Heu

Möglicher Ersatz 'Lubelski', 'Spalt Spalter', 'Tettnanger'

Typische Bierstile Tschechisches Pilsener, Lagerbier

Hopfenharze

Alpha-Säuren 2,5–4,0 Gew.-%

Beta-Säuren 4,0–6,0 Gew.-%

Cohumulon 23–26 % der Alpha-Säuren

Hopfenöle

Gesamtöl 0,4–0,8 ml/100g Hopfen

Myrcen 25–40 % vom Gesamtöl

Caryophyllen 6–9 % vom Gesamtöl

Humulen 15–30 % vom Gesamtöl

Farnesen 14–22 % vom Gesamtöl

Polyphenole

Gesamtpolyphenole 5,5–7,0 Gew.-%

Xanthohumol 0,3–0,5 Gew.-%

Eigenschaften

Reifezeit Früh bis mittelfrüh

Ursprungsland Tschechien

Ertrag 900–1100 kg/ha

Resistent gegen Welke

Tolerant gegen Peronospora, Echten Mehltau

Lagerstabilitä Gering bis mittel

Analysenwerte Hopfeninhaltsstoffe: Bohemia Hop

Verfügbar für den Anbau zuhause!

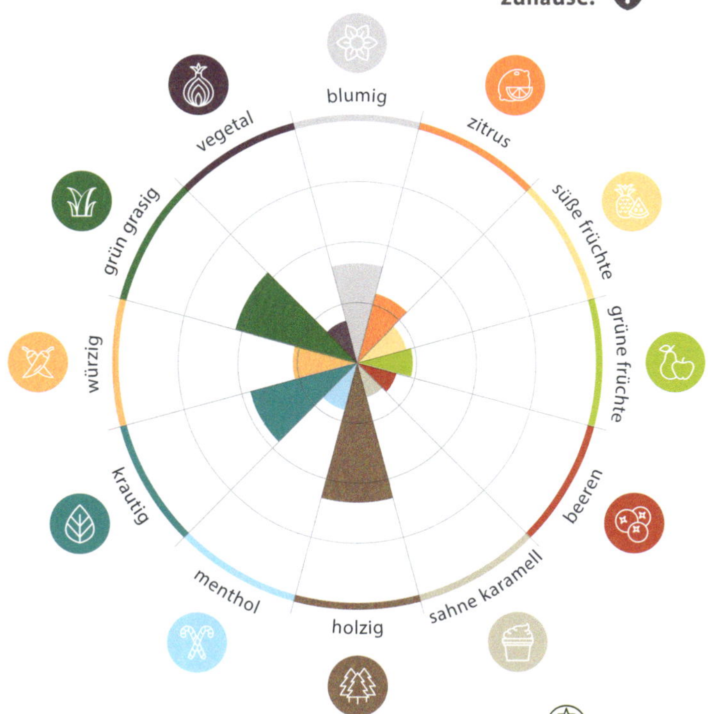

Quelle Rosechart: BarthHaas

SABRO™

Die erst 2018 von der Hop Breeding Company auf den Markt gebrachte Sorte zeichnet sich durch intensive Fruchtaromen aus, die von süßer Kokosnuss und Vanille ausbalanciert werden. Bei den Früchten dominieren Passionsfrucht, Mango und Grapefruit. Im Kaltauszug kommt Holunderblüte mit ins Spiel. Es wird auch berichtet, dass 'Sabro™' eine gewisse Cremigkeit ins Bier bringt.

Typ Aroma

Abstammung Kreuzbestäubung von YCR 123 × weiblicher Hopfen der Unterart *Humulus lupulus neomexicanus*

Charakteristik Mango, Grapefruit, Passionsfrucht, Kokosnuss, Vanille, Holunderblüte

Typische Bierstile IPA, Pale Ale, Saison, Porter, Stout

Hopfenharze

Alpha-Säuren 14,0–17,0 Gew.-%

Beta-Säuren 5,0–7,0 Gew.-%

Cohumulon 20–23 % der Alpha-Säuren

Hopfenöle

Gesamtöl 2,0–4,0 ml/100g Hopfen

Myrcen 60–70 % vom Gesamtöl

Caryophyllen 8–14 % vom Gesamtöl

Humulen 6–10 % vom Gesamtöl

Farnesen 0,1–1,0 % vom Gesamtöl

Linalool 0,4–0,6 % vom Gesamtöl

Eigenschaften

Ursprungsland USA

Analysenwerte Hopfeninhaltsstoffe:
Yakima Chief

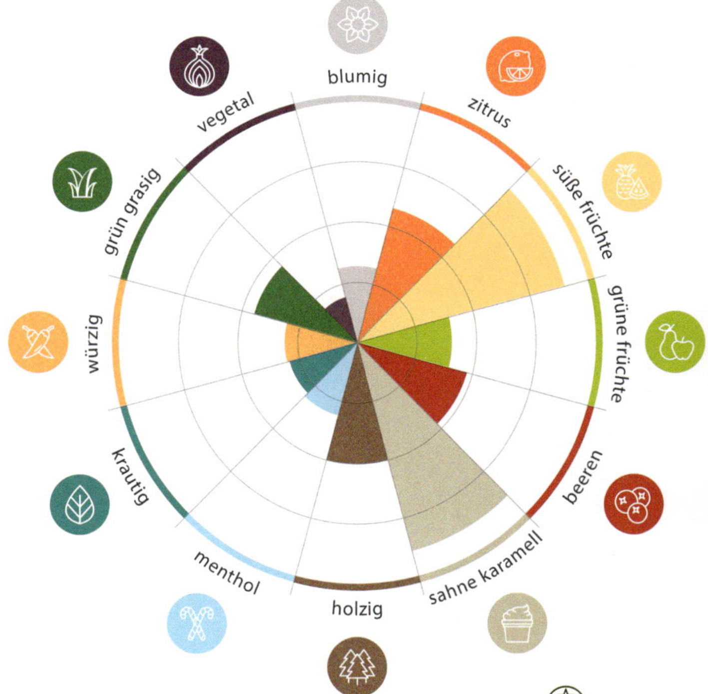

Quelle Rosechart: BarthHaas

SAPHIR

Quelle Doldenfoto: BarthHaas®

Mit einem der niedrigsten Alpha-Säuren-Gehalte weltweit wird 'Saphir' fast ausschließlich als Aromahopfen eingesetzt. Die Sorte aus Hüll kam 2002 gemeinsam mit 'Smaragd' und 'Opal' auf den Markt. 'Saphir' wurde ursprünglich als Ersatz für 'Hallertauer Mittelfrüher' konzipiert, überzeugte dann jedoch durch seinen eigenen Charakter, der für deutschen, hochfeinen Aromahopfen einzigartig ist. Er bringt blumig-feine Noten und leicht-fruchtige Aromen mit einem würzigen, holzig-aromatischen Charakter zusammen.

Typ Aroma

Abstammung Kreuzung aus den zwei Hüller Zuchtstämmen 83/17/20 und 80/56/6

Charakteristik Schwarzer Tee, Zitronengras, Wacholder, Erdbeere

Möglicher Ersatz 'Hallertauer Tradition', 'Spalter Select' (Sudhaus); 'Hallertauer Mittelfrüher' (Kalthopfung)

Typische Bierstile Helles Lagerbier, Pilsener, Weißbier, belgisches Witbier

Hopfenharze

Alpha-Säuren 2,0–4,5 Gew.-%

Beta-Säuren 4,0–7,0 Gew.-%

Cohumulon 12–17 % der Alpha-Säuren

Hopfenöle

Gesamtöl 0,8–1,4 ml/100g Hopfen

Myrcen 25–40 % vom Gesamtöl

Caryophyllen 9–14 % vom Gesamtöl

Humulen 20–30 % vom Gesamtöl

Farnesen < 1 % vom Gesamtöl

Linalool 0,8–1,3 % vom Gesamtöl

Polyphenole

Gesamtpolyphenole 4,0–5,0 Gew.-%

Xanthohumol 0,3–0,4 Gew.-%

Eigenschaften

Reifezeit Früh bis mittelfrüh

Ursprungsland Deutschland

Ertrag 1600–1900 kg/ha

Resistent gegen Welke, Echten Mehltau

Tolerant gegen Blattlaus

Anfällig für Peronospora

Lagerstabilität Mittel

Verfügbar für den Anbau zuhause!

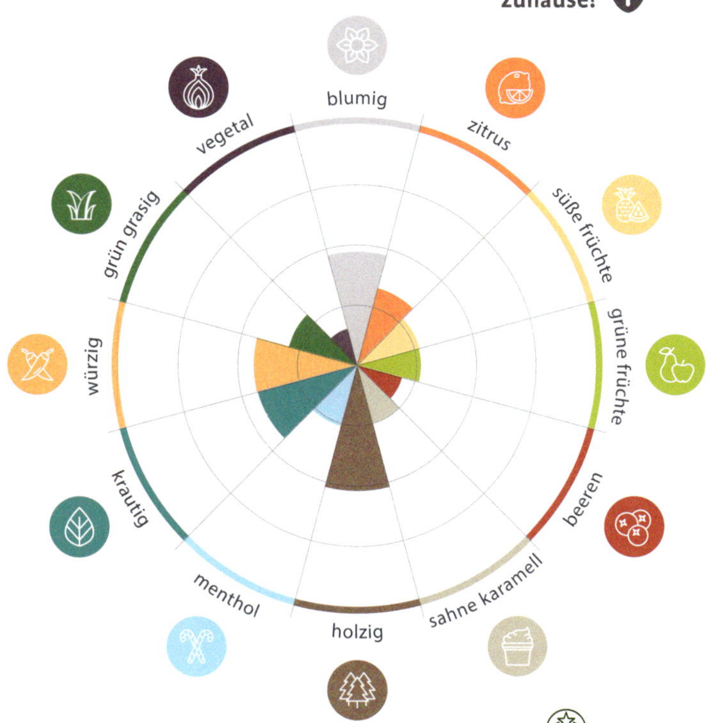

Quelle Rosechart: BarthHaas®

Analysenwerte Hopfeninhaltsstoffe: Verband Deutscher Hopfenpflanzer

SIMCOE®

'Simcoe®' wurde von Yakima Chief Ranches im Jahr 2000 zum Anbau freigegeben. Mittlerweile ist 'Simcoe®' eine der am meisten angebauten Hopfensorten in den USA und bei Craftbrauern und Heimbrauern sehr beliebt. Ein hoher Alpha-Säuren-Gehalt paart sich bei dieser Sorte mit einem niedrigen Cohumulonanteil, sodass eine besonders milde Bittere ins Bier kommt. Im Aroma dominieren fruchtige Noten. 'Simcoe®' wird meist mit IPAs und Double IPAs assoziiert, wird aber auch in vielen anderen Bierstilen eingesetzt.

Typ Aroma
Abstammung Nicht veröffentlicht
Charakteristik Schwarze Johannisbeere, Brombeere, Pflaume
Typische Bierstile IPA, Pale Ale, Stout, Porter, India Red Ale, India Black Ale, Wild Ale

Hopfenharze

Alpha-Säuren 11,5–15,0 Gew.-%
Beta-Säuren 3,0–4,5 Gew.-%
Cohumulon ca. 21 % der Alpha-Säuren

Hopfenöle

Gesamtöl 0,8–3,2 ml/100g Hopfen
Myrcen 40–50 % vom Gesamtöl
Caryophyllen 8–14 % vom Gesamtöl
Humulen 15–20 % vom Gesamtöl
Farnesen <1 % vom Gesamtöl
Linalool 0,5–0,9 % vom Gesamtöl

Eigenschaften

Reifezeit Mittelfrüh
Ursprungsland USA
Ertrag 1700–2000 kg/ha
Resistent gegen Echten Mehltau
Lagerstabilität Sehr gut

Analysenwerte Hopfeninhaltsstoffe: Yakima Chief

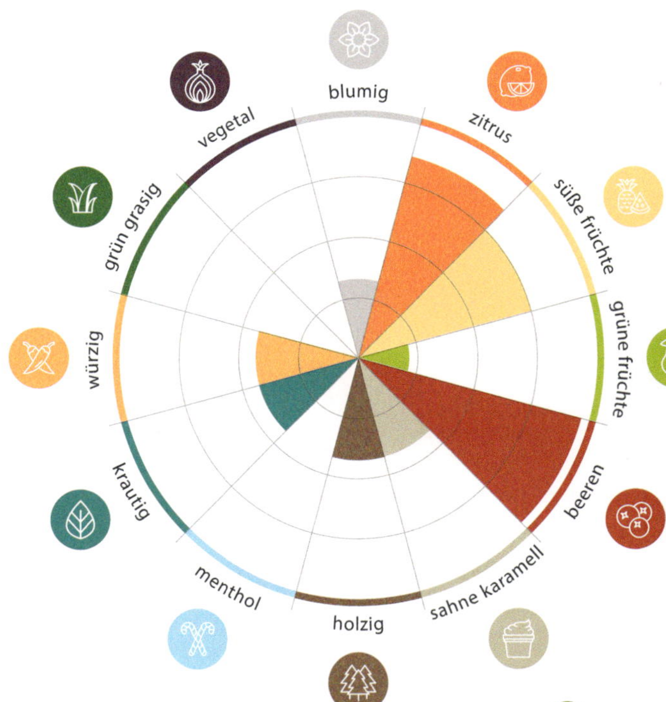

Quelle Rosechart: BarthHaas®

SLÁDEK

Quelle Doldenfoto: Hopsteiner

Der Name dieser Hopfensorte bedeutet im Tschechischen „Bierbrauer“, zugelassen wurde die Sorte im Jahr 1994. Aufgrund einer angenehmen Bittere und einem Aromaprofil, das die Würzigkeit von klassischem tschechischen Hopfen mit Zitrus- und Maracujanoten verbindet, erfreut sich ‘Sládek’ großer Beliebtheit in der Brauerzunft.

Typ Aroma

Abstammung Zuchtmaterial mit Abstammung von ‘Northern Brewer’ und ‘Saazer’

Charakteristik Pfirsich, Maracuja, Grapefruit, Schwarze Johannisbeere, Erdbeere

Möglicher Ersatz ‘Saazer’

Typische Bierstile Tschechisches Pilsener

Hopfenharze

Alpha-Säuren 4,5–7,0 Gew.-%

Beta-Säuren 4,0–7,0 Gew.-%

Cohumulon 23–30 % der Alpha-Säuren

Hopfenöle

Gesamtöl 1,0–2,0 ml/100g Hopfen

Myrcen 35–50 % vom Gesamtöl

Caryophyllen 8–13 % vom Gesamtöl

Humulen 20–40 % vom Gesamtöl

Farnesen < 0,1 % vom Gesamtöl

Polyphenole

Gesamtpolyphenole 3,0–4,0 Gew.-%

Xanthohumol 0,5–0,75 Gew.-%

Eigenschaften

Reifezeit Mittelfrüh bis spät

Ursprungsland Tschechien

Ertrag 1800–2200 kg/ha

Resistent gegen Peronospora

Anfällig für Echten Mehltau

Lagerstabilität Gut

Analysenwerte Hopfeninhaltsstoffe:
Bohemia Hop

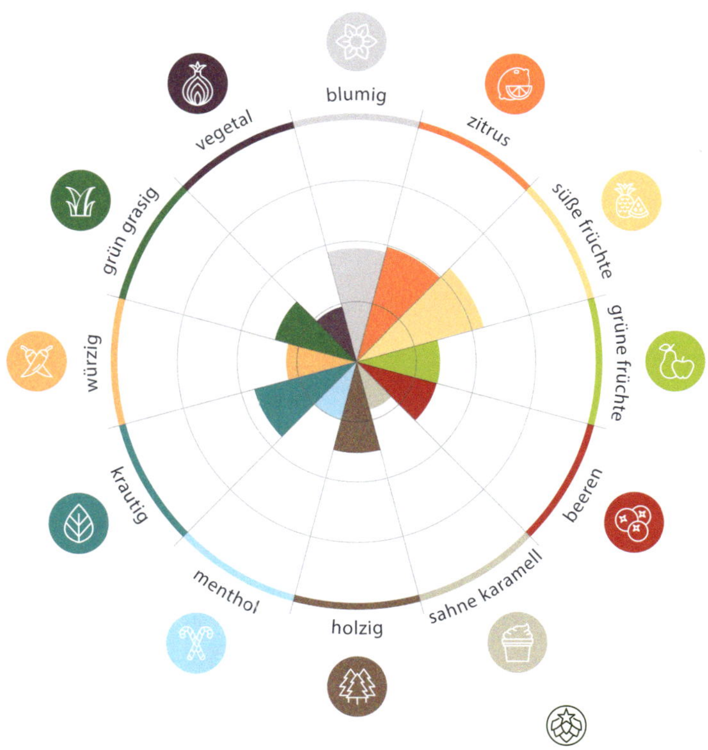

Quelle Rosechart: BarthHaas

SORACHI ACE

Quelle Doldenfoto: Hopsteiner

'Sorachi Ace' wurde in Japan mit dem Ziel gezüchtet, einen dem 'Saazer' ähnlichen Hopfen zu erschaffen, der aber einen höheren Alpha-Säuren-Gehalt haben sollte. Die Analysenwerte sind tatsächlich denen des 'Saazer' ähnlich, doch weist 'Sorachi Ace' ein interessant andersartiges Aromaprofil auf. Intensive Zitrusnoten mischen sich mit einem Dill-Aroma, das besonders stark herauskommt, wenn der Hopfen nicht mitgekocht wird. Außerdem schwingen häufig Koriander und Zedernholz im fertigen Bier mit, was den Hopfen vor allem für belgische Bierstile geeignet macht. Die Sorte wurde 1984 in Japan zugelassen und wird heute vor allem in den USA angebaut.

Typ Aroma

Abstammung ('Brewer's Gold' × 'Saazer') × 'Beikei No. 2'

Charakteristik Überreife Orange, Litschi, Zitronengras, Dill

Typische Bierstile Saison, Witbier, IPA, Pale Ale, bayerisches Weißbier, Golden Ale, Tripel

Hopfenharze

Alpha-Säuren 11,5–14,5 Gew.-%

Beta-Säuren 6,0–7,5 Gew.-%

Cohumulon 25–28 % der Alpha-Säuren

Hopfenöle

Gesamtöl 1,5–3,0 ml/100g Hopfen

Myrcen 45–55 % vom Gesamtöl

Caryophyllen 7–11 % vom Gesamtöl

Humulen 20–26 % vom Gesamtöl

Farnesen 2–5 % vom Gesamtöl

Linalool 0,3–0,5 % vom Gesamtöl

Eigenschaften

Reifezeit Mittel bis spät

Ursprungsland Japan

Ertrag 1100–1400 kg/ha

Resistent gegen Peronospora, Echten Mehltau, Welke, Botrytis

Lagerstabilität Gut

Analysenwerte Hopfeninhaltsstoffe: Yakima Chief

Verfügbar für den Anbau zuhause!

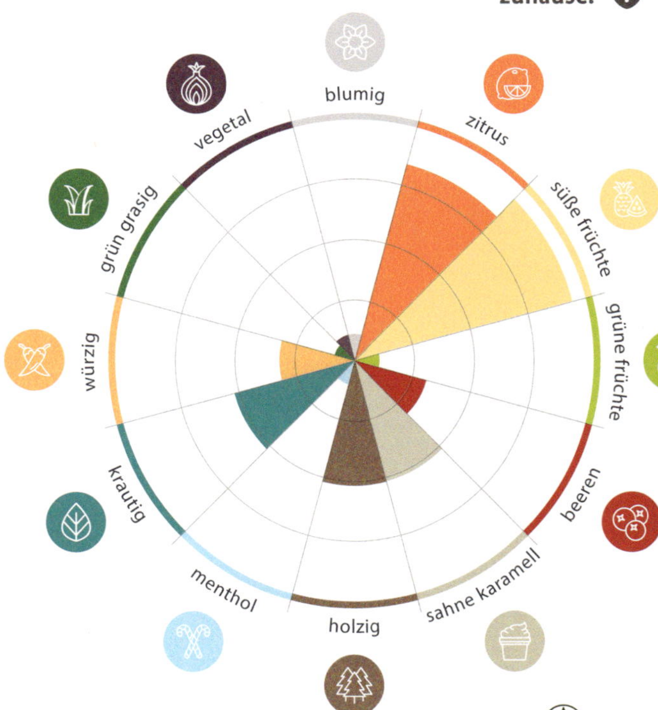

Quelle Rosechart: BarthHaas

SPALT SPALTER

Quelle Doldenfoto: Hopsteiner

Dieser Aromahopfen wird ausschließlich im Anbaugebiet Spalt in Mittelfranken kultiviert. Die Sorte gehört dem Saazer Formenkreis an und hat die typisch hopfenwürzigen Noten einer hochfeinen Aromasorte. Im Vergleich zu anderen alten Landsorten hat 'Spalt Spalter' eine gute Widerstandsfähigkeit gegen Krankheiten.

Typ Aroma

Abstammung Deutsche Landsorte

Charakteristik Tee, Barrique, Tonkabohne, Waldmeister

Möglicher Ersatz 'Lubelski', 'Saazer', 'Tettnanger'

Typische Bierstile Helles Lagerbier, Pilsener, Kölsch, Altbier, Bockbier

Hopfenharze

Alpha-Säuren 2,5–5,5 Gew.-%

Beta-Säuren 3,0–5,0 Gew.-%

Cohumulon 22–29 % der Alpha-Säuren

Hopfenöle

Gesamtöl 0,5–0,9 ml/100g Hopfen

Myrcen 20–35 % vom Gesamtöl

Caryophyllen 8–13 % vom Gesamtöl

Humulen 20–30 % vom Gesamtöl

Farnesen 12–18 % vom Gesamtöl

Linalool 0,5–0,8 % vom Gesamtöl

Polyphenole

Gesamtpolyphenole 5,0–6,0 Gew.-%

Xanthohumol 0,2–0,3 Gew.-%

Eigenschaften

Reifezeit Früh

Ursprungsland Deutschland

Ertrag 1100–1300 kg/ha

Resistent gegen Welke, Echten Mehltau

Anfällig für Peronospora, Blattlaus

Lagerstabilität Mittel

Analysenwerte Hopfeninhaltsstoffe: Verband Deutscher Hopfenpflanzer

Verfügbar für den Anbau zuhause!

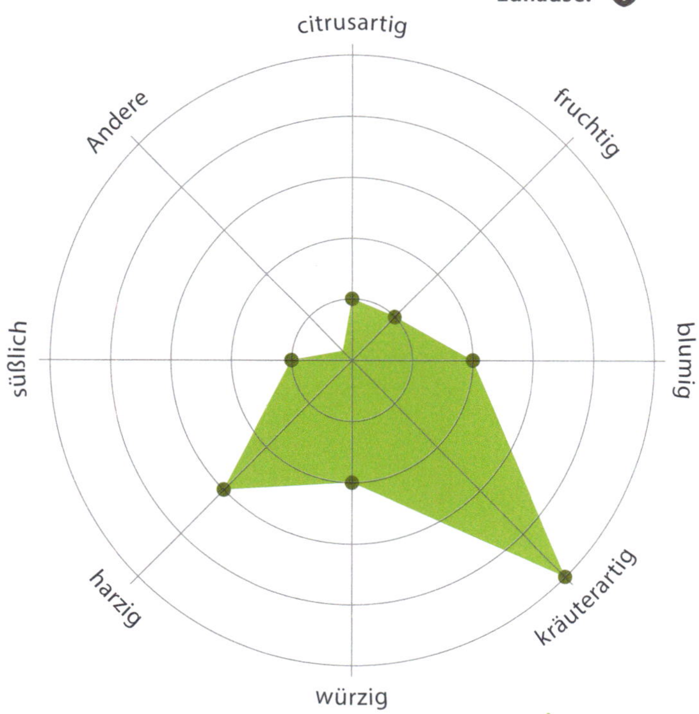

Quelle Matrize: Hopsteiner

SPALTER SELECT

Quelle Doldenfoto: BarthHaas®

'Spalter Select' wurde, wie der Name schon andeutet, aus der alten Landsorte 'Spalt Spalter' selektiert. Ziel war es, die Homogenität der Hopfensorte und die Widerstandsfähigkeit gegenüber Krankheiten zu verbessern. 'Spalter Select' wurde im Jahr 1993 zugelassen und überzeugt seither durch feines Aroma und einen hohen Farnesengehalt, wie er für den Saazer Formenkreis typisch ist. Durch die verbesserten Anbaueigenschaften eignet sich diese Sorte besonders gut für den Anbau zu Hause.

Typ Aroma

Abstammung Hüller Züchtung aus 76/18/80 und 71/16/7

Charakteristik Schwarzer Tee, Zitrusfrüchte, Kamillenblüte, holzig

Möglicher Ersatz 'Hallertauer Tradition', 'Perle', 'Spalt Spalter'

Typische Bierstile Helles Lagerbier, Pilsener, Kölsch, Altbier, Bockbier

Hopfenharze

Alpha-Säuren 3,0–6,5 Gew.-%

Beta-Säuren 2,5–5,0 Gew.-%

Cohumulon 21–27 % der Alpha-Säuren

Hopfenöle

Gesamtöl 0,6–0,9 ml/100g Hopfen

Myrcen 20–40 % vom Gesamtöl

Caryophyllen 4–10 % vom Gesamtöl

Humulen 10–22 % vom Gesamtöl

Farnesen 15–22 % vom Gesamtöl

Linalool 1–1,5 % vom Gesamtöl

Polyphenole

Gesamtpolyphenole 4,0–5,0 Gew.-%

Xanthohumol 0,3–0,5 Gew.-%

Eigenschaften

Reifezeit Mittelspät

Ursprungsland Deutschland

Ertrag ca. 1900 kg/ha

Resistent gegen Welke, Peronospora, Blattlaus

Tolerant gegen Echten Mehltau

Lagerstabilität Gering

Verfügbar für den Anbau zuhause!

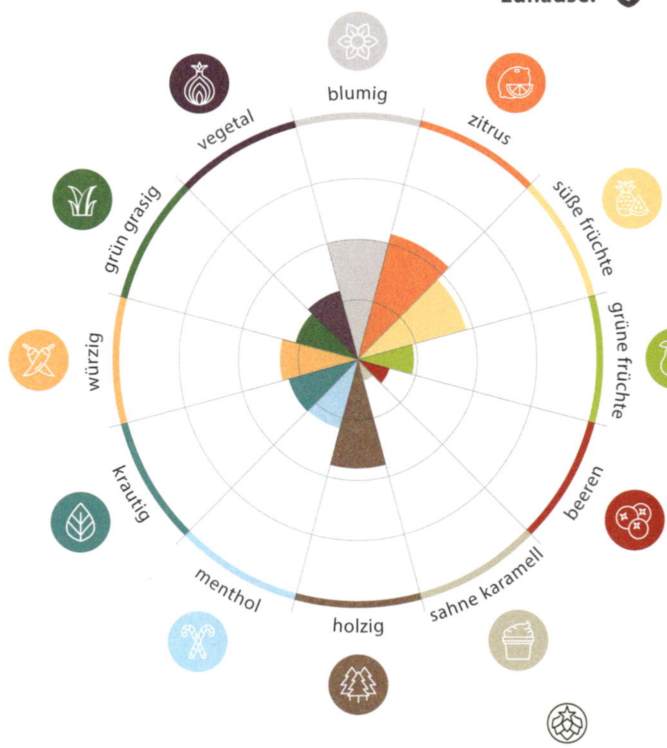

Quelle Rosechart: BarthHaas®

Analysenwerte Hopfeninhaltsstoffe: Verband Deutscher Hopfenpflanzer

STRISSEL-SPALTER

Quelle Doldenfoto: Hopsteiner

Der sehr geschätzte 'Strisselspalter' ist eine alte Landsorte aus der Region um Straßburg. Sie ist das erste Mal im Jahr 1885 im Elsass aufgetaucht. Die Sorte gehört zum Hersbrucker Formenkreis und lange Zeit wurde vermutet, dass sie von Deutschland aus nach Frankreich kam. Neuere Erkenntnisse deuten aber auf die umgekehrte Richtung hin. Die Sorte hat ein feines Bouquet, das von zitrusartigen, fruchtigen, blumigen und würzigen Noten geprägt ist.

Typ Aroma

Abstammung Landsorte aus dem Elsass

Charakteristik Zitrone, Grapefruit, Zitronengras, Pinie, Thymian

Möglicher Ersatz 'Crystal'

Typische Bierstile Belgisches Tripel, Bière de garde, bayerisches Weißbier, helles Lagerbier, Pilsbier

Analysenwerte Hopfeninhaltsstoffe: Hopsteiner

Hopfenharze

Alpha-Säuren 1,1–1,8 Gew.-%

Beta-Säuren 3,1–5,0 Gew.-%

Cohumulon 18–19 % der Alpha-Säuren

Hopfenöle

Gesamtöl 0,5–0,8 ml/100g Hopfen

Myrcen 18–29 % vom Gesamtöl

Caryophyllen 9,4–11,4 % vom Gesamtöl

Humulen 23–29 % vom Gesamtöl

Farnesen < 1 % vom Gesamtöl

Linalool 0,3–0,7 % vom Gesamtöl

Polyphenole

Gesamtpolyphenole ca. 5,4 Gew.-%

Xanthohumol 0,1–0,2 Gew.-%

Eigenschaften

Reifezeit Spät

Ursprungsland Frankreich

Ertrag 1500–2000 kg/ha

Tolerant gegen Welke

Anfällig für Peronospora, Echten Mehltau

Lagerstabilität Gut

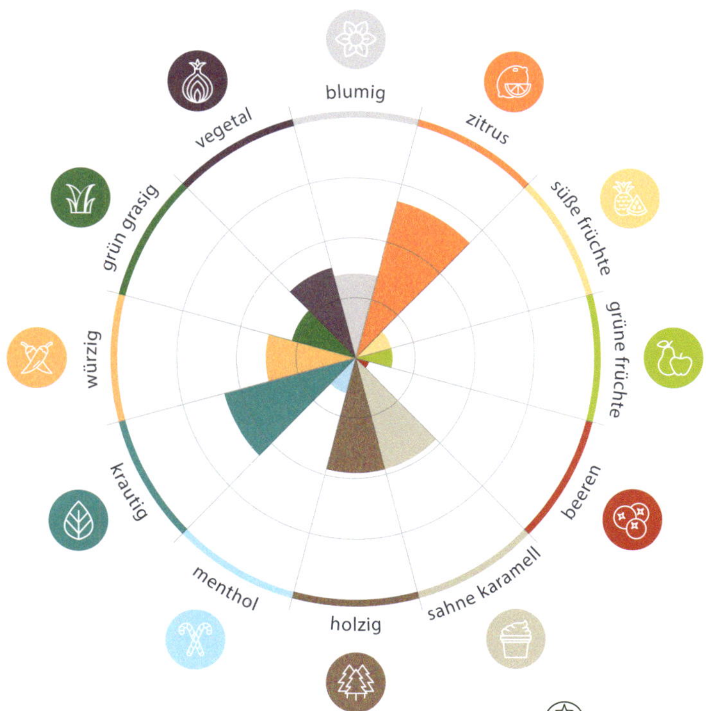

Quelle Rosechart: BarthHaas

STYRIAN SAVINJSKI GOLDING

Die Sorte 'Styrian Savinjski Golding' ist nach dem Gebiet der Steiermark (Styria), dem Fluss Savinja, der durch das österreichisch-slowenische Grenzgebiet in den Alpen fließt, und – fälschlicherweise – nach der englischen Hopfensorte 'Golding' benannt. Tatsächlich ist dieser Hopfen ein Nachfahre von 'Fuggle'. Als aber Hopfenpflanzen in den 1930er-Jahren aus England ins ehemalige Jugoslawien eingeführt wurden, ging man davon aus, dass es sich um einen 'Golding' handelte. Heute ist 'Styrian Savinjski Golding' bei Brauern sowohl für untergärige als auch für obergärige Bierstile außerordentlich beliebt.

Typ Aroma
Abstammung Abkömmling von 'Fuggle'
Charakteristik Brennnessel, Thymian, Tabak
Möglicher Ersatz 'Fuggle', 'Willamette'
Typische Bierstile Pilsener, helles Lagerbier, Bockbier, belgische Alebiere, englische Alebiere

Hopfenharze

Alpha-Säuren 2,8–6,1 Gew.-%
Beta-Säuren 1,8–4,1 Gew.-%
Cohumulon 27–33 % der Alpha-Säuren

Hopfenöle

Gesamtöl 0,3–1,7 ml/100g Hopfen
Myrcen 25–38 % vom Gesamtöl
Caryophyllen 9–12 % vom Gesamtöl
Humulen 29–38 % vom Gesamtöl
Farnesen 6–8 % vom Gesamtöl
Linalool 0,1–0,2 % vom Gesamtöl

Polyphenole

Xanthohumol 0,2–0,3 Gew.-%

Eigenschaften

Reifezeit Mittelfrüh
Ursprungsland Slowenien
Ertrag 1200–1800 kg/ha
Tolerant gegen Welke, Blattlaus
Anfällig für Peronospora
Lagerstabilität Gut

Analysenwerte Hopfeninhaltsstoffe: Slovenian Institute of Hop Research and Brewing

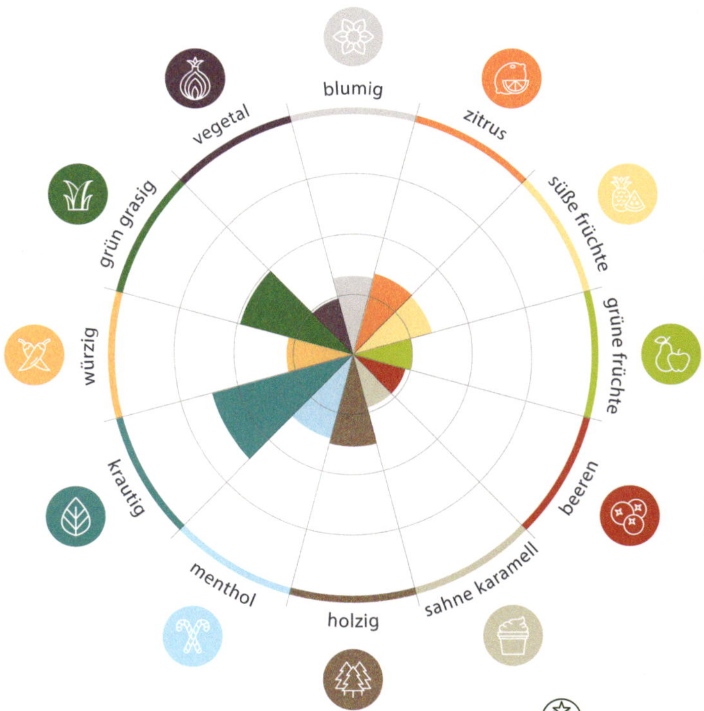

Quelle Rosechart: BarthHaas

SULTANA

Die Zuchtsorte von Hopsteiner trägt den indianischen Namen für den Mount Foraker, einen der höchsten Berge des amerikanischen Kontinents. Im Anbau fällt die Sorte durch extrem große Dolden und bei den Analysen durch einen sehr hohen Ölgehalt auf. Auch das Aromaprofil ist extragroß und erinnert an reife Ananas, frische Zitrone und Pinie. 'Sultana' ist mit ihren sehr hohen Alpha-Säuren- und Ölgehalten wie gemacht für IPAs.

Typ Aroma
Abstammung 50 % 'Nugget', 25 % 'Zeus', 25 % USDA 19058m
Charakteristik Ananas, Pinie, Zitrone
Typische Bierstile IPA, Pale Ale

Hopfenharze

Alpha-Säuren 12,9–14,3 Gew.-%
Beta-Säuren 3,6–3,9 Gew.-%
Cohumulon 25–27 % der Alpha-Säuren

Hopfenöle

Gesamtöl 2,0–3,3 ml/100g Hopfen
Myrcen 45–56 % vom Gesamtöl
Caryophyllen 9–12 % vom Gesamtöl
Humulen 23–31 % vom Gesamtöl
Linalool 0,6–1,0 % vom Gesamtöl

Polyphenole

Gesamtpolyphenole ca. 4,0 Gew.-%
Xanthohumol ca. 0,6 Gew.-%

Eigenschaften

Reifezeit Spät
Ursprungsland USA
Ertrag 2800–3100 kg/ha
Tolerant gegen Peronospora, Echten Mehltau

Analysenwerte Hopfeninhaltsstoffe: Hopsteiner

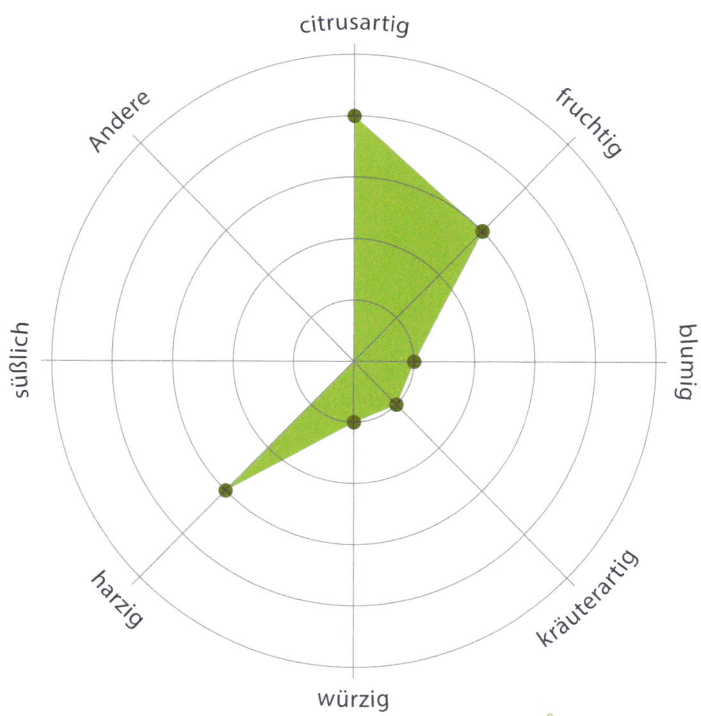

Quelle Matrize: Hopsteiner

SUMMIT™

Quelle Doldenfoto: Hopsteiner®

Mit 'Summit™' wurde von der American Dwarf Hop Association im Jahr 2003 die erste Zwerghopfensorte in den USA freigegeben. Je nach Einsatz im Sudhaus treten durch 'Summit™' entweder zitrus- oder gemüseartige Aromen zutage. Es besteht kein Konsens über die richtige Brautechnik mit dieser Sorte. Einige Brauer bekommen Aromen von Mandarine und Orange ins Bier, wenn sie mit 'Summit™' hopfenstopfen, während andere von Bärlaucharomen berichten. Diese Uneinigkeit macht die Sorte zu einem interessanten Kandidaten für Brauexperimente!

Typ Bitter

Abstammung 'Nugget', 'Zeus', 'Lexus' und offene Bestäubung

Charakteristik Pfeffer, Stachelbeere, Zitrusfrüchte, Bärlauch, Weihrauch, Anis

Möglicher Ersatz 'Apollo', 'Bravo', 'Simcoe®', 'Zeus'

Typische Bierstile IPA, Imperial IPA, Imperial Stout, Barley Wine

Hopfenharze

Alpha-Säuren 16,0–19,0 Gew.-%

Beta-Säuren 3,0–6,0 Gew.-%

Cohumulon 26–33 % der Alpha-Säuren

Hopfenöle

Gesamtöl 1,5–2,5 ml/100g Hopfen

Myrcen 30–50 % vom Gesamtöl

Caryophyllen 10–15 % vom Gesamtöl

Humulen 15–25 % vom Gesamtöl

Farnesen < 1 % vom Gesamtöl

Eigenschaften

Reifezeit Spät

Ursprungsland USA

Ertrag 2750–3000 kg/ha

Resistent gegen Echten Mehltau, Welke

Anfällig für Peronospora

Lagerstabilität Sehr gut

Analysenwerte Hopfeninhaltsstoffe: Association for the Development of Hop Agronomy

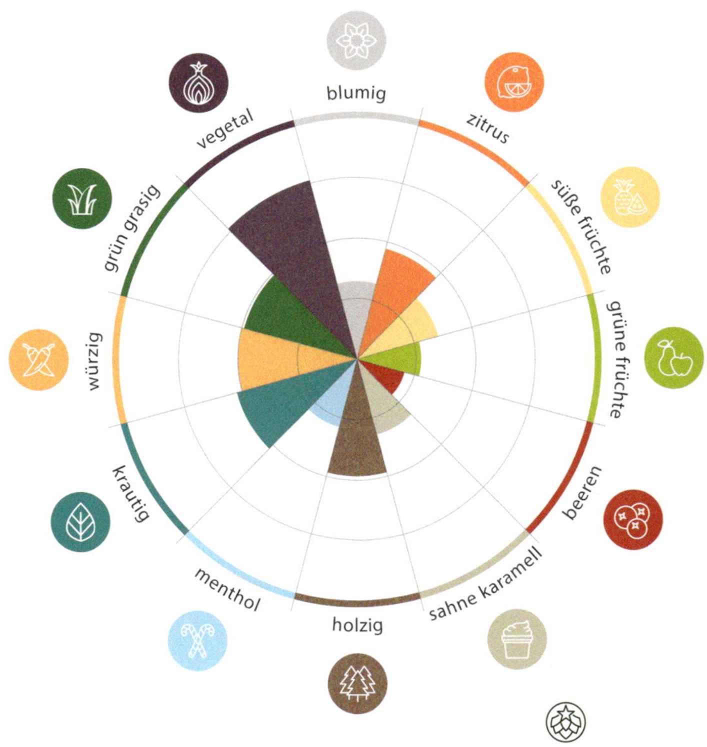

Quelle Rosechart: BarthHaas®

TETTNANGER

Quelle Doldenfoto: BarthHaas

Die deutsche Landsorte gehört zu den hochfeinen Aromasorten und stammt aus dem Saazer Formenkreis. Sie wird ausschließlich in Tettnang am Bodensee angebaut. Das von dem großen Voralpensee geprägte milde Klima und die dortigen Böden verleihen dem 'Tettnanger' seinen besonderen Charakter. Seine feinwürzige Hopfenblume und die milde Bittere machen die Sorte bestens für das Würzen von Pilsbieren geeignet. Tettnanger Hopfen wird vor allem als späte Hopfengabe eingesetzt.

Typ Aroma
Abstammung Deutsche Landsorte
Charakteristik Blumig, Bergamotte, Maiglöckchen, Cognac
Möglicher Ersatz 'Lubelski', 'Saazer', 'Spalt Spalter'
Typische Bierstile Pilsbier, helles Lagerbier, dunkles Lagerbier, Weißbier

Hopfenharze
Alpha-Säuren 2,5–5,5 Gew.-%
Beta-Säuren 3,0–5,0 Gew.-%
Cohumulon 22–28 % der Alpha-Säuren

Hopfenöle
Gesamtöl 0,5–0,9 ml/100g Hopfen
Myrcen 20–35 % vom Gesamtöl
Caryophyllen 6–11 % vom Gesamtöl
Humulen 22–32 % vom Gesamtöl
Farnesen 16–24 % vom Gesamtöl
Linalool 0,4–0,9 % vom Gesamtöl

Polyphenole
Gesamtpolyphenole 5,0–6,0 Gew.-%
Xanthohumol 0,3–0,4 Gew.-%

Eigenschaften
Reifezeit Früh bis mittelfrüh
Ursprungsland Deutschland
Ertrag 1150–1400 kg/ha
Resistent gegen Welke
Anfällig für Peronospora, Blattlaus
Lagerstabilität Mittel

Verfügbar für den Anbau zuhause!

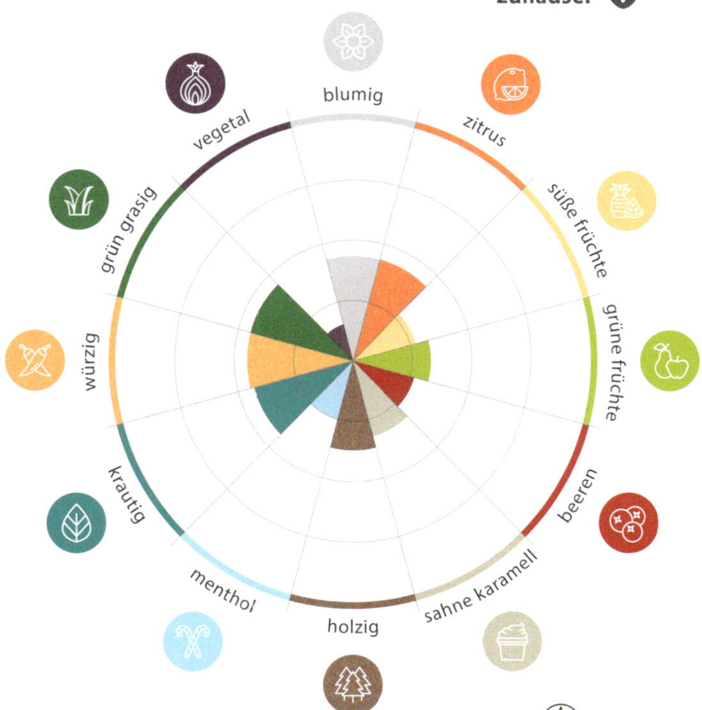

Analysenwerte Hopfeninhaltsstoffe: Verband Deutscher Hopfenpflanzer

Quelle Rosechart: BarthHaas

TRISKEL

Die Hopfensorte 'Triskel' geht auf eine Kreuzung zwischen der französichen Sorte 'Strisselspalter' als Mutter und einer männlichen Pflanze der englischen Sorte 'Yeoman' als Vater im Jahr 2006 zurück. 'Triskel' hat dabei die blumigen Noten der Mutter und die fruchtigen Aromen des Vaters geerbt. Insgesamt hat 'Triskel' ein intensiveres Aromaprofil als 'Strisselspalter'. Es ist die zweite Sorte, die vom französichen Hopfensorten-Forschungsprojekt im Elsass veröffentlicht wurde.

Typ Aroma

Abstammung Tochter des französichen 'Strisselspalter' und einem männlichen Nachkommen des englischen 'Yeoman'

Charakteristik Honigmelone, Joghurt, Geranie, Brennnessel, Tabak

Möglicher Ersatz 'Strisselspalter'

Typische Bierstile IPA, Saison, Bière de garde, Pale Ale, bayerisches Weißbier

Hopfenharze

Alpha-Säuren 2,5–5,0 Gew.-%

Beta-Säuren 4,0–5,0 Gew.-%

Cohumulon 20–23 % der Alpha-Säuren

Hopfenöle

Gesamtöl 1,5–2,0 ml/100g Hopfen

Caryophyllen ca. 6 % vom Gesamtöl

Humulen ca. 14 % vom Gesamtöl

Farnesen ca. 1 % vom Gesamtöl

Eigenschaften

Ursprungsland Frankreich

Ertrag 1800–2300 kg/ha

Tolerant gegen Echten Mehltau

Lagerstabilität Gut

Analysenwerte Hopfeninhaltsstoffe: Hopsteiner

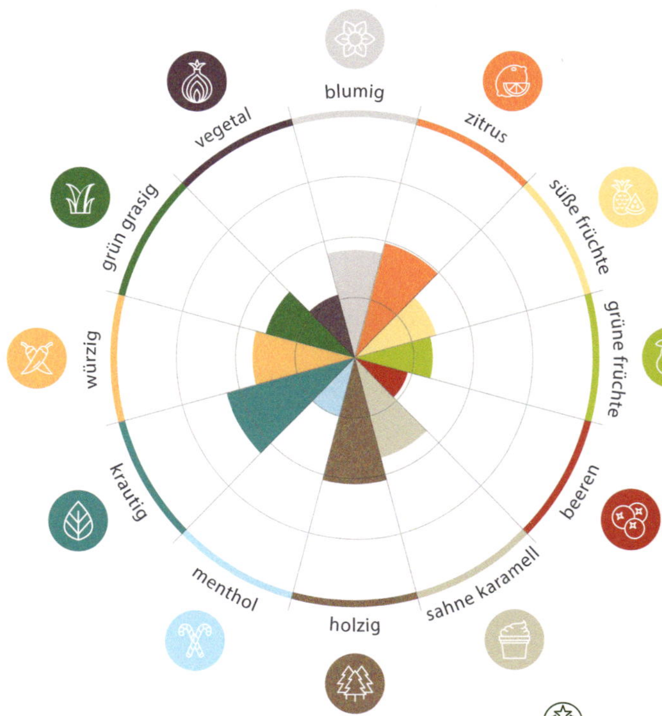

Quelle Rosechart: BarthHaas

VIC SECRET™

Die australische Sorte 'Vic Secret™' besticht durch intensiv exotisch-fruchtige, süßliche und beerenartige Aromen. Die in Victoria gezüchtete und im Jahr 2013 auf dem Markt erschienene Sorte eignet sich besonders für Whirlpoolgaben und zum Hopfenstopfen. Durch diese Techniken treten sehr klartönige Noten von Passionsfrucht und Ananas zutage. Ein Geheimtipp, wie der Name impliziert, ist die Sorte unter Craftbrauern schon lange nicht mehr!

Typ Aroma

Abstammung Kreuzung aus einer australischen Muttersorte und einer männlichen Sorte aus Großbritannien, gleiche Eltern wie die Sorte 'Topaz'

Charakteristik Ananas, Maracuja, Grapefruit, Erdbeere, Stachelbeere, Quitte

Möglicher Ersatz 'Galaxy', 'Topaz'

Typische Bierstile IPA, Pale Ale

Hopfenharze

Alpha-Säuren 15,1–21,8 Gew.-%

Beta-Säuren 6,4–8,1 Gew.-%

Cohumulon 51–56 % der Alpha-Säuren

Hopfenöle

Gesamtöl 2,1–2,8 ml/100g Hopfen

Myrcen 31–46 % vom Gesamtöl

Caryophyllen 9,8–10,7 % vom Gesamtöl

Humulen 9,4–12,2 % vom Gesamtöl

Farnesen Farnesenfrei!

Linalool ca. 0,7 % vom Gesamtöl

Eigenschaften

Ursprungsland Australien

Analysenwerte Hopfeninhaltsstoffe: Hop Products Australia

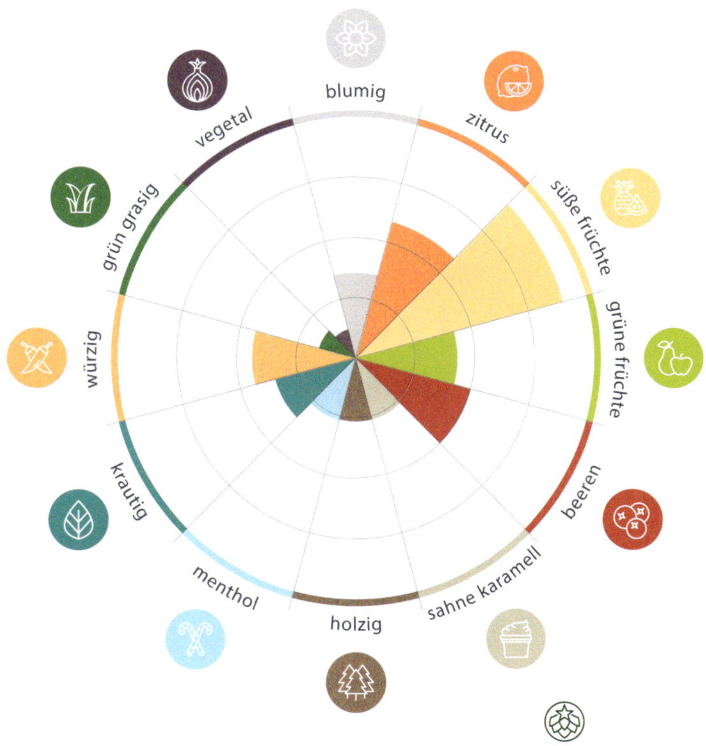

Quelle Rosechart: BarthHaas®

WILLAMETTE

Quelle Doldenfoto: Hopsteiner

Seit den 1850er-Jahren wird im Willamette Valley in den USA Hopfen angebaut. Die nach diesem Tal benannte Aromasorte wurde 1976 im Rahmen des USDA Zuchtprogramms entwickelt. Sie wurde auf Drängen von Anheuser-Busch nach einer dem englischen 'Fuggle' ähnlichen Sorte entwickelt, sollte aber höhere Erträge bringen. Als Anheuser-Busch im Jahr 2008 bei Budweiser von Doldenhopfen auf Hopfenextrakt umstellte, brach die Anbaufläche von 'Willamette' stark ein. Durch ihre Beliebtheit bei Craftbrauern wird die Sorte aber noch immer in fast allen US-amerikanischen Anbaugebieten kultiviert.

Typ Aroma

Abstammung Tochter von 'Fuggle'

Charakteristik Zitrusfrüchte, Weihrauch, Holunder, Karamell, Curry

Möglicher Ersatz 'Fuggle', 'Tettnanger'

Typische Bierstile Amerikanisches Lagerbier, Amber Ale, Porter, Brown Ale, Stout, Porter, Extra Special Bitter

Hopfenharze

Alpha-Säuren 4,5–6,5 Gew.-%

Beta-Säuren 3,0–4,5 Gew.-%

Cohumulon 28–32 % der Alpha-Säuren

Hopfenöle

Gesamtöl 0,6–1,6 ml/100g Hopfen

Myrcen 22–32 % vom Gesamtöl

Caryophyllen 12–14 % vom Gesamtöl

Humulen 31–35 % vom Gesamtöl

Farnesen 7–10 % vom Gesamtöl

Linalool 0,4–0,7 % vom Gesamtöl

Eigenschaften

Reifezeit Früh bis mittelfrüh

Ursprungsland USA

Ertrag 1500–1900 kg/ha

Tolerant gegen Peronospora

Anfällig für Welke, Echten Mehltau

Lagerstabilität Gut

Analysenwerte Hopfeninhaltsstoffe: Yakima Chief

Verfügbar für den Anbau zuhause!

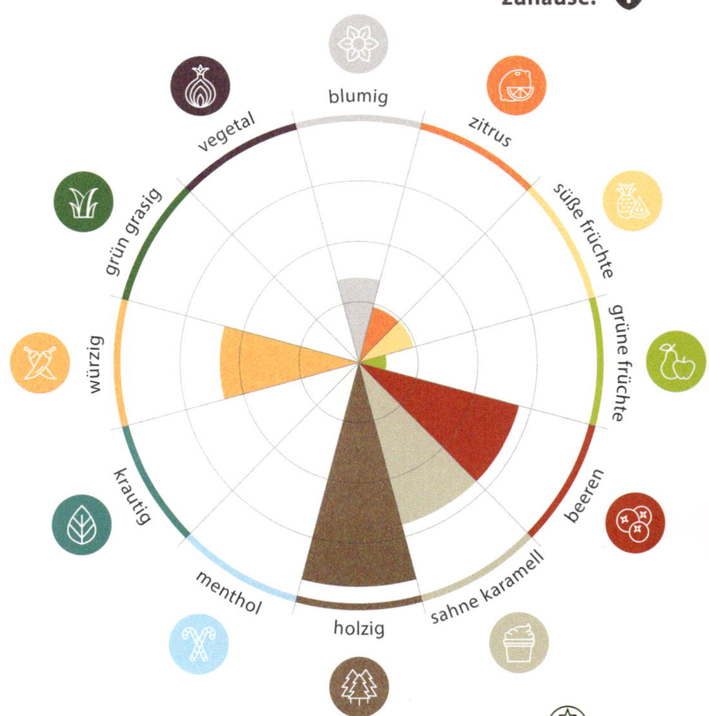

Quelle Rosechart: BarthHaas

ZEUS

Quelle Doldenfoto: Hopsteiner

'Zeus' wird häufig mit 'Columbus' und 'Tomahawk®' als „CTZ" zusammengruppiert, da die Analysenwerte aller drei Sorten sehr ähnlich sind und einige Zeit vermutete wurde, die drei seien genetisch identisch. Das trifft aber nur auf 'Columbus' und 'Tomahawk®' zu. 'Zeus' ist eine eigene Hopfensorte und eine Zuchtsorte von Hopsteiner. Die Sorte hat wie ihre Halbschwestern (CTZ sind alle Töchter von 'Nugget') sehr hohe Alpha-Gehalte, setzt sich aber mit intensiveren Zitrusaromen und ausgeprägteren würzigen Noten ab.

Typ Bitter

Abstammung Tochter von 'Nugget'

Charakteristik Schwarzer Pfeffer, Zwiebel, Zitrusfrüchte

Möglicher Ersatz 'Chinook', 'Galena', 'Nugget'

Typische Bierstile Imperial Stout, Porter, Barley Wine, IPA, Pale Ale

Hopfenharze

Alpha-Säuren 10,3–16,0 Gew.-%

Beta-Säuren 3,8–4,4 Gew.-%

Cohumulon 27–37 % der Alpha-Säuren

Hopfenöle

Gesamtöl 1,1–2,8 ml/100g Hopfen

Myrcen 20–57 % vom Gesamtöl

Caryophyllen 9–14 % vom Gesamtöl

Humulen 14–33 % vom Gesamtöl

Farnesen <1 % vom Gesamtöl

Linalool 0,2–0,7 % vom Gesamtöl

Polyphenole

Gesamtpolyphenole 3,1–4,7

Xanthohumol 0,4–0,8 Gew.-%

Eigenschaften

Reifezeit Spät

Ursprungsland USA

Ertrag 2680–3000 kg/ha

Anfällig für Echten Mehltau, Blattlaus

Lagerstabilität Mittel

Analysenwerte Hopfeninhaltsstoffe: Hopsteiner

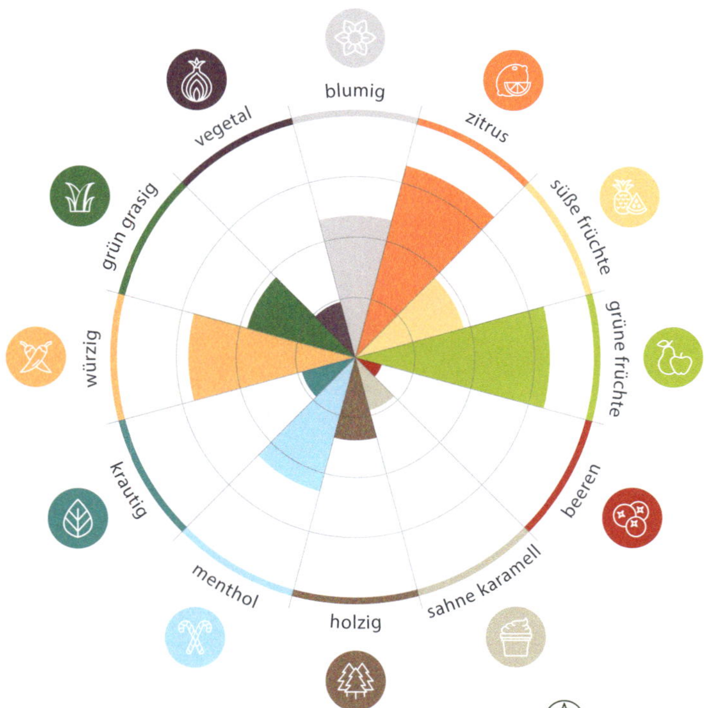

Quelle Rosechart: BarthHaas

HOMEGROWN – ANBAU UND ERNTE

DER HOPFEN IM EIGENEN GARTEN

Es gibt kein schöneres Anzeichen dafür, dass in einem Haus ein Heimbrauer lebt, als eine Hopfenpflanze im Garten. Damit kann das Brauen zu Hause auf ein vollkommen neues Level gebracht werden und es können hochindividuelle Biere gebraut werden. Denn selbst angebauter Hopfen wird immer eine ganz besondere Note haben, die durch die Gegebenheiten bei Ihnen zu Hause hervorgerufen wird. Hopfen ist eine sehr widerstandsfähige Pflanze und gedeiht fast überall. Mit einem sonnenreichen Garten, ein paar Tricks und der Wahl der richtigen Hopfensorten können Sie leicht zum Hopfen-Selbstversorger werden.

DIE WAHL DER HOPFENSORTE ZUM SELBSTANBAU

Es kann viele Gründe geben, sich für eine bestimmte Hopfensorte für den Selbstanbau zu entscheiden. Ausschlaggebend aber sind insbesondere die Vorliebe für gewisse Bierstile beim Heimbrauen sowie das Klima im Anbaugebiet.

HOPFENSORTE UND BIERSTIL

Die Wahl der Sorte für den Selbstanbau ist vor allem davon abhängig, welche Bierstile Sie zu Hause brauen wollen. Mit zwei bis drei amerikanischen „C-Sorten“ (zum Beispiel 'Cascade', 'Centennial' oder 'Chinook') können India Pale Ales gebraut werden. Diese Sorten können sowohl als Bitterhopfen als auch als Aromahopfen verwendet werden. 'Cascade' konnte sich sehr gut an europäische Klima- und Bodenverhältnisse gewöhnen und wird seit Jahren erfolgreich in der Hallertau angebaut. Die Sorte 'Chinook' ist besonders widerstandsfähig und bringt sehr gute Erträge. Auch 'Centennial' ist eine unkomplizierte Sorte, die mit vielen verschiedenen Umweltbedingungen zurechtkommt. Mit Sorten wie 'Callista', 'Hallertauer Blanc', 'Mandarina Bavaria' und 'Huell Melon' können Sie fruchtige Aromen ins Bier bringen. Wenn noch eine Sorte mit hohem Alpha-Gehalt wie 'Ariana', eine vielseitige europäische Sorte wie 'Perle', eine englische Hopfensorte wie 'Fuggle' und eine Aromasorte wie 'Hallertauer Tradition' oder 'Spalter Select' dazukommen, lässt sich damit fast jeder Bierstil brauen.

Leider darf aber nicht jede Lieblingssorte so einfach angebaut werden, denn manche Sorten fallen unter das Patentrecht. Dazu gehören zum Beispiel 'Simcoe®', 'Mosaic®' oder 'Citra®'. Auch die Sorten der öffentlichen Zuchtprogramme stehen nach der Markteinführung zunächst unter Lizenz. In diesem Fall aber läuft die Lizenz nach einer gewissen Zeit aus. So werden immer wieder Sorten, die bis dahin lizensiert waren, für die Öffentlichkeit zugänglich, wie vor kurzem die sehr beliebte Hopfensorte 'Sorachi Ace'. Bezugsquellen für Hopfenpflanzen finden Sie auf Seite 244.

ANBAU VON HOPFENSORTEN AUS ANDEREN TEILEN DER ERDE

Hopfen, beziehungsweise sein Gedeihen, ist stark abhängig von der Region, in der er angebaut wird. Es ist keineswegs gesagt, dass ein amerikanischer Hopfen in Europa gut wächst oder umgekehrt ein europäischer Hopfen in Amerika. Manchmal wächst eine Sorte an einem bestimmten Standort überhaupt nicht, oft sind am falschen Standort die Erträge für den professionellen Hopfenbauern zu gering. Da Erträge aber für den Anbau zu Hause nicht so ausschlaggebend sind, hat der Heimbauer mehr Spielraum zum Experimentieren. Fast immer aber wird der Hopfen abweichende Eigenschaften haben, wenn er in einer anderen als seiner traditionellen Region angebaut wird. So haben amerikanische Hopfenbauern lange Zeit vergeblich versucht, Aromasorten anzubauen, die den europäischen „noble hops" gleichen. Sie kamen aber nie an das feinwürzige Aroma eines 'Saazer' oder 'Hersbrucker Spät' heran. Umgekehrt tun sich europäische Hopfenbauern heutzutage schwer, den fruchtigen Aromen des amerikanischen Hopfens nahezukommen. Mittlerweile spricht man auch beim Hopfen von Terroir (mehr dazu auf Seite 76).

ERNTEZEITPUNKT UND ZEITSPANNE

Durch die Wahl der Sorte können Sie auch den Erntezeitraum festlegen. Wenn die Region, in der Sie Hopfen anbauen wollen, eine vergleichsweise kurze Vegetationsperiode hat, sollten Sie eine Sorte wählen, die einen frühen Erntezeitpunkt hat. Das ist wichtig, um sicherzustellen, dass die Hopfendolden vor der Ernte gut ausreifen können. Die Erntezeit liegt für früh reifende Sorten Ende August, für spät reifende Sorten kann sie sich bis in den Oktober hineinziehen. Soll die Zeitspanne der Ernte möglichst ausgedehnt werden, ist die Wahl von sowohl früh reifenden als auch spät reifenden Sorten ratsam. Wollen Sie jedoch auch nach dem Anlegen Ihres Hopfengartens weiterhin wie jedes Jahr im August für 3 Wochen in den Urlaub fahren, dann sollten Sie darauf achten, eher spät reifende Sorten zu wählen. Im Sortenverzeichnis (ab Seite 79) finden Sie jeweils auch einen Vermerk zum Erntezeitpunkt der beschriebenen Sorte.

Selbst angebauter Hopfen ist hochindividuell.

UNKOMPLIZIERTE SORTEN FÜR DEN DEUTSCHEN HAUSGARTEN

Hopfen ist nicht nur beim Ausbilden seiner charakteristischen Aromen stark abhängig von der Anbauregion, häufig verändert sich die gesamte Physiologie der Pflanze. Wenn Sie in Deutschland leben, ist es am einfachsten, die Aroma-Zuchtsorten 'Hallertauer Tradition' und 'Spalter Select' im Hausgarten anzubauen. Beide sind gut resistent gegen Krankheiten und Schädlinge. Daher stellen sie auch die Hauptsorten im deutschen Bioanbau dar. 'Hallertauer Tradition' ist zum Start die beste Sorte. Sie reift früh, ist robust und bildet eine schöne zylindrische Rebe mit Behang bis unten hin aus. 'Spalter Select' ist gut blattlaustolerant und man kommt praktisch immer ohne Pflanzenschutzbehandlungen aus. Einfach im Anbau sind auch die neuen Hüller Aromasorten wie zum Beispiel 'Callista' und 'Mandarina Bavaria'. Die Sorte 'Ariana' mit ihren rund 10 % Alphasäuren kann man als gesunden und robusten Bitterhopfen anbauen. Im Bioanbau wird sie als Ersatz für die sehr blattlausanfälligen Bittersorten verwendet. Alte Landsorten dagegen sind im Hausgarten nur schwer zu kultivieren, da sie sehr anfällig für Krankheiten und Schädlinge sind.

Wenn eine gepflanzte Hopfensorte nicht gut aussieht oder gar Krankheiten hat, die Sie nicht unter Kontrolle bekommen, dann sollten Sie eine andere Sorte ausprobieren. Die Gesundheit der Pflanze hat oberste Priorität. Am besten pflanzt man im ersten Jahr möglichst viele Sorten parallel und beobachtet, welche davon am besten wachsen. Erzielen Sie schon im ersten Jahr einen Ertrag, können Sie auch gleich einen Brauversuch damit machen. So ein Praxistest ist bei selbst angebautem Hopfen besonders wichtig, da sich dieser von kommerziellem Hopfen in Hinblick auf Aroma und geschmackliche Eigenschaften oft sehr stark unterscheidet. Wenn nicht nur der Hopfen gut wächst, sondern auch die damit gebrauten Biere gut schmecken, dann haben Sie einen Gewinner!

TIPP

Treten Sie mit anderen Hopfenpflanzern in Ihrer Region in Kontakt! Das können professionelle Hopfenbauern oder Hobbybauern sein. Die wissen in aller Regel, welche Sorten in Ihrer Region gut wachsen und haben oft auch Tipps zur Pflege oder Krankheitsbekämpfung für Sie bereit.

DEN EIGENEN HOPFEN KENNENLERNEN

Der Alpha-Säuren-Gehalt von Hopfen unterscheidet sich stark von Jahr zu Jahr. Eine Analyse des Alpha-Säuren-Gehalts von selbst angebautem Hopfen ist für die meisten Selbstanbauer unverhältnismäßig aufwendig und teuer. Daher müssen nach jeder Ernte erneut Brauversuche gemacht werden. Um einen Anhaltspunkt für den zu erwartenden Alpha-Säuren-Gehalt eines Anbaujahres zu erhalten, können Sie sich im Internet informieren, wie die Alpha-Säuren-Gehalte im jeweiligen Jahr in den Hopfenanbaugebieten ausgefallen sind. Daraus können Sie abschätzen, ob der Alpha-Säuren-Gehalt Ihres geernteten Hopfens eher am unteren oder oberen Ende des sortentypischen Schwankungsbereichs liegt.

Die Auswahl der Hopfensorte beeinflusst maßgeblich den Erfolg beim Selbstanbau.

DEN HOPFENGARTEN ANLEGEN

Um einen Hopfengarten anlegen zu können, brauchen sie einen geeigneten Standort, ein wenig Wissen – und natürlich die Hopfenpflanzen selbst.

DER IDEALE STANDORT EINES HOPFENGARTENS

Als typische Auwaldpflanze liebt Hopfen einen sandigen Lehmboden, der reichlich Nährstoffe in sich trägt und eine gleichmäßige Wasserversorgung gewährleistet. Er wächst aber auf nahezu allen Böden, lediglich der Ertrag wird unterschiedlich ausfallen. Das einzige, was Hopfen wirklich nicht verträgt, sind nasse Füße, denn dann leidet die Sauerstoffversorgung, sein Wurzelwerk fängt an zu faulen und in der Folge kann die Pflanze absterben. Staunässe muss daher unbedingt vermieden werden. Außerdem braucht Hopfen mindestens 6–8 Stunden Sonne pro Tag. Zudem ist ein Platz mit guter Luftzirkulation für einen Hopfengarten von Vorteil, da die Pflanzen dann weniger krankheitsanfällig sind.

Idealerweise liegt der Hopfengarten zwischen dem 35. und 55. Breitengrad, wobei zwischen dem 45. und 50. Breitengrad die besten Erträge zu erzielen sind. Doch auch außerhalb eines Gürtels vom 35.–55. Breitengrad wird der Hopfen wachsen, er wird nur immer geringere Erträge bringen, je näher er am Äquator liegt. Etwa ab dem 30. Breitengrad wird er nicht mehr zur Blüte kommen. Hopfen muss im Winter in eine Dormanz eintreten, um im nächsten Jahr wieder austreiben und Dolden produzieren zu können. Dafür braucht er rund 3 Monate mit kühlen Temperaturen (etwa 5 °C). Am liebsten wächst Hopfen an einem Standort mit einem trockenen Frühjahr und einem regenreichen Sommer. Optimal ist für Hopfen mindestens 100 mm Niederschlag pro Monat in den Sommermonaten Juni, Juli und August. Ein verregneter Biergartensommer ist ein optimaler Hopfensommer! Die günstigsten Temperaturen für diese Auwaldpflanze liegen in den Sommermonaten um die 25 °C.

DEN HOPFENGARTEN VORBEREITEN

Hopfen kann entweder direkt eben in den Boden gepflanzt werden oder es können kleine Erdhügel angelegt werden, auf denen er wachsen kann. Diese Hügel bieten sich besonders dann an, wenn der Boden im Garten sehr feucht ist. Außerdem erleichtert ein Hügel die Pflege des Hopfens (siehe Seite 153). Die Hügel sollten etwa 15 cm hoch und rund 50 cm breit sein. Man legt sie etwa 1 m voneinander entfernt an, wenn die gleiche Hopfensorte nebeneinander angebaut werden soll, und in 1,5 m Abstand, wenn unterschiedliche Sorten nebeneinanderstehen sollen. Auf einem Hügel haben jeweils zwei Hopfenpflanzen Platz.

Hopfen wächst am besten in einem Boden mit einem pH-Wert von 6,0–7,0, doch auch pH-Werte von 5,5–7,5 sind für ihn noch tolerabel. Es lohnt sich mit einer Bodenanalyse herauszufinden, wie hoch der pH-Wert im eigenen Garten ist und welche Mineralstoffe dem Boden womöglich fehlen. Hopfen ist eine stark wachsende Pflanze, die reichlich Nährstoffe braucht. Sie benötigt Stickstoff, Phosphor, Kalium, Magnesium, Kalzium, Zink und Bor. Ein Nährstoffmangel zeigt sich in schlechtem Wuchs, klein bleibenden Blättern und blasser Blattfarbe. Wenn Sie vor dem Pflanzen eine 8 cm dicke Schicht Kompost auf den Pflanzhügeln ausbringen, sollte der Hopfen fürs ganze Jahr gut versorgt sein.

CHECKLISTE STANDORT HOPFENGARTEN

- Am besten zwischen dem 35. und 55. Breitengrad
- 120 Tage mit kühlen Temperaturen für die Winterruhe
- 120 Tage ohne Frost während der Vegetationszeit
- Ausrichtung nach Osten, Süden oder Westen
- Minimum von 6–8 Stunden direkte Sonne pro Tag
- Tiefgründiger, humoser Boden
- Keine Staunässe
- Regenreiche Sommer oder Tröpfchenbewässerung
- Reichlich Luftzirkulation
- Windgeschützte Lage
- Reichlich Platz nach oben (mindestens 5,5 m)

DIE KLETTERHILFE

Hopfen will hoch hinaus. Er liebt die Sonne und wächst ihr in einer enormen Geschwindigkeit entgegen. Bei günstigen Bedingungen rankt sich Hopfen in etwa 70 Tagen 7 m in die Höhe, also durchschnittlich 10 cm pro Tag. An optimalen Tagen kann das Wachstum bis zu 30 cm erreichen. Als Kletterhilfe nimmt der Hopfen, was er kriegen kann. Bäume werden in den Würgegriff genommen, Zäune überwuchert und an Stangen oder Drähten jeder Art wird hochgeklettert. Wenn Sie Ihrem Hopfen eine möglichst hohe Kletterhilfe bieten, können Sie den Ertrag der Hopfenpflanze substanziell steigern!

GERÜST

Bei professionellen Hopfenbauern darf der Hopfen an Gerüsten von etwa 5,5–7,0 m Höhe emporwachsen. Wenn Sie genug Platz und zudem Freude am Projekt Gerüstbau haben, lohnt es sich, diese Form von Kletterhilfe zu wählen. Sie werden damit die besten Erträge erzielen, und auch für die Handhabung bei der Ernte des Hopfens ist ein Gerüst am einfachsten.

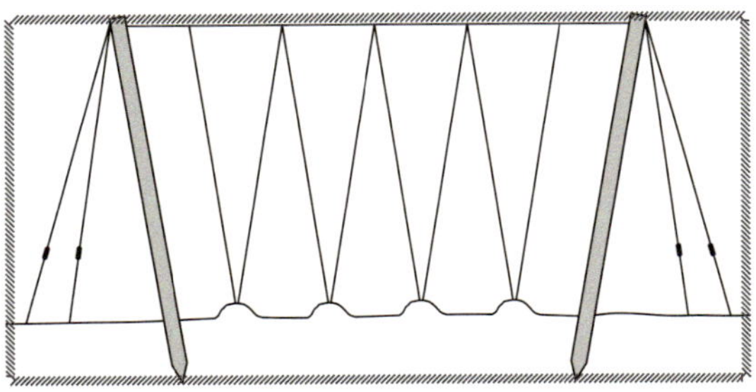

An einem hohen Gerüst bringt der Hopfen die besten Erträge.

HOPFENSTANGE

Im Mittelalter wurde der Hopfen an Hopfenstangen, das waren in den Boden gerammte Holzpfosten, angebaut. Mittlerweile spannen Heimbauern häufig Drähte von der Spitze des Pfostens in Kreisform um den Pfosten herum. So können sechs Hopfenpflanzen untergebracht werden. Das Resultat sieht zudem sehr dekorativ aus. Ein Nachteil dabei ist, dass die einzelnen Hopfenpflanzen oben ineinanderwachsen können, sodass es dann gegebenenfalls bei der Ernte nicht möglich ist, verschiedene Hopfensorten voneinander zu unterscheiden.

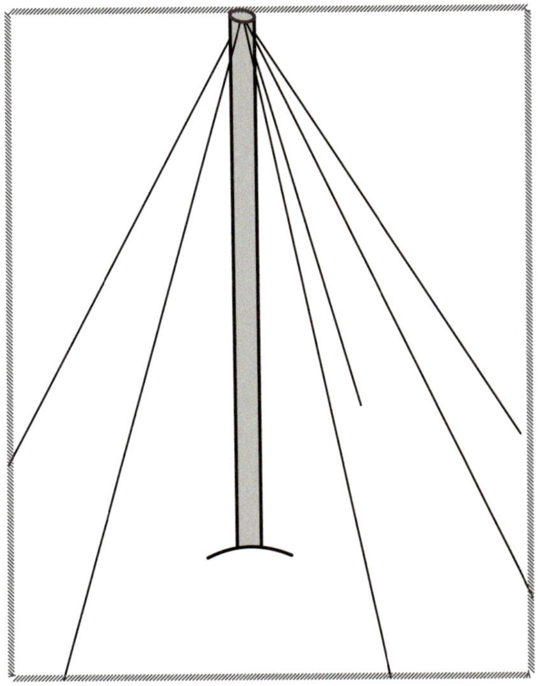

Eine Hopfenstange mit sechs Aufleitdrähten.

HAUSWAND

Viele Heimhopfenbauern spannen Drähte an einer Haus- oder Scheunenwand bis zur Dachrinne oder bis zum Giebel und lassen den Hopfen daran hochwachsen. Damit können erstaunlich gute Erträge erzielt werden. Der Vorteil an der Hauswand ist, dass Sie eine bereits bestehende Struktur verwenden können, an die nur Aufleitdrähte oder -schnüre angebracht werden müssen. Ungünstig ist hierfür allerdings eine Südwand, da es dem Hopfen dort meist zu heiß und trocken ist.

TIPP

Im Internet gibt es jede Menge Anleitungen für den Bau von Kletterhilfen.

DIE BESCHAFFUNG DER HOPFENPFLANZE

Am einfachsten ist es, Hopfen als Topfpflanze aus der Gärtnerei zu beziehen. Wenn Sie aber mit Hopfensorten experimentieren wollen, die in Deutschland nicht verfügbar sind, können Sie auch Wurzelfechser aus anderen Ländern im Internet bestellen.

WURZELFECHSER

Fechser (englisch: hop rhizome) sind Teile der Wurzel des Hopfens. Die Fechser werden in der Regel im Spätherbst oder im Winter aus dem Wurzelstock einer etablierten Hopfenpflanzen herausgeschnitten. Zu diesem Zeitpunkt sind die Fechser in der Winterruhe. Sie haben weiße Knospen, den sogenannten Augenansatz, aus denen im Frühjahr die Hopfentriebe wachsen, sowie Wurzelkeime. Der Winter ist auch die günstigste Pflanzzeit. Wenn Sie die Fechser im Internet bestellen, sollten Sie deren Qualität überprüfen, sobald sie bei Ihnen zu Hause angekommen sind (siehe Checkliste Seite 152). Bis sie gepflanzt werden, müssen die Fechser dann kühl, dunkel und trocken gelagert werden. Am besten halten sie sich, in Zeitungspapier eingewickelt, im Kühlschrank. Eine gut gepflegte Pflanze, die aus einem Wurzelfechser gezogen wurde, bildet ab dem 2. Jahr Dolden aus und nach 3–4 Jahren gibt es dann den vollen Ertrag.

JUNGPFLANZEN AUS DER GÄRTNEREI

Am besten eignen sich Jungpflanzen aus der Gärtnerei für den Anbau zu Hause. Der größte Vorteil besteht darin, dass die Pflanze schon im ersten Jahr Erträge bringt und dass man so gut wie sicher sein kann, dass die Pflanze im Garten gut anwächst.

ACHTUNG!

Wenn bei einer Jungpflanze im Topf die Sorte nicht angegeben wird oder das Pflänzchen einen Fantasienamen trägt, der mit keiner Hopfensorte korrespondiert, dann eignet sich der Hopfen nur als Zierpflanze! Achten Sie auch unbedingt immer darauf, dass Sie Hopfenpflanzen oder Fechser bei einem professionellen Gärtner kaufen, der seine Hopfenpflanzen auf Krankheiten untersuchen lässt.

Ein Hopfenfechser.

Eine Jungpflanze aus der Gärtnerei.

STECKLINGSVERMEHRUNG IN DER GÄRTNEREI

Wenn Sie eine Jungpflanze einer bestimmten Hopfensorte aus der Gärtnerei beziehen, so wurde diese Pflanze in der Regel über Stecklinge vermehrt. Hierfür werden frische, grüne Hopfentriebe abgeschnitten und in die Erde gesteckt. Sie schlagen dann Wurzeln und es entwickeln sich Jungpflanzen, die genetisch identisch sind mit der Pflanze, von der die Stecklinge abgeschnitten wurden. Diese **vegetative Vermehrung** ist wichtig, um die Sortenmerkmale einer Hopfensorte zu erhalten. Bei sexueller Vermehrung würde dagegen männlicher Pollen eine weibliche Blüte bestäuben und aus dem entstandenen Samen würde eine neue Hopfenpflanze wachsen, deren Erbgut eine Mischung des genetischen Materials der Elternpflanzen darstellen würde. Somit wären die Eigenschaften der daraus entstehenden Hopfenpflanze nicht von vorneherein bekannt – noch nicht einmal das Geschlecht wäre festgelegt. Der große Vorteil der Stecklingsvermehrung in der Gärtnerei gegenüber einer sogenannten Schnittlingsvermehrung, bei der Hopfenpflanzen vom Feld zur Gewinnung der Jungpflanzen herangezogen werden, ist die Garantie, dass die Jungpflanzen aus der Gärtnerei frei von Krankheiten sind.

Auf dieser Doppelseite sehen Sie, wie Stecklinge in der Gärtnerei Eickelmann in der Hallertau vermehrt werden.

Ausgangsmaterial.

Der obere Teil eines Triebes wird abgeschnitten.

Der fertige Schnitt.

Stecken.

Ein Tag alt.

Nach einigen Wochen wird umgetopft.

Fertig zum Versand.

PFLANZEN, PFLEGEN, ERNTEN

Hopfen im eigenen Garten zu kultivieren ist nicht schwer. Die robusten und wuchskräftigen Pflanzen lassen jedes Gärtnerherz höherschlagen. Mit etwas Knowhow kommen Sie in wenigen Monaten zu Ihrer eigenen Hopfenernte.

DAS EINPFLANZEN DES HOPFENS

Wenn Sie Jungpflanzen aus der Gärtnerei kaufen, geht das Einpflanzen im Grunde nicht anders wie bei jeder beliebigen Topfpflanze und geschieht am besten im Mai. Auf einen Erdhügel werden ein bis zwei Jungpflanzen gepflanzt. Setzen Sie aber keinesfalls zwei verschiedene Sorten auf einen Hügel, da nicht nur deren Wurzeln, sondern auch die oberirdischen Pflanzenteile ineinanderwachsen und dadurch bei der Ernte eine Unterscheidung, was zu welcher Pflanze gehört, oft nicht mehr möglich ist.

Bei Wurzelfechsern geht das Einpflanzen folgendermaßen: Nehmen Sie zunächst ungefähr 15 cm Erde vom Hügel weg und platzieren Sie den Fechser horizontal auf dem Hügel, und zwar so, dass seine weißen Knospen nach oben zeigen und die Wurzeltriebe nach unten. Dann bedecken Sie ihn mit etwa 5 cm Erde, gießen ihn an und schichten zuletzt etwas Mulchmaterial, zum Beispiel Stroh, Grasschnitt oder Kompost, in 1–2 cm Schichtdicke darüber. Der beste Pflanzzeitpunkt für Fechser ist wie der für frühe Erbsen.

CHECKLISTE WURZELFECHSER VOR DEM EINPFLANZEN

- Daumendick, nicht schrumpelig oder ausgetrocknet
- Weiße bis rötliche Knospen und Wurzeltriebe
- Keine weichen Stellen

Die Räume zwischen den Hügeln bedecken Sie mit circa 10 cm Mulch. Sobald der Hopfen gepflanzt ist, können Sie einen Draht oder eine robuste Schnur, etwa eine Jute-Gartenschnur, in der Erde verankern und am oberen Ende der Kletterhilfe festmachen.

Ein Hopfenstock entwickelt viele Triebe.

Nur die kräftigsten Triebe werden angeleitet.

DAS ANLEITEN DER TRIEBE

Ab März spitzen dann die ersten Triebe aus dem Boden. In sehr warmen und sonnigen Lagen ist es sinnvoll, die ersten Triebe zeitig zu entfernen und auf spätere Triebe zu warten. Der günstigste Zeitpunkt zum Anleiten ist Ende April bis Anfang Mai. Bei einem zu frühen Anleiten ist die Gefahr von Frostschäden größer, die Pflanzen werden oft zu üppig für den Hausgarten und der Doldenbehang lässt zu wünschen übrig. Die Triebe müssen an dem Draht der Kletterhilfe im Uhrzeigersinn (von der Triebspitze aus gesehen) angeleitet werden. Die Hopfenpflanze entwickelt zahlreiche Triebe, aber nur die zwei bis drei kräftigsten sollten sich am Draht hochranken. Die übrigen werden mit einem scharfen Messer weggeschnitten. So bekommt die Pflanze mehr Schlagkraft, da sie ihre ganze Kraft in die wenigen ausgewählten Triebe steckt. Letztlich setzen diese dadurch mehr Dolden an – und genau daran sind wir interessiert!

DIE PFLEGE WÄHREND DES WACHSTUMS

Der Boden des Hopfenhügels muss gleichmäßig feucht gehalten werden, aber oberflächlich immer wieder abtrocknen können und darf keinesfalls vor Nässe triefen. Gerade am Anfang der Wachstumsphase bilden sich feine Wurzeln aus, die Feuchtigkeit benötigen. Hopfen kann sehr tief wurzeln, weshalb er nach dem sicheren Anwachsen nur bei großer Trockenheit bewässert werden muss. Sollten Sie allerdings in einer sehr niederschlagsarmen Region leben, lohnt es sich, eine Tröpfchenbewässerung zu installieren. Damit erzielen amerikanische Hopfenbauern im Yakima Valley sehr gute Ergebnisse. Reichliches Mulchen ist der Schlüssel zu einem guten Wachstum von Hopfenpflanzen. Mulch sollte während der gesamten Vegetationszeit nachgegeben werden, da er zu Erde verrottet und dann keinen Lichtschutz mehr bietet, sondern lediglich fruchtbaren Boden für Unkraut liefert.

Außerdem ist darauf zu achten, dass zwischen den Blättern des Hopfens immer eine gute Luftzirkulation besteht. Entfernen Sie daher einige Blätter im unteren Bereich, wenn der Hopfen ein allzu dichtes Blattwerk entwickelt. Um Krankheiten zu verhindern, sollten Sie ab Ende Juni sogar sämtliche Blätter bis in mindestens 1,20 m Höhe entfernen. Inspizieren Sie Ihren Hopfen so oft wie möglich, um sofort auf eventuell auftretende Krankheiten reagieren zu können. Mehr zu Krankheiten und Schädlingen lesen Sie ab Seite 158.

Von Mai bis Anfang Juli wächst der Hopfen bis zu 30 cm am Tag. Um diese Leistung zu schaffen, braucht er Mineralstoffe aus dem Boden. Diese Nährstoffe können je nach Bodenbeschaffenheit durch Dünger, Viehmist, Kompost oder Holzasche eingebracht werden. Auch spezieller Hopfendünger ist auf dem Markt erhältlich.

TIPP FÜR EINE BODENANALYSE

Günstig ist eine sogenannte Standard-Bodenuntersuchung. Dabei werden sowohl der pH-Wert wie auch die Gehalte der Hauptnährstoffe des Bodens bestimmt. Vergleichsweise teuer ist eine Untersuchung der Spurennährstoffe (z. B. Zink und Bor). Diese ist aber nur notwendig, wenn beim Hopfenanbau Probleme auftauchen. Auch eine Stickstoffuntersuchung ist in der Regel nicht notwendig, da auch diese etwas teurer ist und das Analysenergebnis sehr witterungsabhängig ausfällt. Genaue Informationen zur Standard-Bodenuntersuchung können Sie beim örtlichen Landwirtschaftsamt einholen.

Für sein starkes Wachstum braucht der Hopfen viele Nährstoffe.

DER ERNTEZEITPUNKT

Wenn im August aus den Blüten Dolden werden, dann steht die Ernte vor der Tür. Die Dolden verändern ihre Farbe von strahlendem Grün zu Hellgrün und fühlen sich zunehmend trockener an. Knistert eine Dolde wie Papier, wenn Sie sie zwischen den Fingern zusammendrücken, und kehrt sie anschließend wieder in ihre Ausgangsform zurück, ist der Zeitpunkt für die Ernte gekommen. Die Dolden lassen sich nun relativ leicht abpflücken und lösen sich an der Doldenbasis vom Stängel.

DER ERNTEZEITPUNKT BEEINFLUSST DIE ÄTHERISCHEN HOPFENÖLE

Durch einen früheren oder späteren Erntezeitpunkt lassen sich die ätherischen Öle des Hopfens beeinflussen. Während der Reifephase werden nämlich zunächst die Oxy-Verbindungen der Hopfenöle gebildet. Anschließend kommen Beta-Caryophyllen und Humulen und als letztes wird Myrcen in die Dolden eingelagert. Deswegen kann der Prozentanteil von Myrcen auch als Indikator für die Reife des Hopfens verwendet werden.

ERNTETECHNIKEN

Hopfenbauern schneiden die gesamte Hopfenpflanze etwa 1 m über dem Boden ab und jagen sie durch eine Pflückmaschine. Als Heimbauern müssen Sie nicht so sehr auf die Wirtschaftlichkeit Ihres Tuns achten. Sie können die Hopfenpflanze auch stehen lassen und lediglich die Dolden abzupfen. Mit dieser Technik können Sie eine Hopfenpflanze mehrfach beernten und dabei jedes Mal nur die wirklich reifen Dolden pflücken. Diese Erntemethode hat den Vorteil, dass die Hopfenpflanze stehen bleibt, bis ihre Blätter im Herbst absterben. Dadurch gewinnt die Pflanze genügend Zeit, um vor dem Überwintern Nährstoffe aus dem Laubwerk in das Wurzelsystem zu schicken und dort zu speichern.

Hopfenzupfen geht am besten im Sitzen.

Zweifellos praktischer ist jedoch die Methode, die Hopfenpflanze etwa 1,50 m über dem Boden abzuschneiden. So können Sie die Dolden im Sitzen abzupfen und es können mehrere Menschen gleichzeitig arbeiten.

DAS HOPFENZUPFEN

Das Ernten der Dolden könnte nicht einfacher sein, Sie können sie ganz einfach abzupfen. Am einfachsten halten Sie mit einer Hand den Seitentrieb, fassen die Dolden sanft mit der anderen Hand und pflücken sie ab. Die Blätter verbleiben dabei an der Rebe, sie werden nicht mit geerntet. Am besten sammeln Sie die Dolden in Papiertüten oder in Leinensäcken. So werden sie vor Licht und Wind geschützt. Während der Ernte ist es ratsam, Handschuhe und langärmlige Oberteile zu tragen. Die feinen Klimmhaare des Hopfens sind sehr rau und kratzen die Haut auf. In der Hallertau gibt es das alte Sprichwort: „Wen der Hopfen einmal kratzt, den lässt er nicht mehr los." Dies nahm Bezug auf die vielen Landarbeiter, die jedes Jahr zum Hopfenzupfen in die Hallertau pilgerten. Verwenden Sie bei der Ernte am besten dunkle Arbeitskleidung. Der Saft der Hopfenpflanze enthält viele Gerbstoffe, die nach dem Waschen braune Flecken auf Textilien hinterlassen.

Das Hopfenzupfen per Hand ist zeitaufwendig. Wenn Sie einige Hopfenpflanzen zu beernten haben, ist es sicherlich keine schlechte Idee, Freunde zu einer Hopfenzupfparty einzuladen. Gibt es dabei auch noch Freibier aus eigener Produktion, werden Sie gewiss ein leichtes Spiel haben, genügend Helfer zusammenzutrommeln!

Hopfenzupfen in der Hallertau Mitte der 1950er-Jahre. Quelle: Deutschen Hopfenmuseum Wolnzach.

TROCKNEN

Wegen seines hohen Wassergehalts muss Hopfen unmittelbar nach dem Pflücken getrocknet werden, da er sonst zu schimmeln beginnt. Grundsätzlich können die Hopfendolden entweder an der Luft, im Ofen oder mit einem Dörrautomaten getrocknet werden.

Wenn Sie Ihren Hopfen an der Luft trocknen wollen, sollte in dieser Zeit ein warmes und trockenes Wetter herrschen sowie etwas Wind wehen, damit das Trocknen rasch geht. Bekanntlich ist Luftsauerstoff der Feind von Hopfeninhaltsstoffen. Am besten funktioniert das Lufttrocknen auf Drahtnetzen, die auf Rahmen gespannt im Schatten in der Luft hängen. Geben Sie dabei nicht zu viel Hopfen auf die Netze, damit reichlich Luft an die Dolden kommt.

Das Trocknen im Ofen geht um einiges schneller. Dabei besteht die Herausforderung eher darin, die Temperatur des Ofens gering zu halten. Sie sollte 55–60 °C nicht übersteigen. Am besten hängen Sie ein Thermometer in den Ofen, damit Sie die Temperatur kontrollieren können. Lassen Sie die Ofentür einen Spalt offen und stellen Sie Ihren Herd auf die niedrigste Temperaturstufe ein, und zwar auf Umluft. Je schonender der Hopfen getrocknet

BEFRUCHTETE HOPFENDOLDEN – IST DAS SCHLIMM?

Wenn Sie Hopfen bereits selber anbauen, entdecken Sie bei der Ernte vielleicht in Ihren Dolden immer wieder mal auch Samen. Das ist an sich nicht weiter schlimm. Der Samen hat nur keinerlei Brauwert, weshalb im Handel das Kilo Hopfen weniger wert ist, wenn dieser Samen enthält. Viele Brauer glauben, dass die Samen durch die Fettsäuren in ihren Schalen den Schaum und die geschmackliche Stabilität des Bieres negativ beeinflussen. Dieser Effekt ist aber überaus gering und nur für kommerzielle Brauer von Bedeutung, die auf ein Mindesthaltbarkeitsdatum achten müssen. Als Heimbrauer dagegen braucht man sich nicht zu sorgen, wenn der selbst angebaute Hopfen Samen trägt. In England wurde jahrhundertelang mit besamtem Hopfen gebraut – und das Land wurde trotzdem eine der größten Braunationen der Welt!

Hopfen muss schonend getrocknet werden.

wird, desto besser bleiben seine Inhaltsstoffe, vor allem die ätherischen Hopfenöle, erhalten.

Ein Dörrautomat eignet sich sehr gut zum schonenden Trocknen von Hopfendolden. Bei haushaltsüblichen Dörrautomaten ist allerdings deren Fassungsvolumen der beschränkende Faktor.

Nach dem Trocknen sollte der Hopfen unbedingt sofort vakuumverpackt und im Gefrierschrank gelagert werden. Mehr zur Lagerung des Hopfens lesen Sie auf Seite 174.

DAS VORBEREITEN DES HOPFENS FÜR DIE WINTERRUHE

Wenn Sie Ihre Hopfentriebe für die Ernte abschneiden, sollten Sie mindestens 1,50 m davon stehen lassen. Achten Sie darauf, auch noch Blätter und Bodentriebe stehen zu lassen, damit der Hopfen Nährstoffe aus den grünen Pflanzenteilen in sein Wurzelsystem schicken kann, bevor er in die Winterruhe geht. Im November können Sie den verbliebenen Strunk dann knapp über der Erde abschneiden.

Haben Sie Ihren Hopfen aber bei der Ernte in voller Höhe stehen gelassen, sollten Sie warten, bis seine Blätter braun werden und absterben, bevor Sie die Ranken dann im Spätherbst knapp über dem Boden abschneiden. Bedecken Sie die Pflanzhügel mit einer frischen Schicht Mulch – und der Hopfen ist fertig zum Überwintern. Das Zurückschneiden des Hopfens empfiehlt sich auf jeden Fall, da andernfalls in den oberirdischen Pflanzenteilen Schädlinge und Krankheitserreger überwintern können.

DIE PFLEGE DES WURZELSTOCKS

Sofern Sie Hopfen bereits selbst anbauen, werden Sie wahrscheinlich schon gemerkt haben, dass sich Hopfen ausbreitet. Die Wurzelausläufer des Hopfens müssen daher regelmäßig beschnitten werden, damit die Pflanze handhabbar bleibt. Diese Arbeit sollten Sie mindestens alle 2–3 Jahre, besser aber in jedem Frühjahr durchführen. Sie können sich daranmachen, sobald der Boden bearbeitbar ist, spätestens aber bevor die frischen Triebe 15 cm groß sind. Mit einem scharfen Messer können Sie die Wurzeln beschneiden, sodass auf einem Hopfenhügel von oben gesehen nur ein Wurzelkreis von 30 cm Durchmesser übrig bleibt. Hierbei erweist sich der Hopfenanbau auf Pflanzhügeln als überaus praktisch, denn die Hügel ersparen es Ihnen, bei dieser Arbeit die Erde umgraben zu müssen. Machen Sie sich keine Sorgen, dass Sie Ihren Hopfen allzu stark beschneiden könnten. Er wird nur umso stärker wieder austreiben.

Die oberirdischen Pflanzenteile sterben im Herbst ab.

KRANKHEITEN UND SCHÄDLINGE

Nicht nur wir Menschen finden Gefallen an Hopfen. Leider hat die Pflanze auch eine Reihe von nicht menschlichen Liebhabern: Vor allem Pilze können den Hopfen befallen, aber auch einige Insekten und Milben fallen gerne über ihn her.

PILZKRANKHEITEN

Am stärksten hat der Hopfen mit Pilzkrankheiten zu kämpfen. Je feuchter das Klima im Anbaugebiet ist, desto höher ist das Risiko für Pilzerkrankungen der Hopfenpflanzen.

Peronospora *(Pseudoperonospora humuli)*

Peronospora, auch **Falscher Mehltau** genannt, ist eine Pilzerkrankung und der Feind Nummer eins von Hopfenbauern auf der ganzen Welt. Deswegen wird diese Krankheit hier ausführlich behandelt. Je feuchter die Witterung während der Wachstumsperiode ist, desto bessere Bedingungen herrschen für den Pilz.

Schaden: Der Pilz schwächt die Pflanze, sodass sie schlechter wächst und eine geringere Zahl von Dolden ansetzt. Auch die Dolden selbst werden geschädigt. Im schlimmsten Fall kann Peronospora die Hopfenpflanze töten.

Biologie: Peronospora ist eine Pilzkrankheit, bei der zwischen Primär- und Sekundärinfektion unterschieden wird. Als Primärinfektion wird der Befall des Wurzelstocks und der unterirdischen Knospen bezeichnet. Der Pilz überwintert im Stock und dringt im Frühjahr in die Triebe ein. Die jungen Triebe sehen dann gestaucht aus, sind gelbgrün gefärbt und haben nach unten eingekrallte Blätter („Bubiköpfe"). An der Blattunterseite von infizierten Trieben bilden sich grauschwarze Sporenlager. Diese dienen als Quelle für die Sekundärinfektion. Winzige Sporenbehälter werden durch den Wind zu anderen Hopfenpflanzen transportiert. Wenn die Luft feucht ist oder die Blätter nass sind, entlässt jeder dieser Sporenbehälter vier bis acht bewegliche Sporen, sogenannte Zoosporen. Diese dringen über die Stomata (Spaltöffnungen) in die Blätter ein und wachsen im Inneren der Pflanze weiter.

Schadbild: Ein Anzeichen für Peronospora sind kleine gelbe Punkte auf der Oberseite der Blätter, die sich später braun verfärben. An der Blattunterseite wächst ein schwärzliches Sporenlager. Werden Blüten von dem Pilz infiziert, so sterben sie ab. Bei einer Infektion von Dolden verfärben sich vor allem die Vorblätter braun. Das führt zunächst zu einem gescheckten Aussehen der Dolde. Im Laufe der Zeit verfärben sich dann aber auch die Deckblätter und die gesamte Dolde wird schokoladenbraun.

Kontrolle: Standorte mit feuchtem und warmem Wetter (18–24 °C) sind besonders gefährdet.

Wenn Sie in so einem Klima einen Hopfengarten anlegen wollen, dann sollten Sie unbedingt gegen Peronospora resistente oder zumindest tolerante Hopfensorten wählen. Keine Sorte ist komplett resistent, aber es gibt Sorten, die sehr viel weniger anfällig sind für Peronospora als andere Sorten.

Peronospora-Primärinfektion. Quelle: LfL Bayern, Faltblatt Pflanzenschutz.

Es muss auch unbedingt auf Kauf von gesunden Pflanzen (mit Pflanzenpass) geachtet werden. Peronospora kann sich auch verbreiten, wenn eine infizierte Pflanze von einem Hopfengarten in einen anderen verpflanzt wird. Die Sporen können sich an Hände, Schuhe und Kleidung heften und so verteilt werden. Wenn Sie einen fremden Hopfengarten, der von Peronospora befallen ist, besuchen, dann wechseln Sie danach unbedingt die Kleidung und waschen Sie sich die Hände und auch die Gartenwerkzeuge gründlich. Auch in der Nähe wachsende Wildhopfenpflanzen können der Wirt von Peronospora sein. Kontrollieren Sie daher den Wildhopfen in Ihrer Nähe.

Wenn Sie an Ihren Pflanzen Peronospora-Befall entdecken, schneiden Sie die befallenen Pflanzenteile ab und verbrennen Sie diese, werfen Sie befallene Pflanzenteile besser nicht auf den Kompost. Einige der Routinepflegeschritte im Hopfengarten haben ihren Ursprung in der Peronospora-Kontrolle. Wenn Sie den Wurzelstock des Hopfens im Frühjahr beschneiden, dann entfernen Sie dabei potentiell befallene frühe Triebe. Die frühen Triebe sind sowieso nicht die stärksten, daher ist das kein Verlust. Im weiteren Verlauf der Vegetationsperiode sollten Sie Ihren Hopfengarten dann ständig kontrollieren und später befallene Triebe sofort entfernen und vernichten. Außerdem hilft es, wenn Sie sogenanntes Hopfenputzen betreiben. Das ist das Entfernen von Blättern im unteren Bereich der Rebe (ab etwa 2 m Wuchshöhe des Hopfens) und von nicht angeleiteten Bodentrieben. Dadurch wird die Luftzirkulation verbessert, was schlechtere Bedingungen für die Ausbreitung der Krankheit schafft.

Echter Mehltau *(Podosphaera macularis)*

Auch Echter Mehltau stellt für Hopfenbauern ein großes Problem dar. Schwülwarmes Wetter bringt günstige Bedingungen für den Pilz. Ab Mitte Mai tritt Echter Mehltau zuerst bei Blättern mittleren Alters auf. Es bilden sich vereinzelte weiße Pusteln an Blattober- und -unterseite, die sich zu mehlartigen Flecken

Echter Mehltau. Quelle: LfL Bayern, Faltblatt Pflanzenschutz.

entwickeln. Auch ganze Pflanzenteile können mit weißem Pilzbelag bedeckt werden. Es entwickeln sich gelbliche Flecken auf der Blattoberseite, wenn die Unterseite von dem Pilz befallen wurde. Am besten kommen Sie dieser Krankheit mit dem Anbau resistenter Sorten bei. Übermäßiges Düngen mit Stickstoff begünstigt die Krankheit. Achten Sie auf eine gute Luftzirkulation im Hopfengarten und kontrollieren Sie Ihre Hopfenpflanzen regelmäßig. Echter Mehltau führt zu einer Ertrags- und Qualitätsminderung beim Hopfen.

MIT HAUSMITTELN GEGEN MEHLTAU

Da Echter Mehltau in vielen Gärten ein Problem darstellt, haben sich Gärtner einiges einfallen lassen, wie dieser Pilz mit Hausmitteln bekämpft werden kann.

- Besprühen Sie die ganze Pflanze mehrmals die Woche mit einer Lösung aus Vollmilch und Wasser (Mischungsverhältnis 1 : 8). Nehmen Sie die Behandlung vor, wenn die Sonne scheint, am besten in der Mittagssonne. Diese Methode ist auch als vorbeugende Behandlung geeignet.
- Ein altbewährtes Hausmittel gegen Mehltau ist Backpulver. Mischen Sie hierfür 1 Päckchen Backpulver mit 2 l Wasser und 20 ml Rapsöl und besprühen Sie die gesamte Pflanze alle 2 Wochen mit der Lösung. Testen Sie am besten zuvor einen kleinen Teil der Pflanze, um sicherzustellen, dass die Pflanze die Behandlung verträgt.

Botrytis *(Botrytis cinerea)*

Botrytis ist eine weitere Pilzerkrankung, die dem Hopfen zu schaffen macht. Auch Botrytis wird von regenreichen Sommern begünstigt und ist sehr sortenabhängig. Diese Krankheit befällt die Blüten und Dolden des Hopfens und richtet Schaden durch die Beeinträchtigung der Qualität der Hopfendolden an. Sie kann an roten Spitzen von Dolden erkannt werden und wird deswegen auch **Rotspitzigkeit** genannt. Als vorbeugende Maßnahme ist vor allem eine gute Luftzirkulation im Hopfengarten wichtig.

Botrytis. Quelle: LfL Bayern, Faltblatt Pflanzenschutz.

Verticilliumwelke *(Verticillium dahliae)*

Auslöser der meist nur kurz **Welke** genannten Krankheit ist ein bodenbürtiger (über den Boden übertragbarer) Pilz, der junge oder verletzte Hopfenwurzeln infiziert und über sie in die Wasserleitungsbahnen der Pflanze eindringt. Diese werden vom Pilzgeflecht verstopft, außerdem gibt der Pilz Giftstoffe ab. Ein Befall lässt die Hopfenblätter gelb werden und schon bei leichter Berührung abfallen. Wird der untere Teil der Rebe aufgeschnitten, sieht man braun verfärbte Leitungsbahnen. Eine direkte Bekämpfung der Welke-Krankheit ist nicht möglich. Welke kann zu einem Totalausfall der Ernte führen und auch den Hopfenstock töten. Außerdem kann der Pilz bis zu 5 Jahre im Boden überleben und gesunde, neu gepflanzte Hopfenstöcke befallen. Daher ist es besonders wichtig, Prävention zu betreiben und nur garantiert gesunde Pflanzen in den eigenen Hop-

GOLDENE REGELN ZUR VERMEIDUNG UND EINDÄMMUNG VON PILZKRANKHEITEN

- Nur bei vertrauenswürdigen bzw. zertifizierten Gärtnern Pflanzen oder Rhizome mit Pflanzenpass kaufen
- Hopfensorten mit guten Resistenzen auswählen
- Hopfengarten mit reichlich Abstand zwischen einzelnen Pflanzen anlegen
- Für ausreichend Luftzirkulation sorgen. Dafür Unkraut lichten, nicht angeleitete Bodentriebe und Hopfenblätter bis 1,2 Meter über dem Boden entfernen
- Wurzelverletzungen beim Hopfen vermeiden
- Erkrankte Pflanzen niemals kompostieren, sondern in der Restmülltonne entsorgen oder verbrennen
- Achtung beim Besuchen fremder Hopfengärten! Bei Verdacht auf Krankheiten Kleidung, Hände und Werkzeuge reinigen
- Bewässern nur knapp über dem Boden, am besten Tröpfchen Bewässerung, nicht die ganze Pflanze benässen
- Regelmäßig die Gesundheit der Pflanze kontrollieren, frühzeitig gegensteuern
- Auch Wildhopfen in der Gegend beobachten, bei Pilzbefall wenn möglich ausrotten oder behandeln
- Nicht zu viel Stickstoffdünger verwenden

Verticilliumwelke. Quelle: LfL Bayern, Faltblatt Pflanzenschutz.

fengarten zu pflanzen. Ein Überdüngen mit Stickstoff fördert den *Verticillium*-Pilz. Auch im Hinblick auf die Welke-Krankheit gibt es Hopfensorten, die eine gute Widerstandskraft dagegen zeigen.

SCHÄDLINGE

Nicht nur Pilzkrankheiten, sondern auch manche Insekten und Milben können dem Hopfen stark zu schaffen machen. Das Gemeine dabei ist hier, dass einige Maßnahmen, die die Pilzkrankheiten zurückdrängen, den Schädlingen wiederum nützen können.

Hopfenblattlaus *(Phorodon humuli)*

Der Hopfen dient der Blattlaus ab Mitte bis Ende Mai als Sommerwirt, nachdem sie im Eistadium auf Steinobstbäumen überwintert hat. Die massenhafte Vermehrung mit einem sprunghaften Anstieg der Population im Sommer macht eine Bekämpfung bereits im Frühstadium sinnvoll. Im konventionellen Landbau wird der Hopfen ab durchschnittlich 50 Blattläusen pro Blatt oder ab 200 Blattläusen auf einem Einzelblatt mit Spritzmitteln behandelt. Im ökologischen Landbau existiert in Deutschland noch kein Spritzmittel. Das Hopfenforschungszentrum in Hüll sieht das Bitterholz Quassia zur Herstellung von Spritzmittel für den Ökolandbau als erfolgversprechend an. Ein weiterer Weg zur Bekämpfung von Blattläusen ist die Förderung von Nützlingen. Vor allem Marienkäfer, Gallmücken und Larven von Schwebfliegen sind wichtige Fraßfeinde von Blattläusen. Diese Insekten werden durch eine leichte Verunkrautung im Hopfengarten angezogen. Aber genau diese versucht man im Kampf gegen Pilzkrankheiten zu eliminieren. Hier müssen Sie die richtige Balance finden. Durch starken Blattlausbefall kann die Pflanze geschwächt und der Ertrag stark gemindert werden.

Gemeine Spinnmilbe, Rote Spinne *(Tetranychus urticae)*

Neben Blattläusen stellen auch Spinnmilben (die keine Insekten sind, sondern winzige Spinnentiere) ein großes Problem für Hopfengärten dar. Milde Temperaturen im Frühjahr und ein heißer und trockener Sommer begünstigen eine Massenentwicklung. Diese führt zu einer Ertrags- und Qualitätsminderung bis hin zu einem Totalausfall der Ernte. Erste Anzeichen für Spinnmilbenbefall sind gelbe Flecken an den unteren Blättern der Rebe, da die Spinnmilbe vom Boden aus auf den Hopfen wandert. Daher empfiehlt sich ein gründliches Hopfenputzen (siehe Seite 159). Spinnmilben sind nur mit der Lupe auf der Blattunterseite erkennbar und im Hopfenbau gilt die Faustregel, dass ab Juni bereits ein leichter Befall auf jedem zweiten Blatt einen mit Spritzmitteln behandlungswürdigen Befall darstellt.

Hopfenblattlaus. Quelle: LfL Bayern, Faltblatt Pflanzenschutz.

Gelbe Flecken auf den Blättern deuten auf Schädlings- und Krankheitsbefall hin. Quelle: LfL Bayern, Faltblatt Pflanzenschutz.

WEITERE KRANKHEITEN UND SCHÄDLINGE

Es gibt noch weitere Krankheiten und Schädlinge beim Hopfen, die seltener vorkommen. Im Anhang dieses Buches finden Sie auf Seite 242 Internetadressen für weitere Informationen dazu.

VON DER ERNTE ZUM HOPFENPRODUKT

VON DER ERNTE ZU DEN HOPFENPRODUKTEN

Nur während der Hopfenernte im Spätsommer kann mit frischem Hopfen vom Feld ein Grünhopfenbier gebraut werden. Danach wird der Hopfen getrocknet und verpackt, wodurch er Haltbarkeit gewinnt. Am häufigsten wird Hopfen zu Pellets verarbeitet, die für den Brauer viele Vorteile haben. Je höher der Verarbeitungsgrad des Hopfens, desto leichter werden spezifische, wertvolle Inhaltsstoffe beim Brauen zugänglich.

HOPFENERNTE BEIM HOPFENBAUERN

Wenn der Hopfen reif ist, fahren Hopfenbauern mit ihren Traktoren aufs Feld. Diese Traktoren sind mit einem speziellen Pflückgerät gekoppelt, welches die Hopfenreben mitsamt dem Draht, an dem sie hochranken, abschneidet und auf einen Anhänger lädt. Anschließend wird der Hopfen auf den Hof des Hopfenbauern gebracht, wo eine moderne Pflückmaschine auf ihn wartet. Diese pflückt die Dolden in hoher Geschwindigkeit von den Reben, mehrere Hundert Hopfenreben pro Stunde können damit geleert werden.

Eine Hopfenpflückmaschine bei der Arbeit.

TROCKNEN UND KONDITIONIEREN

Nach dem Pflücken werden die Hopfendolden sofort getrocknet. Dies ist der wichtigste Schritt bei der Hopfenernte und ist in der Regel Chefsache. Die Höhe der Temperatur in der Darre entscheidet darüber, wie sich die Inhaltsstoffe in der Hopfendolde verändern. In aller Regel wird Hopfen bei weniger als 60 °C von rund 80 % Wassergehalt auf 10–11 % Wassergehalt getrocknet. Eine solch schonende Trocknung ist wichtig, um die Alpha-Säuren zu schützen und um zu gewährleisten, dass die Hopfenöle möglichst wenig oxidiert werden. Durch deren Oxidation kann ein käsiges Aroma entstehen. Im Laufe des Trocknungsvorgangs wird zunächst den Blättern Wasser entzogen und später auch der Spindel im Inneren der Dolde.

Ein gleichmäßiges Trocknen ist aber nicht möglich, ohne die Inhaltsstoffe stark zu schädigen. Deswegen gibt es noch den Schritt der Konditionierung. Hierbei werden die Dolden auf einem sogenannten Ausgleichsboden ausgebracht, um einen Feuchtigkeitsausgleich zwischen Spindel und Blättern zu erreichen.

Das Pressen zu Rechteckballen macht eine wirtschaftliche Lagerung in Kühlhäusern möglich.

PRESSEN ZU RECHTECK-BALLEN

Das Pressen des getrockneten und konditionierten Hopfens zu Rechteckballen wurde in Europa erst in den 1990er-Jahren eingeführt. Zuvor wurde der Hopfen in Form von Rundballen gelagert. Rechteckballen haben demgegenüber den entscheidenden Vorteil, ohne Platzverluste stapelfähig zu sein. So kann der Hopfen platz- und kostensparend in Kühlhäusern gelagert werden, bevor er verarbeitet wird. Schließlich müssen einige Hopfenpartien monatelang auf die Verarbeitung warten. Wenn in dieser Zeit unkontrollierte Temperaturschwankungen in Kauf genommen werden, kann die Qualität des Hopfens stark leiden. Hopfenverarbeitungsfirmen legen daher großen Wert auf eine kontrollierte Kaltlagerung, da nur so der Hopfen in bester Qualität bei den Brauern ankommt.

QUALITÄTSSICHERUNG BEIM HOPFEN

In Deutschland wird der Hopfen nach dem Pressen zu Rechteckballen versiegelt. Durch die Versiegelung mit einer Begleiturkunde kann der Werdegang eines jeden Hopfenballens genau nachverfolgt werden. Außerdem werden von jeder Charge Hopfenmuster gezogen. Diese Muster werden in unabhängigen Laboren auf ihre Qualität untersucht, danach wird jeweils ein Teil der Muster eingelagert. Diese Maßnahmen dienen der Rückverfolgbarkeit und Qualitätssicherung. Auch der Preis einer Hopfencharge kann aufgrund der Laborwerte angepasst werden.

ZWISCHENLAGERUNG DES HOPFENS

Bevor der Hopfen verarbeitet oder weiter verpackt wird, vergehen manchmal Monate. Bei dieser Lagerung müssen mögliche Schäden durch Mikroorganismen, Luftsauerstoff, Fremdgerüche und Licht sowie durch eine zu hohe Lagertemperatur so gering wie möglich gehalten werden.

WARUM WIRD HOPFEN ZU HOPFENPRODUKTEN VERARBEITET?

Das Handelsprodukt Hopfen unterliegt starken Ernteschwankungen. Ein Hagelschlag im September kann eine ganze Ernte zerstören. Kommt in einer anderen Region noch ein heißer und trockener Sommer mit schlechten Erträgen dazu, kann es zu einem schlechten Erntejahr kommen. Um die Bierproduktion und konstante Bierpreise sicherzustellen, muss Hopfen jahrelang haltbar gemacht werden.

Zudem reduziert die Verarbeitung zu Hopfenprodukten das Volumen des Hopfens. Dies ermöglicht nicht nur eine platzsparende Lagerung, sondern erleichtert auch den Transport. Das ist bei Hopfen wichtig, da er ein weltweit gehandelter Rohstoff ist.

Nicht zuletzt können durch die Verarbeitung bestimmte Eigenschaften des Hopfens herausgearbeitet werden, an denen der Brauer interessiert ist.

GRÜNHOPFEN UND DOLDENHOPFEN

Grünhopfen und Doldenhopfen sind die am wenigsten verarbeiteten Formen, in denen Hopfen zum Brauen verwendet werden kann.

WAS IST GRÜNHOPFEN?

Die Zeit während der Hopfenernte bringt die Möglichkeit mit sich, ein ganz besonderes, saisonales Bier zu brauen. Wenn Hopfen nach der Ernte direkt vom Feld in die Brauerei gefahren wird und noch vor dem Trocknen in den Sudkessel kommt, spricht man von Grünhopfenbier.

HANDHABUNG VON GRÜNHOPFEN

Die Inhaltsstoffe des Hopfens sind im nicht getrockneten Zustand besonders fragil, deswegen muss mit Grünhopfen sofort, am besten noch am Tag der Ernte, gebraut werden. Wird nicht sogleich gebraut, besteht die Gefahr, dass der noch feuchte Hopfen zu schimmeln beginnt.

Mit Hopfen verhält es sich wie mit Küchenkräutern: In frischer Form muss mehr davon eingewogen werden, da sich noch viel Wasser im frischen Pflanzenmaterial befindet, das zum Gewicht beiträgt. Die meisten Brauer verwenden fünf- bis zehnmal so viel Grünhopfen wie getrockneten Hopfen bei der späten Aromagabe.

Grünhopfen wird nicht getrocknet.

HOPFENGABEN BEI GRÜNHOPFENBIER

Grünhopfen bringt einen frischen Hopfengeschmack ins Bier, der mit getrocknetem Hopfen nicht erreicht werden kann. Gleichzeitig kann durch das Chlorophyll der frischen Pflanze ein grün-grasiger Geschmack ins Bier kommen. Grünhopfen sollte vor allem als späte Aromagabe verabreicht werden, da es für ihn keine Bitterstoffanalyse gibt. Außerdem kommt durch eine Gabe bereits bei Kochbeginn möglicherweise ein Geschmack nach pflanzlichem Material ins Bier. Insbesondere eine Whirlpool-Hopfengabe bietet sich an, um die fragilen Aromastoffe des frischen Hopfens ins Bier zu bringen. Einige Brauer verzichten auf Hopfenstopfen mit Grünhopfen, da er ein höheres Infektionsrisiko mit sich bringt. Wenn Sie jedoch den Grünhopfen gleich am Anfang der Gärung zugeben und das Bier dann bald trinken, werden Sie keine Probleme haben.

VERFÜGBARKEIT VON GRÜNHOPFEN

Grünhopfen ist gar nicht so leicht zu beschaffen. Wenn Sie Ihren Hopfen selbst anbauen, sind Sie natürlich fein raus. Ansonsten gibt es die Möglichkeit, Hopfenbauern zu kontak-

VOR- UND NACHTEILE VON GRÜNHOPFEN

Vorteile:
- Brauen mit den unveränderten Aromastoffen der Hopfendolden
- Bringt besonderen Hopfencharakter ins Bier, der durch getrockneten Hopfen nicht erzielt werden kann
- Saisonales Produkt, das die Hopfenernte feiert!

Nachteile:
- Ungeeignet für die Bittergabe
- Nicht lange haltbar
- Schwer zu beschaffen, sofern kein Eigenanbau von Hopfen
- Nur während der Hopfenernte verfügbar
- Ergibt schlecht reproduzierbare Biere

tieren, um während der Erntezeit von ihnen frischen Hopfen zu bekommen. Oder vielleicht sind Sie ja mit einem Brauer befreundet, der Grünhopfenbier braut und Ihnen eine kleine Menge des frischen Hopfens abgeben kann?

WAS IST DOLDENHOPFEN?

Doldenhopfen, auch Rohhopfen genannt, wird nach dem Trocknen und Konditionieren zu Rechteckballen gepresst.

HALTBARKEIT VON DOLDENHOPFEN

Beim Pressen des Hopfens zu Ballen bleiben in der Regel die Lupulindrüsen intakt. Dadurch behalten sie ihren natürlichen Schutz vor Luftsauerstoff, der allerdings nicht besonders stark ist. Auch nach dem Pressen befinden sich noch viele kleine Lufttaschen zwischen den Doldenblättchen. Der Luftsauerstoff lässt wertvolle Inhaltsstoffe mit der Zeit oxidieren. Einige Händler bieten Doldenhopfen auch in vakuumierten Packungen (Vacupacks) an, was zu einer wesentlich verbesserten Lagerstabilität führt. Doch auch dieses Produkt verliert schon nach etwa 1,5 Jahren merklich an Brauwert, und dies auch bei niedrigen Temperaturen von −5 bis +5 °C. Genaue Zahlenangaben sind hier nicht möglich, da es sowohl von der Hopfensorte wie auch von den Witterungs- und Lagerbedingungen abhängt, wie stark die Inhaltsstoffe altern.

NACHTEILE VON DOLDENHOPFEN

Heutzutage werden nur noch 2 % des Hopfens als Dolden verkauft. Die Liste der Nachteile ist lang. Nicht nur ist die mögliche Ausbeute

Gepresste ganze Hopfendolden.

an Bitter- und Aromastoffen geringer als bei anderen Hopfenprodukten. Durch die große Menge an Blattmaterial sind auch die Würze- und Bierverluste groß. Außerdem wird durch Doldenhopfen gerade beim Hopfenstopfen sehr viel Sauerstoff ins Bier gebracht. Für große Brauereien hat Doldenhopfen den erdrückenden Nachteil, dass seine Inhaltsstoffe von Charge zu Charge und von Jahr zu Jahr stark schwanken können. Für Heimbrauer und Craftbrauer ist gerade dies vielleicht besonders interessant!

SPEZIFIKATIONEN DOLDENHOPFEN

- Alpha-Säuren: 1–25 %
- Beta-Säuren: 1–14 %
- Hopfenöle: 0,2–4 ml/100 g
- Wassergehalt: 7–11 %
- **Bitterstoffausbeute: 20–25 %**

VOR- UND NACHTEILE VON DOLDENHOPFEN

Vorteile:
- Natürliche, unverarbeitete Form des Hopfens
- Kann Filterbett im Hopfenseiher bilden
- Lupulindrüsen behalten natürlichen Schutz vor Luftsauerstoff

Nachteile:
- Schwankende Inhaltsstoffe
- Großes Volumen, benötigt viel Lagerraum
- Schlechte Lagerstabilität
- Große Würzeverluste
- Geringe Bitter- und Aromaausbeute
- Sauerstoffeintrag beim Hopfenstopfen

HOPFENPELLETS

Hopfenpellets sind das am häufigsten verwendete Hopfenprodukt in den Brauereien.

DIE HERSTELLUNG VON PELLETS

Die Herstellung von Hopfenpellets ist ein recht gewaltsamer Prozess, bei dem gepresster Rohhopfen zunächst geschreddert und dann mit einer Hammermühle zu einem feinen Pulver zerkleinert wird. Anschließend werden 4–6 mm große, zylindrische Pellets geformt, die wie olivgrünes Hasenfutter aussehen. All dies geschieht bei niedrigen Temperaturen und unter Schutzgasatmosphäre, damit die Hopfeninhaltsstoffe möglichst wenig geschädigt werden. Bei der Pelletherstellung werden fast alle Lupulindrüsen zerstört, was aber nicht unbedingt ein Nachteil ist. Hierdurch werden nämlich die Inhaltsstoffe beim Brauen leichter zugänglich, wodurch die Bitterstoff- und Aromaausbeute verbessert werden kann.

ACHTUNG MIT DER VERPACKUNG!

Ein großer Pluspunkt von Hopfenpellets ist ihre gute Lagerfähigkeit. Beim Pelletieren wird der Luftsauerstoff komplett aus dem Material verdrängt und die Pellets werden in Verpackungen verkauft, die zuvor begast wurden. Es gibt harte Verpackungen und weiche Verpackungen. Die weichen haben den Vorteil, dass die Hopfenpellets im Schutzgas (CO_2, N_2 oder eine Mischung dieser Gase) gewissermaßen „schwimmen". Bei harten, vakuumierten Verpackungen (Vacupacks oder Hardpacks) können harte Spindelteile die Verpackung von innen verletzen. So oder so: Sobald die Verpackung einmal geöffnet wurde, werden die Inhaltsstoffe sehr schnell oxidiert, da ja bei Pellets die Lupulindrüsen nicht mehr intakt sind und keinen natürlichen Schutz mehr bieten können. Die Alpha-Säuren von Pellets werden rund dreimal schneller abgebaut als die von Doldenhopfen, wenn sie erst einmal Sauerstoff ausgesetzt sind. Für Heimbrauer ist dies besonders wichtig. Denn der Verkäufer des Heimbraubedarfs packt den Hopfen häufig von großen 25-kg-Säcken in kleinere Verpackungen um. Je nachdem, durch wie viele Hände der Hopfen geht, wird er manchmal sogar mehrfach umgepackt. Sie können diese Probleme vermeiden, indem Sie Ihren Hopfen direkt beim Hopfenverarbeiter kaufen. Einige Hopfenverarbeiter verkaufen über ihre Webseite bis zu 100-g-Packungen an Privatpersonen. Im Serviceteil auf Seite 244 finden Sie Adressen.

WARUM PELLETS SO BELIEBT SIND

Pellets sind aus gutem Grund das am häufigsten benutzte Hopfenprodukt. Für professionelle Brauer ist die gute Lagerfähigkeit ein bestechender Vorteil, ebenso die gute Homogenität der Inhaltsstoffe in den Pellets. Diese wird durch die Durchmischung der Hopfenbestandteile bei der Herstellung erreicht. Es werden aber auch verschiedene Chargen von Rohhopfen gemischt (geblendet), sodass die jährlichen Schwankungen der Inhaltsstoffe

Hopfenpellets sind die beliebteste Form, in der Hopfen verwendet wird.

minimiert werden. Dies ist besonders dann wichtig, wenn immer wieder das gleiche Bier gebraut werden soll und eine gleichbleibende Bittere sowie ein konsistentes Aroma angestrebt werden.

Für das Hopfenstopfen eignen sich Pellets hervorragend. Sie zerfallen in kleine Flocken und bilden dadurch eine große Oberfläche, über welche die Inhaltsstoffe gut extrahiert werden können. Dies wird noch dadurch erleichtert, dass die Lupulindrüsen bei der Pelletherstellung zerstört wurden. Daher gehen die Extraktionsvorgänge bei Pellets schneller und effizienter vonstatten als bei Doldenhopfen. Beim Hopfenstopfen erlaubt dies sowohl kleinere Hopfengaben wie auch eine kürzere Kontaktzeit. Das kann besonders dann wichtig sein, wenn Sie versuchen, die harschen Polyphenole unter Kontrolle zu halten. Im Gegensatz zu Doldenhopfen ist bei Pellets eine effektive CO_2-Spülung des Tanks möglich, in den Pellets vorgelegt wurden, wodurch die negativen Auswirkungen von Luftsauerstoff minimiert werden können. Doch Achtung: Wenn Sie sehr viel Hopfen geben wollen, müssen Sie Ihre Gerätschaften so auslegen, dass sich der Auslauf des Kochgefäßes und des Gäreimers oder Kegs nicht mit dem Bodensatz zusetzt. Denn nachdem sich die Pellets aufgelöst haben, sinken sie auf den Grund des Gäreimers und bilden eine Art Schlammbrühe, die sich mit abgesetzter Hefe vermischt.

PELLETS TYP 90

Es gibt sogenannte Typ-90-Pellets, in denen sich etwa 95 % des Gewichts der ursprünglichen Hopfendolden wiederfinden. Das bedeutet, dass aus 100 kg Rohhopfen 95 kg Hopfenpellets hergestellt werden. Der Doldenhopfen wird lediglich gesäubert und noch etwas getrocknet, sodass diese Pellets dieselbe Stoffzusammensetzung wie Rohhopfen haben.
Typ 90 ist die am häufigsten verwendete Art von Pellets. Wenn nicht anders ausgezeichnet, können Sie bei Pellets stets davon ausgehen, dass sie vom Typ 90 sind.

SPEZIFIKATIONEN PELLETS TYP 90

- Alpha-Säuren: 1–25 %
- Beta-Säuren: 1–14 %
- Hopfenöle: 0,2–4 ml/100 g
- Wassergehalt: 7–9 %
- **Bitterstoffausbeute: 25–35 %**

PELLETS TYP 45

Bei der Herstellung von Pellets Typ 45 wird der Doldenhopfen auf −30 °C heruntergekühlt, bevor er gemahlen wird. Bei diesen niedrigen Temperaturen erstarren die Hopfenharze und die Hopfenöle, sodass es möglich ist, die Lupulindrüsen von den Doldenblättern und Spindeln abzutrennen. Damit erhält man Hopfenpellets, in denen Bitterstoffe und ätherische Öle angereichert sind. Aus 100 kg Rohhopfen entstehen auf diese Weise 45 kg Pellets. Daher der Name „Typ 45". Diese Art von Pellets eignet sich besonders gut zum Hopfenstopfen, da sie weniger grünes Pflanzenmaterial und damit auch weniger Polyphenole enthalten.

SPEZIFIKATIONEN PELLETS TYP 45

- Alpha-Säuren: 2–25 %
- Beta-Säuren: 2–14 %
- Hopfenöle: 0,5–7 ml/100 g
- Wassergehalt: 7–9 %
- **Bitterstoffausbeute: 25–35 %**

VOR- UND NACHTEILE VON PELLETS

Vorteile:

- Kleines Lagervolumen
- Homogenität
- Luftsauerstoff wurde beim Pelletieren verdrängt
- Unter Schutzgas verpackt
- Gut zum Hopfenstopfen geeignet
- Bilden Trubkegel im Whirlpool

Nachteile:

- Oxidation nach Anbrechen der Verpackung
- Geringere Bitterstoffausbeute als Extrakt

KONZENTRIERTES LUPULIN

Je mehr Pflanzenmaterial abgetrennt wird, desto weiter kann Lupulin konzentriert werden. Häufig wird dann von konzentriertem Lupulinpulver oder von Cryo Hops® gesprochen. Es gibt verschiedene Anbieter für diese Art von Produkten, aber noch keine Produktstandards wie bei den Pellets Typ 90 und Typ 45. Insbesondere wenn Bierstile gebraut werden, die richtiggehende Hopfenbomben sind, kann konzentriertes Lupulin einige Vorteile mit sich bringen. Kommerzielle Brauer schätzen vor allem die bessere Ausbeute beim Hopfenstopfen, wenn sie konzentriertes Lupulin verwenden. Da weniger Hopfenmasse im Spiel ist, wird auch weniger Bier vom Pflanzenmaterial aufgesaugt. Geschmacklich bringt konzentriertes Lupulin stark den spezifischen Hopfencharakter heraus. Des Weiteren gibt es weniger Fehlgeschmack nach pflanzlichem Material. Das Ziel von Hopfenprodukten, in denen Lupulin angereichert wurde, ist die Akzentuierung eines saftigen Hopfencharakters, den die Amerikaner mit „juicy“ bezeichnen. Auch der Begriff „dank“ hat sich eingebürgert. Dieser stammt aus dem Vokabular von Marihuana-Konsumenten. Er beschreibt den Geruch von noch feuchtem, frisch geerntetem Cannabis. Außerdem soll der harzige und fruchtige Hopfencharakter durch konzentriertes Lupulin hervorgehoben werden. Wenn Sie bei Ihrem Bier einen Weg suchen, noch mehr Hopfen zu benutzen, aber einen grasigen, harschen Geschmack verhindern wollen, dann probieren Sie doch einmal ein Produkt, in dem Lupulin angereichte wurde. Gleichzeitig sollten Sie beim Hopfenstopfen aber nicht komplett auf konventionelle Pellets oder Dolden verzichten, da sonst der Hopfencharakter durch das Fehlen der Polyphenole zu eindimensional werden würde beziehungsweise die gewisse „Kernigkeit“ fehlen würde, die die Polyphenole ins Bier bringen. Daher verwenden viele Brauer konzentriertes Lupulin in Kombination mit Typ-90-Pellets. Wenn man das konzentrierte Lupulin allerdings in Pulverform einsetzt, kann es zu Problemen kommen bei seiner Vermischung mit Würze oder Bier, da das Pulver zum Teil auf der Oberfläche schwimmt oder große Klumpen bildet, die auf den Boden sinken. In beiden Fällen kommt das Lupulin kaum mit der Flüssigkeit in Kontakt und die Geschmacksausbeute ist sehr gering. Mittlerweile sind einige Anbieter dazu übergegangen, das Lupulinpulver in Form von leicht gepressten Pellets zu verkaufen. Es gibt momentan noch viele Namen für diese Art von Produkt, zum Beispiel „Lupulin Pulver“, „Lupulin Pellets“, „Cryo Hops®“, „Hop Hash“ oder „Nectar©“.

Konzentriertes Lupulinpulver.

VOR- UND NACHTEILE VON KONZENTRIERTEM LUPULINPULVER

Vorteile:
- Akzentuierung vom fruchtigem, harzigem, saftigem Hopfencharakter
- Weniger Eintrag von Polyphenolen
- Weniger Bierverluste

Nachteile:
- Eventuelle Probleme bei der Vermischung mit Würze und Bier
- Ausschließliche Nutzung bringt eindimensionales Bier

HOPFENEXTRAKT

Hopfenextrakte haben den Ruf, nur von großen Brauereien verwendet zu werden. Aber mittlerweile finden sie auch bei kleinen Brauereien und Heimbrauern Verwendung, die extrem hopfenbetonte Biere brauen. Bei den großen Brauereien ist Kosteneinsparung das Hauptmotiv. Für Brauer, die Hopfenbomben produzieren wollen, liegt der größte Vorteil in der Reduzierung von Pflanzenmaterial im Braukessel. Durch Aufkonzentrierung von gewissen Inhaltsstoffen im Extrakt lässt sich ein Bier brauen, wie es so mit einer ausschließlichen Verwendung von Doldenhopfen und Pellets nicht möglich wäre. Oft wird bei der Bittergabe ein Teil der Hopfenpellets durch Extrakt ersetzt. Hopfenextrakt ist eine Flüssigkeit, in der – je nach Herstellungsweise in verschiedener Ausprägung – die Bitterstoffe, die aromatischen Öle und zum Teil auch die Polyphenole angereichert vorliegen.

CO_2-HOPFENEXTRAKT

Ein CO_2-Hopfenextrakt wird durch die Extraktion von Doldenhopfen mit lebensmittelkonformem Kohlendioxid in flüssigem oder überkritischem Zustand hergestellt. So ein CO_2-Extrakt enthält Alpha- und Beta-Säuren sowie ätherische Öle. Er hat eine exzellente Lagerstabilität.

SPEZIFIKATIONEN CO_2-HOPFENEXTRAKT

- Alpha-Säuren: max. 65 %
- Beta-Säuren: max. 30 %
- Hopfenöle: 3–12 %
- **Bitterstoffausbeute: 30–38 %**

ETHANOL-HOPFENEXTRAKT

Ein Ethanol-Hopfenextrakt wird durch Extraktion von Doldenhopfen mit Gärungsalkohol gewonnen. Er wird auch Gesamtharzextrakt genannt, weil Alkohol weniger selektiv ist als CO_2. Ethanol löst sämtliche Hopfenharze, also auch Hartharze und Xanthohumol, aus den Dolden heraus. Damit ist die Stoffzusammensetzung von Ethanol-Hopfenextrakt derjenigen des Doldenhopfens näher als beim CO_2-Extrakt. Beide Extrakttypen tragen aber gleichermaßen keine Polyphenole des grünen Pflanzenmaterials in sich.

SPEZIFIKATIONEN ETHANOL-HOPFENEXTRAKT

- Alpha-Säuren: 20–55 %
- Iso-Alpha-Säuren: 0,5–2,0 %
- Beta-Säuren: 15–30 %
- Hopfenöle: 3–12 %
- **Bitterstoffausbeute: 30–38 %**

VOR- UND NACHTEILE VON HOPFENEXTRAKT

Vorteile:
- Sehr gute Lagerstabilität
- Sehr gute Ausbeute
- Weniger Bierverluste

Nachteile:
- Für Heimbrauer schwer dosierbar
- Mäßige Verfügbarkeit für Geringverbraucher
- Ausschließliche Nutzung bringt eindimensionales Bier

VORTEILE VON HOPFENEXTRAKTEN

Der größte Vorteil von Hopfenextrakten ist ihre extrem gute Lagerstabilität. Bei Raumtemperatur sind bis zu 5 Jahre lang keine Qualitätseinbußen zu beobachten. Zudem werden Hopfenextrakte in der Regel in Dosen verkauft. Diese Dosen sind durch die starke Aufkonzentrierung der Hopfeninhaltsstoffe relativ klein und ermöglichen damit eine sehr platzsparende Form der Hopfenlagerung. Aus beiden Kriterien folgt für große Brauereien, dass Hopfenextrakte einen bestechenden Vorteil haben: Es können damit Vorräte angelegt werden. Das bedeutet, dass auf diese Weise

Jahre mit schlechten Hopfenernten und hohen Hopfenpreisen bei der Brauerei keinen großen finanziellen Schaden anrichten. Nicht zuletzt ist die Bitterstoffausbeute von Extrakten um einiges höher und die Bierverluste sind um einiges geringer als bei Pellets. So kann „kostengünstiges Alpha" ins Bier gebracht werden.

HANDHABUNG VON HOPFENEXTRAKT

Heimbrauer und Craftbrauer haben häufig mit Problemen bei der Handhabung von Hopfenextrakt zu kämpfen. Der zähflüssige Extrakt ist schwer dosierbar, bleibt an Oberflächen kleben und verursacht Flecken auf der Kleidung. Er muss zunächst erwärmt werden, um überhaupt aus der Dose fließen zu können. Dann muss er sehr genau dosiert werden, weil schon bei einer kleinen Überdosierung das Bier extrem bitter werden kann. Die meisten Heimbrauer geben Hopfenextrakt daher mithilfe von Einmalspritzen, wie sie für Diabetiker im Handel sind. Ein weiterer Nachteil von Extrakt ist die Menge, in der er verkauft wird. Mit dem Inhalt von nur einer kleinen Dose lassen sich in mehr als 1000 l Bier jeweils 50 IBU einbringen. Wenn Sie einem Heimbrauclub angehören, können Sie vielleicht mit anderen

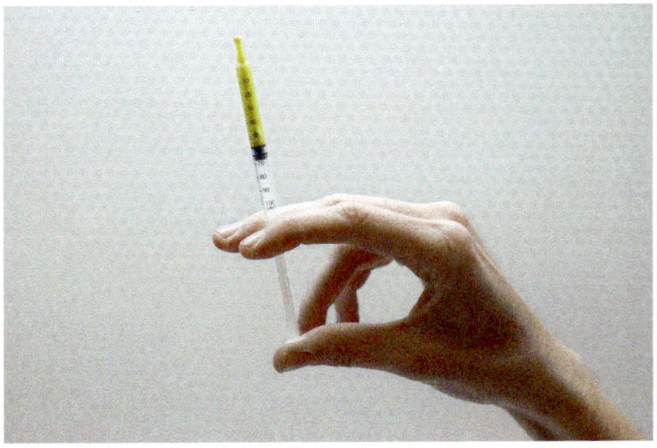

Hopfenextrakt muss genau dosiert werden.

Mitgliedern zusammen eine Dose kaufen. Die Hopfenvermarkter reagieren jedoch zunehmend auf das Interesse von kleinen Brauereien an Hopfenextrakt und bringen anwenderfreundlichere Formen von Hopfenextrakten auf den Markt.

EINSATZMÖGLICHKEITEN VON EXTRAKT

Hopfenextrakte werden in der Regel als kompletter oder teilweiser Ersatz für die Bittergabe verwendet. Gerade bei Bierstilen wie einem West Coast Double IPA oder einem Barley Wine, die große Bitter- und Aromagaben erfordern, kann CO_2-Extrakt zu einer weicheren Bittere führen. Denn diese Art von Extrakt trägt keine Polyphenole in sich, die eine harsche Bittere hervorrufen können. Ethanolextrakt eignet sich besonders gut als teilweiser oder vollständiger Ersatz von

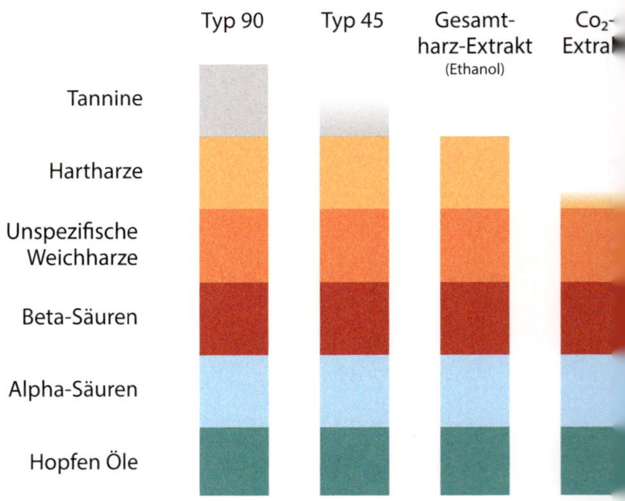

Die Verteilung der Hopfeninhaltsstoffe bei Pellets Typ 90, Pellets Typ 45, Ethanolextrakt und CO_2-Extrakt.

SPEZIELLE HOPFENPRODUKTE

Es gibt eine Fülle an Hopfenprodukten, die auf ganz spezielle Anwendungen in der Brauerei zugeschnitten sind. Zum Beispiel kann durch den Einsatz von **isomerisierten Produkten** die Bitterausbeute erheblich verbessert werden. Sogenannter **Rho-Extrakt**, **Tetra-Extrakt** und **Hexa-Extrakt** verhindern den Lichtgeschmack und machen auf diese Weise durchsichtige Bierflaschen möglich. Tetra- und Hexa-Extrakte verbessern außerdem die Schaumstabilität erheblich, sodass sie manchmal nur zu diesem Zweck eingesetzt werden. Auf dem Markt sind noch viel mehr spezielle Hopfenprodukte erhältlich. Wenn Sie sich dafür interessieren, dann besuchen Sie doch einmal die Webseiten von großen Hopfenhandelsfirmen wie BarthHaas oder Hopsteiner.

Hopfenpellets oder Dolden, da er mehr von den ursprünglichen Inhaltsstoffen des Hopfens in sich trägt.

HOPFENÖLE

Hopfenöle werden im Heimbraubereich nur selten verwendet. Wie beim Hopfenextrakt ist auch hier die Verfügbarkeit für Geringverbraucher ein Problem. Es kommen derzeit aber mehr und mehr Produkte auf den Markt, die auch in kleineren Mengen erhältlich sind.

VERWENDUNG VON HOPFENÖLEN

Ein weiterer Punkt, der viele vom Gebrauch von Hopfenölen abhält, ist deren schlechter Ruf. Nicht wenige Biertrinker rümpfen die Nase, wenn sie hören, dass für ein Bier Hopfenöl verwendet wurde, weil sie denken, dass die Braukunst dabei auf der Strecke bleibt. Das ist aber nicht unbedingt der Fall. Hopfenöle werden auch deshalb verwendet, weil sie es möglich machen, noch mehr Hopfenaroma in ein Bier zu packen, ohne das Bier mit konventionellen Produkten zu „überhopfen". Tatsächlich bringen Hopfenöle keinerlei Adstringenz ins Bier, sondern nur das Aroma von Hopfen. Oft machen sie das Bier auch vollmundiger. Wenn allerdings die späte Aromagabe oder das Hopfenstopfen komplett durch Hopfenöle ersetzt wird, wird das Bier leer schmecken und es wird eine gewisse Tiefe im Geschmack fehlen.

DIE HERSTELLUNG VON HOPFENÖLEN

Hopfenöle werden durch Destillation gewonnen. Hierbei können spezifische Öle separiert werden, sodass sich verschiedene „Geruchsrichtungen" herausarbeiten lassen. Hopfenverarbeitungsfirmen entwickeln immer neue Richtungen wie „tropical", „noble" oder „citrusy". Auch sortenspezifische Hopfenöle werden angeboten. Da Öl und Wasser (Bier besteht zum Großteil aus Wasser) schlecht mischbar sind, wird Hopfenöl häufig mit Ethanol oder anderen Lösungsmitteln, etwa Propylenglycol, gemischt.

DIE ZUGABE VON HOPFENÖL

Hopfenöle können entweder im Heißbereich oder im Kaltbereich eingesetzt werden. Gibt man sie zur heißen Würze, ist die Aromaausbeute sehr gering. Bei einem Zusatz während der Gärung werden die Aromakomponenten durch die Hefe noch etwas verändert und es kommt ein typisches Hopfenaroma zustande. Gibt man das Hopfenöl erst kurz vor der Abfüllung, gelangt das Hopfenöl-Aroma unverändert ins Bier. Die Hersteller geben die typische Dosierung auf der Verpackung an.

VOR- UND NACHTEILE VON HOPFENÖL

Vorteile:
- Sehr gute Ausbeute
- Weniger Bierverluste
- Kein Eintrag von Polyphenolen
- Leicht dosierbar
- Gute Lagerfähigkeit

Nachteile:
- Mäßige Verfügbarkeit für Geringverbraucher
- Relativ teuer
- Ausschließliche Nutzung bringt eindimensionales Bier

Hopfenöle werden am besten vor der Abfüllung zugesetzt.

LAGERUNG DES HOPFENS

Viele Heimbrauer mögen das Gefühl, verschiedene Hopfensorten vorrätig zu haben, damit sie auch spontan einen bestimmten Bierstil brauen können. Mit der richtigen Lagerung von Hopfen können Sie Alterungsvorgänge der Hopfeninhaltsstoffe stark verlangsamen.

SAUERSTOFF FERNHALTEN!

Sauerstoff ist der größte Feind von frischem Hopfen. Verschiedene Hopfensorten altern aber unterschiedlich schnell. Sowohl die Menge ihrer natürlicherweise enthaltenen Antioxidantien wie auch die Luftdurchlässigkeit ihrer Lupulindrüsen bestimmen jeweils die Lagerfähigkeit einer Hopfensorte. Wird frischer Hopfen für ein halbes Jahr bei 20 °C ohne Ausschluss von Sauerstoff gelagert, gehen etwa 50 % seiner Alpha- und Beta-Säuren verloren. Außerdem oxidiert Sauerstoff auch die frischen Hopfenöle und lässt einen käsigen Geruch zurück. Auch die niedermolekularen Polyphenole werden oxidiert. Gealterter Hopfen sollte auf keinen Fall als Aromagabe verwendet werden. Falls Sie sich aber in der Situation befinden, dass Sie nur einen käsig riechenden Hopfen zur Hand haben und unbedingt brauen wollen, dann können Sie mit diesem Hopfen noch für die Bittergabe experimentieren. Denn die Beta-Säuren werden durch die Oxidation überhaupt erst bitter. Allerdings muss dann lange genug gekocht werden, sodass das schlechte Aroma komplett entweichen kann.

HANDHABUNG ANGEBROCHENER HOPFENTÜTEN

Benutzen Sie wenn möglich ein Vakuumiergerät und Mylarbeutel, um Hopfen aus einer angebrochenen Tüte wieder (so gut wie) sauerstofffrei zu bekommen. Mylarbeutel mit Aluminiumbeschichtung sind luft- und lichtundurchlässig und eignen sich auch hervorragend zum Lagern von selbst angebautem Hopfen. Allerdings kann es mit beschichteten Mylarbeuteln Probleme beim Verschließen geben, wenn das Vakuumiergerät nicht darauf ausgelegt ist. Lebensmittelkonforme Polyethlyenbeutel (PE-Beutel) sind ungeeignet für die Lagerung von Hopfen. Sie sind so stark gasdurchlässig, dass ein verschlossener Beutel von außen nach Hopfen riecht.

FRISCHER HOPFEN LIEBT ES KALT!

Wenn Sie Hopfenpellets bei 10–15 °C inert lagern, wird das Hopfenaroma intakt bleiben. Auch die Polyphenole und Beta-Säuren werden sich kaum verändern. Die Alpha-Säuren hingegen werden auch unter Sauerstoffausschluss abgebaut. Allerdings werden etwa 40 % der Alpha-Säuren in Iso-Alpha-Säuren umgewandelt und stehen damit für die Bittere noch zur Verfügung. Um luftdicht verpackte Hopfenpellets so zu lagern, dass auch die Alpha-Säuren für 3–5 Jahre erhalten bleiben, werden Kühllager mit Temperaturen zwischen 0–5 °C benutzt. Für Heimbrauer empfiehlt sich für die Lagerung von Hopfenpellets das Tiefkühlfach, denn bei den dort herrschenden Minusgraden sind die Hopfeninhaltstoffe ebenfalls geschützt.

RAUS AUS DEM LICHT!

Hopfen muss immer dunkel gelagert werden. In der Regel ist das kein Problem, da Hopfen in lichtundurchlässigen Verpackungen verkauft wird und es im Gefrierschrank dunkel ist. Sollten Sie aber bei einem Heimbraugeschäft Hopfen in einem beleuchteten Kühlschrank in durchsichtigen Verpackungen sehen, dann machen Sie lieber einen Bogen um ihn!

LAGERSTABILITÄT VON HOPFEN UND HOPFENPRODUKTEN (INERT VERPACKT; BEI 0–5 °C)

	1 JAHR	3 JAHRE	8 JAHRE
Doldenhopfen	X		
Pellets		X	
CO_2-Extrakt			X

Hopfen im Gefrierschrank - gut und schlecht verpackt.

DIE HOPFENGABE BRAUER UND IHRE PHILOSOPHIE

„STONE IPA" – WEST COAST IPA

Dieses IPA wurde zum ersten Mal 1997 zum ersten Geburtstag von Stone Brewing gebraut. Es wurde zum meistverkauften Bier der Brauerei und gilt als eines der besten West Coast IPAs in den Vereinigtenf Staaten. Eine energische Bittere, der zitrus- und pinienartige Hopfencharakter und der Einsatz von klassischen amerikanischen „C-Hopfensorten" ist typisch für diesen Stil.

Stammwürze: 16 °P
Restextrakt: 2,9 °P
Bittereinheiten: 70 IBU
Farbe: 12 EBC
Alkohol: 6,9 Vol.-%

ZUTATEN BEI SUDHAUSAUSBEUTE VON RUND 65 % FÜR 20 L:

MALZ	EBC	PROZENT	KG
Pale Ale Malz	3,9	93,5	6,2
Karamellmalz	38,5	6,5	0,43

HOPFENGABE	HOPFENSORTE	PROZENT ALPHA	IBU	MENGE
Kochbeginn	Chinook	11,2	25	19 g
Kochbeginn	Columbus	15,0	29	17 g
Whirlpool	Centennial	10,0	16	38 g
Hopfenstopfen	Centennial	10,0		2,2 g/l
Hopfenstopfen	Chinook	11,2		0,25 g/l

HEFE	TYP	STAMM
	Englische Ale-Hefe	WLP 007 oder WLP 002

Wasserprofil: West Coast IPA. Wasser/Malz-Verhältnis 3:1. Einmaischen bei 66 °C und 30 Minuten Rast halten. Auf 74 °C aufheizen und 30 Minuten Rast halten. Abläutern. Kochzeit: 90 Minuten. Whirlpool/Hopstand bei 95 °C für 15 Minuten. Gärung bei etwa 22 °C. Bei ungefähr 3,2 °P Restextrakt auf 16 °C abkühlen und Hefe abziehen. Hopfenstopfen bei 16 °C. Alle 12 Stunden durchmischen. Nach 36 Stunden auf 1 °C abkühlen und 5 Tage ruhen lassen. Hopfen ablassen. CO_2-Gehalt auf 4–5,5 g/l einstellen. Abfüllen.

JEREMY MOYNIER VON STONE BREWING

Jeremy Moynier, Senior Manager Innovationsprogramm und Supply Chain bei Stone Brewing.

Wie würdest du ein klassisches West Coast IPA beschreiben?
Es ist trocken, knackig und hat reichlich Zitrusnoten. Es hat ordentlich Bittere und der Alkohol liegt zwischen 6 und 7 %. „Swami's" von Pizza Port war eine frühe Inspiration für uns. Und dann kam natürlich Vinnie Cilurzo Mitte der 90er-Jahre mit „Blind Pig". Diese beiden Biere waren für unseren ersten Braumeister Steve Wagner eine große Inspiration.

Würdest du sagen, dass sich die Hopfensorten, die für West Coast IPAs verwendet werden, im Laufe der Zeit verändert haben?
Ich glaube, dass die klassischen C-Sorten immer noch in vielen Bieren verwendet werden, aber es gab in den letzten 25 Jahren viel Entwicklung bei den Hopfensorten. Die frühen IPAs waren zitrusbetont, pinienartig und „dank" (siehe Glossar). Mittlerweile gibt es mehr tropische und beerenartige Aromen. Ich glaube, dass insgesamt die Geschmacksvielfalt bei Hopfen größer geworden ist, und dadurch gibt es auch eine größere Vielfalt bei West Coast IPAs.

Wie ist der Hopfencharakter des Stone IPAs?
Da ist eine Menge schöne Pinie und Harz drin und diese „dank"-Eigenschaft, die ich bei hopfigen Bieren und IPAs so sehr mag. Und noch dazu wirklich schöne Zitrusnoten. Wir haben im Laufe der Jahre immer wieder darüber gesprochen, wie sehr 'Centennial' den Hopfencharakter dieses Bieres prägt und Zitrone und Zitronenschale reinbringt. Es ist fantastisch, wenn wir wirklich hochwertigen 'Centennial' bekommen, wenn wir diesen Hopfen nach der Ernte aussuchen.

Wieviel IBUs strebt ihr an?
Wir sind in den niedrigen Siebzigern. Das ist eine solide Bittere, aber gleichzeitig ist sie nicht zu stark. Stone IPA ist ein sehr gut ausbalanciertes Bier, die 70+ IBU funktionieren sehr gut durch die Fruchtigkeit, die Harzigkeit und diese „Dankness". Wir mögen den Kick durch die Bittere. Das ist für klassische West Coast IPAs typisch.

Woher bekommt ihr die Bittere bei den Hopfengaben?
Die meiste Bittere kommt aus der Bitterhopfengabe, insbesondere, weil wir 90 Minuten kochen. Aber auch die Whirlpool-Hopfengabe trägt zur Bittere bei. Sogar durch das Hopfenstopfen kommt noch Bittere dazu. Das muss im Rezept beachtet werden. Bei einigen unserer anderen IPAs machen wir gar keine Bitterhopfengabe und wir haben gemerkt, dass dadurch eine mildere Bittere zustande kommt.

Welchen Malzkörper arbeitet ihr heraus, um diese ganze Bittere auszubalancieren?
Wir wollen eine gewisse Malzigkeit, aber kein wirklich malziges Bier. Wir wollen eine Plattform für den Hopfen schaffen, damit er richtig strahlen kann. Im Stone IPA benutzen wir fast nur helle Malze aus zweizeiliger Gerste, aber wir geben ein bisschen Karamellmalz dazu. Wir benutzen ein helles Karamellmalz mit 15 Lovibond (entspricht ungefähr 38,5 EBC), das gibt ein bisschen Farbe und einen Hauch Malzigkeit.

Wie weit lasst ihr das Bier runterfermentieren?
Beim Stone IPA starten wir bei 16 °P und gehen runter bis 2,9 oder 3,0 °P. Es ist ein trockenes Bier. Wir wollen nicht zu viel Restsüße. Das ist ganz anders als bei diesen Hazy IPAs, die in den letzten Jahren so beliebt geworden sind.

Wie wird die Whirlpool-Hopfengabe gemacht und bei welcher Temperatur?
Wir schalten am Ende der Kochzeit die Hitzequelle aus und machen sogleich die Whirlpool-Hopfengabe. Wir kühlen die Würze davor also nicht herunter. Nach einer kurzen Rast von 15 Minuten geht das Bier durch den Wärmetauscher. Wir haben ein gutes Brauhaus und daher geht das Kühlen schnell. Es ist sehr wichtig, dass schnell heruntergekühlt wird, sonst würden zu viele Alpha-Säuren isomerisieren und der Kühltrub würde nur schlecht ausfallen.

Wann wird das Bier hopfengestopft?
Wenn die Hauptgärung so ziemlich vorbei ist, kühlen wir von 22 °C auf 16 °C herunter, warten einen Tag und ernten die Hefe. Danach machen wir die Kalthopfengabe. Die Idee dahinter ist, dass wir bei einer warmen Temperatur hopfenstopfen wollen, die aber kühl genug ist, um die Hefe und einen Teil der Proteine ausfallen zu lassen. Wir haben damit herumexperimentiert, bei niedrigeren Temperaturen zu stopfen, aber das hat nicht funktioniert. Wir müssen mindestens bei 16 °C sein, um das gewünschte Aroma zu bekommen.

Wie lange sitzt das Bier auf dem Hopfen?
Wir stopfen und danach wird der Inhalt des Tanks alle 12 Stunden umgewälzt, um den Hopfen und das Bier zu vermischen. Das machen wir dreimal. Danach, also nach 36 Stunden, kühlen wir das Bier runter und lassen es noch einmal 5 Tage auf dem Hopfen sitzen. Das Bier ist also 1 Woche mit dem Hopfen in Kontakt.

Hattet ihr Bedenken, dass bei niedrigen Temperaturen Grasigkeit extrahiert wird?
Ja, wir wollen das Bier definitiv nicht länger auf dem Hopfen sitzen lassen. Wenn nicht gleich abgefüllt wird, gehen wir sicher, dass das Bier vom Hopfen getrennt wird.

Woher bezieht ihr euren Hopfen?
Das ist ein Thema, das mir sehr am Herzen liegt. Seit fast einem Jahrzehnt wählen wir Hopfen bei der Ernte aus. Damit verbringen wir als Brauerei und Firma viel Zeit, denn der Hopfen ist die Hauptzutat für uns. Wir arbeiten eng mit Hopfenverkäufern und mit Hopfenbauern zusammen, um sicherzugehen, dass wir den bestmöglichen Hopfen auswählen können.

Hast du bemerkt, dass es beim Hopfen auch Terroir gibt?
Bevor ich zum Bier kam, habe ich Wein gemacht. Terroir war als Konzept immer präsent für mich, weil es bei Trauben so wichtig ist. Anfänglich war das kein großes Thema in der Bierwelt, aber das hat sich in den letzten Jahren geändert. Es gibt klare regionale Unterschiede beim Hopfen, wenn man sich Hopfen aus Amerika, Deutschland, Australien und Neuseeland ansieht. Und es gibt auch Unterschiede an verschiedenen Orten im Hopfengarten. Das ist aufregend, weil dadurch weitere Variablen dazukommen und neue Dinge möglich werden. Wenn du Hopfen findest, den du wirklich magst, dann solltest du versuchen, ihn immer wieder vom gleichen Hopfengarten zu bekommen. Das ist genau wie mit den Trauben beim Wein.

Wenn ihr so eine enge Beziehung mit den Hopfenbauern habt, dann wissen die sicherlich genau, wonach ihr sucht?
Für die Bauern ist es fast wie ein Spiel. Denn sie wollen, dass wir die Partien aussuchen, die sie für uns vorgesehen haben. Manchmal machen wir das, aber manchmal überraschen wir sie auch. Für die Bauern ist es fantastisch, wenn sie sagen können, dass sie an den Punkt gekommen sind, wirklich zu wissen, wonach wir suchen. Es ist eine besondere Beziehung. Wir arbeiten gemeinsam daran, Bier in dieser Qualität zu machen. Ich glaube, das ist eine Besonderheit unserer Industrie. Und noch dazu macht es viel Spaß!

JOHANN'S AUSTRALIAN STYLE PALE ALE

Dieses Rezept ist eine Weiterentwicklung vom klassischen australischen Pale Ale. Es wurde extra für dieses Buch von Johann van der Walt von Green Beacon entwickelt. Er benutzt die australischen Hopfensorten 'Galaxy™' und 'Vic Secret™'. Im Zusammenspiel mit der Gärung mit einem „Chico"-Hefestamm treten Passionsfrucht, Ananas, Sternfrucht, Zitronenaromen und ein wenig Pinie zutage. Dieses Bier ist durch seine niedrige Bittere leicht trinkbar, trocken im Abgang und sieht aus wie ein Hefe-Weißbier.

Stammwürze: 11,2 °P
Restextrakt: 2,5 °P
Bittereinheiten: 20 IBU
Farbe: 5,5 EBC
Alkohol: 4,6 Vol.-%

ZUTATEN BEI SUDHAUSAUSBEUTE VON RUND 65 % FÜR 20 L:

MALZ	EBC	PROZENT	KG
Pale Ale Malz	3,0	75	3,25
Weizenmalz	3,0	20	0,9
Carapils	3,9	5	0,2
Sauermalz			je nach Bedarf

HOPFENGABE	HOPFENSORTE	PROZENT ALPHA	IBU	MENGE
Whirlpool	Galaxy™	14	20	30 g
Hopfenstopfen	Galaxy™			3 g/l
Hopfenstopfen	Vic Secret™			3 g/l

HEFE	TYP	STAMM
	Amerikanische Ale-Hefe	Chico-Hefestamm oder London Ale III

Wasser: Pale Ale Profil. Einmaischen bei 67 °C und 60 Minuten Rast halten. Abläutern bei 78 °C. 60 Minuten kochen. Whirlpool/Hopstand bei 90 °C für 30 Minuten. Anstellen mit Hefe: ca. 1×10^6 Zellen/ml/ °P. Gärung bei 20–21 °C. Hopfenstopfen 1 °P vor Endvergärungsgrad. Hopfenstopfen bei 20 °C. Nach 3 Tagen Hopfen abziehen. Kühlen, sobald Diacetyl abgebaut ist. CO_2-Gehalt auf 5,1 g/l einstellen. Abfüllen.

JOHANN VAN DER WALT VON GREEN BEACON

Johann van der Walt, Head Brewer bei Green Beacon.

Was macht für dich ein australisches Pale Ale aus? Wie würdest du diesen Stil beschreiben?
Beim australischen Pale Ale unterscheidet man zwei Sorten: Zum einen gibt es das Originale, für das ein gutes Beispiel das „Australian Pale Ale" von Coopers ist und für welches eine sehr alte australische Hopfensorte namens 'Pride of Ringwood' verwendet wird. Dieses Bier ist recht trocken und ohne jegliche Karamellnoten, hat etwa 4,5 % Alkohol und 30+ IBUs. Damit ist es ein eher bitteres Bier mit starken Esternoten, die von der verwendeten Hefe kommen.

Zum anderen gibt es das moderne australische Pale Ale. Die Brauerei Stone & Wood war ein Pionier bei diesem Stil. Sie brauten ein leicht trinkbares Bier im Stil eines amerikanischen Weizenbiers und benutzten den damals gerade auf dem Markt eingeführten 'Galaxy™'-Hopfen dafür. Die Leute waren begeistert von diesem Bier mit starken Passionsfrucht-Noten.

Wie ist der Charakter von deiner Version vom australischen Pale Ale?
Es sollte einen schönen, vollmundigen Charakter haben, der aber nicht von Karamellnoten kommt, sowie eine sehr helle und reine Farbe, fast wie belgisches Witbier. Und es hat ein eindeutiges, starkes tropisches Passionsfruchtaroma, welches den 'Galaxy™'-Hopfen ausmacht. Eine andere Hopfensorte, die ich sehr gern habe ist 'Vic Secret™', von welcher man Sternfrucht- und Melonenaromen erhält.

Welche Art von Hefe verwendest du für dieses Bier?
Für ein modernes Australian Pale Ale verwendest du generell sehr reine Hefestämme, wie die amerikanischen „Chico"-Hefestämme. Auch die Hefe „London Ale III" würde wohl gut mit den genannten Hopfen funktionieren, da diese Hefe die sehr fruchtigen Noten der Hopfensorten hervorhebt und zudem unter der Zugabe von einem Teil Weizen für ein angenehmes Mundgefühl sorgt.

Was für eine Art von Mundgefühl möchtest du für diese Biersorte erreichen?
Ein australisches Pale Ale ist normalerweise ein Bier mit niedrigem Alkoholgehalt, sprich um die 4,2–4,5 % Alkohol, und mit hoher Karbonisierung von etwa 5,1 g/l. Dadurch ist es ein sehr erfrischendes Bier und passt damit gut zum australischen Klima. Wenn man aber so eine hohe Karbonisierung hat und das Bier dann dünn ist und zu wenig Körper hat, wird es zu sauer. Es sollte also ein ausgeglichenes Mundgefühl mit vollem Körper und hoher Karbonisierung haben, vergleichbar mit einem „Bier-Soda".

Wie erreicht man dieses Mundgefühl?
Ich verwende dafür einen Teil Weizenmalz oder Weizenflocken, keinen Hafer. Und ich verwende auch gerne CaraPils.

Wie verwendest du deinen Hopfen beim Brauen genau? Wieviel Bittere erhältst du durch die Bittergabe?
Australische Hopfensorten sind gewöhnlich Hochalphasorten mit Alpha-Gehalten um die 16 % und haben mit 2,5–3,0 ml Öl/100 g Hopfen auch sehr hohe Hopfenölgehalte, was gut ist. Besonders Sorten wie 'Galaxy™' zählen zu den harzigen Sorten. Aufgrund der hohen Al-

pha-Gehalte im Hopfen und damit potentiellen Bittereinheiten, welche man nicht alle später im Bier haben möchte, gebe ich eine sorgsam geprüfte Menge in den Whirlpool. Dabei kommt es darauf an, wie hoch die Effizienz des jeweiligen Whirlpools ist. Um auf Nummer sicher zu gehen, gehe ich mit 20 % Ausbeute im Whirlpool aus. So errechne ich die Menge an Hopfen für die Gabe im Whirlpool, mit der die 15–20 IBUs für den beschriebenen Bierstil erreicht werden.

Das heißt, du machst gar keine Bitterhopfengabe?
Nein, ich mache wirklich keinerlei Bitterhopfengabe. Man kann aber über die Temperatur im Whirlpool recht viel ausprobieren. Ich kenne Brauer, welche die Würze auf 80 °C runterkühlen und dann erst den Hopfen dazugeben. Da muss man herausfinden, was einem selbst am besten gefällt, ob bei 95 °C oder 80 °C oder noch niedriger. Solange man nicht unter 50 °C kommt, ist es kein Problem. Ab dieser Temperatur kommt es zu keiner ausreichenden Ausbeute an Hopfenölen mehr sowie zur Gefahr einer Infektion.

Welche Technik wendest du beim Hopfenstopfen an?
Ich empfehle das Hopfenstopfen an Tag 2 und Tag 7, um gute, fruchtige Noten zu erreichen. Wenn man im Warmbereich hopfenstopft, ist es wichtig, die VDKs im Auge zu behalten. Sobald diese abgebaut wurden, kannst du dein Bier auf 16 °C herunterführen und eine weitere Hopfengabe vornehmen. Dadurch erreichst du, dass du alle Arten der Hopfengabe dabeihast. Also eine heiße, zwei warme und eine kalte Hopfengabe. Dadurch entfaltest du das Hopfenaroma auf vielfältige Weise. Besonders 'Galaxy™' finde ich persönlich oft etwas eintönig, wenn du ihn eben nicht richtig einsetzt.

Was meinst du mit eintönig bei 'Galaxy™'?
Es ist nicht wie mit zum Beispiel 'Mosaic®'. 'Mosaic®' ist sehr variabel, je nach, dem welches Malz und welche Hefe du verwendest. Während 'Galaxy™' immer wie 'Galaxy™' schmeckt. Es kommt nicht darauf an, was du noch hinzugibst. Aber wenn du ihn auf unterschiedliche Weise und zusammen mit unterschiedlichen anderen Hopfensorten verwendest, ist er so viel besser. Viele Leute lieben 'Galaxy™' und ich glaube, 'Galaxy™' ist der beste australische Hopfen, den es gibt. Hopfensorten wie 'Vic Secret™' und 'Melba' sind auch großartige und tolle Sorten, aber wenn du sie miteinander kombinierst, schwächen sie sich gegenseitig ab. Dagegen erhältst du durch Kombinationen mit 'Galaxy™' und Hopfengaben bei unterschiedlichen Temperaturen und in verschiedenen Phasen ein vielseitigeres Hopfenprofil.

Würdest du empfehlen, den Hopfen zwischen den verschiedenen Gaben beim Hopfenstopfen herauszunehmen?
Ja, würde ich. Es kommt dabei auch darauf an, wie du hopfenstopfst, aber generell braucht der Hopfen nicht länger als 3 Tage, um sich zu entfalten. Danach kann es passieren, dass du Gemüsenoten erhältst und dadurch die Reinheit des Hopfenaromas verfälschst. Daher geben wir den Hopfen im Kaltbereich für 3–4 Tage dazu und entfernen ihn danach wieder, bevor wir die nächste Gabe dazugeben.

Wäre es für einen Heimbrauer mit einer einfachen Ausrüstung auch eine gute Möglichkeit, sein Bier bis Tag 7 fermentieren zu lassen, dann eine warme Hopfenstopfung vorzunehmen und, sobald sein Bier frei von VDKs ist, es zu kühlen?
Genau. Das wäre sicherlich eine gute Möglichkeit, wenn du deinen Hopfen zwischendrin nicht entfernen kannst.

Was denkst du über Überextraktion von Polyphenolen und anderen Pflanzenstoffen in Pale Ales und IPAs?
Das ist genau der Grund, warum ich eine Hopfengabe gerne nur für 3 Tage mache. Dadurch vermeide ich dieses Risiko. Manche australische Hopfensorten haben besonders hohe Polyphenolgehalte, was eine Einhaltung dieser 3 Tage umso wichtiger macht.

„MITSCHNAGGER" – DEUTSCHES PILSENER

„Mitschnagger" der Hamburger Brauerei Buddelship hat eine kräftige, herbe Bittere, wie es sich für ein deutsches Pilsener gehört. Brauer Simon Siemsglüss wählt für dieses Bier würzig-florale Hopfensorten aus und geht fruchtigen Aromen eher aus dem Weg. Trotz hartem Hamburger Brauwasser hat dieses Bier ein weiches Mundgefühl, das durch eine gewisse Restsüße aus dem Malzkörper unterstützt wird.

Stammwürze: 12,8 °P
Restextrakt: 2,5 °P
Bittereinheiten: 42–45 IBU
Farbe: 6,7 EBC
Alkohol: 5,3 Vol.-%

ZUTATEN BEI SUDHAUSAUSBEUTE VON RUND 65 % FÜR 20 L:

MALZ	EBC	PROZENT	KG
Pilsener Malz	3,3	97,5	5
Carapils	3,9	2,5	0,13

HOPFENGABE	HOPFENSORTE	PROZENT ALPHA	IBU	MENGE
Kochbeginn	Northern Brewer	8,5	28	25 g
5 Minuten vor Koch-Ende	Hallertauer Tradition	6,5	5	30 g
Whirlpool	Saazer	3,75	10	50 g
Hopfenstopfen	Diverse Sorten			1 g/l

HEFE	TYP	STAMM
	Lager-Hefe	Saflager 189

Wasser: Hamburger Stadtwasser, 15°dH. Hoch-Kurz-Maischverfahren. Einmaischen bei 62 °C und 40 Minuten Rast halten. Aufheizen auf 70 °C und 30 Minuten Rast halten. Abläutern bei 76 °C. 60 Minuten kochen. Whirlpool/Hopstand ohne Herunterkühlen für 15 Minuten. Danach schnell auf Gärtemperatur herunterkühlen. Gärung bei 10 °C. Hopfenstopfen nach der Gärung bei 8 °C. Lagertemperatur 2 °C. CO_2-Gehalt auf 5,0 g/l einstellen. Abfüllen.

SIMON SIEMSGLÜSS VON BUDDELSHIP

Simon Siemsglüss, Gründer und Inhaber der Buddelship Brauerei.

Was macht für dich ein gutes deutsches Pilsener aus?
Unser Pilsener hat eine norddeutsche Prägung mitbekommen. Es soll also eine gesunde, herbe Bittere enthalten und ein schönes Hopfenprofil haben und weniger von amerikanischen Noten geprägt sein. Sprich, wir arbeiten vor allem mit deutschen Hopfensorten, die ein würzig, florales Aromaprofil haben.

Wie gestaltet sich die Hopfengabe für euer „Mitschnagger"?
Zu Kochbeginn geben wir die Bitterhopfengabe. Die Aromahopfengaben finden im Whirlpool und während des Hopfenstopfens statt. Die Hopfengabe gestaltet sich demnach mit dem Fokus auf die Bitterhopfengabe zu Beginn und Aromahopfengabe zum Schluss. Eine mittlere Hopfengabe nehmen wir eher selten vor. Wenn überhaupt, um noch mehr Bittere in das Bier zu bringen. Aus Erfahrung denke ich aber, dass aus dieser Gabe nicht sonderlich viel Aroma herauszuholen ist.

Wie sieht es mit den Aromahopfensorten aus? Was sind deine Erfahrungen damit?
Das ist recht abhängig von der Charge. Wir haben festgestellt, dass die Qualitätsschwankungen deutlich merkbar sind und man gelegentlich Hopfen bekommt, der nicht so ganz einwandfrei ist. Zum Beispiel bekommt man zunächst eine Charge 'Perle' oder 'Saazer'-Hopfen rein, die wunderbar ist und mit welcher wir dann entscheiden, weiterzuarbeiten. Bei der nächsten Lieferung ist das dann nicht mehr der Fall und wir entscheiden uns doch gegen die Hopfensorte. Diese aktuell recht starken Qualitätsschwankungen sind besonders beim Hopfenstopfen gefährlich, da das Bier dadurch oft etwas seltsam schmeckt. Den Geschmack kann man nur schwer erklären oder beschreiben, aber es schmeckt nicht ganz sauber, nicht rein. Vor allem bei Biersorten wie dem Pilsener und anderen untergärigen Bieren schmeckt man so etwas sofort raus. In einem IPA könnte das in der intensiven Hopfenaromenvielfalt eher einmal untergehen.

Wie wirkt ihr diesen Qualitätsschwankungen entgegen? Was ist eure Vorgehensweise?
Das ist relativ schwierig. Wir haben teilweise bei kleineren Hopfenvertreibern bestellt, und wenn diese dann keine gute Qualität geliefert haben, sie als Lieferanten nicht mehr ausgewählt. Analytisch können wir den Hopfen bisher selbst nicht untersuchen. Das ist von den damit verbundenen Kosten her nicht umsetzbar. Einen Teil unserer Hopfensorten erhalten wir direkt von den Hopfenbauern, aber auch hier sind Qualitätsschwankungen, abhängig von den Jahrgängen, stark merkbar. Da macht es dann manchmal keinen großen Unterschied mehr, ob du vom Großvertreiber oder direkt beim Bauern einkaufst. Die Schwankungen sind natürlich und überall präsent. Besonders die floralen Noten der deutschen Hopfensorten schlagen gerne einmal in einen würzigen Charakter um. Beim Öffnen einer Hopfentüte merkt man vor allem beim Doldenhopfen schnell, ob dieser wirklich frisch und sauber oder bereits gealtert und verändert ist. Generell finde ich es aber recht schwierig, vom Geruch eines Hopfens einen direkten Schluss auf das Aroma im fertigen Bier zu ziehen. Darauf würde ich mich nicht verlassen. Da wir in der Regel mit Kombinationen mehrerer

Hopfensorten arbeiten, liegt der Fokus darauf, diese Sorten entsprechend ihrer typischen Charakteristik aufeinander abzustimmen und dadurch eine Balance zwischen den Aromen im Bier zu erhalten. Dabei spielt Erfahrung eine große Rolle.

Erhaltet ihr den genauen Gesamtöl-, Linaool- und Myrcengehalt beim Einkaufen von Hopfen?
Bei Hopfensorten aus dem amerikanischen Anbaugebiet Yakima oder der deutschen BarthHaas Group sind diese Analysewerte meistens dabei. Bei kleineren Vertreibern oder Zwischenhändlern bekommt man sie manchmal auf Nachfrage, aber nicht immer. Generell sind diese Werte beim Einkaufen von deutschem Hopfen seltener und bei amerikanischem Hopfen häufiger dabei. Da wir unsere Hopfengabe aber nicht basierend auf diesen Werten berechnen, ist das für uns nicht weiter wichtig. Bei der Hopfengabe spielt immer auch das Bauchgefühl und die Erfahrung eine Rolle, da sich analytisch bestimmte Aromawerte oft nicht genauso im Bier widerspiegeln, wie es theoretisch zu erwarten wäre. Ein Aroma ist immer ein Zusammenspiel aus mehreren Komponenten, die voneinander abhängig sind.

Was für eine Art Mundgefühl möchtet ihr bei „Mitschnagger“ erreichen?
Wir zielen auf ein recht weiches Mundgefühl ab, was sich mit unserem harten Wasser etwas schwieriger gestaltet. Zudem sollte es eine mittlere und ausgewogene Bittere aufweisen, welche trotz der hohen IBUs einen sehr feinen und keinen kratzigen Charakter haben soll. Das heißt, die Bittere soll eher nach hinten raus durchkommen und nicht vorneweg bereits allzu merklich sein. Natürlich merkt man beim Trinken eines Pilseners sofort die Bittere im Mund. Wichtig ist aber, dass diese angenehm anhält und sich auch mit den Aromen der Hopfensorten vermischt. Das erreicht man besonders gut durch die Verwendung von Doldenhopfen im Whirlpool und durch den Einsatz von Sorten wie 'Northern Brewer' und 'Magnum' mit Alpha-Säuren-Gehalten in Kombination um die 10 %. 'Herkules' liegt dabei etwas höher, ist aggressiver und daher ungeeigneter für diese Art Bittere. Durch einen Restextrakt mit etwas unter 2 °P erhalten wir zudem eine leichte Süße sowie einen weichen Körper mit einer klaren Linie der Pilsener Brauart.

Wie sieht euer Wasserprofil aus?
Wir arbeiten mit Hamburger Wasser, welches mit 15°dH ein recht hartes Wasser ist. Da wir über keine großen Anlagen zur Enthärtung verfügen – und diese auch gar nicht möchten – arbeiten wir mit genau diesem Wasser. Auch die Kalziumsulfat- und Chloridwerte bleiben bei uns natürlich und entsprechen dadurch dem originalen Hamburger Trinkwasser. Mit diesen Voraussetzungen ist es natürlich etwas schwierig, dann genau ein typisch tschechisches, weiches Pilsener zu brauen. Das ist aber auch nicht Sinn der Sache. Wir brauen unser Pilsener im norddeutschen Stil mit Hamburger Wasser. Das macht unser Bier schließlich aus.

Wie schafft ihr es dennoch, ein so weiches Bier zu brauen? Was sind deine Tipps dafür?
Über den Hopfen und das Malz. Das ist schließlich auch das Einzige, was du zur Verfügung hast. Je mehr Körper du durch eine ausgewogene Süße hast, desto weicher das Mundgefühl. Während würzige Hopfensorten eher für eine gewisse Härte sorgen, unterstützen florale und fruchtige Sorten eine Weichheit in deinem Bier.

Wann erreicht das „Mitschnagger“ während der Lagerung seinen qualitativen Höhepunkt?
Vom Brauen bis zum Abfüllen braucht das „Mitschnagger“ um die 4 Wochen. Viel weniger ist auch nicht drin, da das Bier Zeit zum Reifen und die Hefe Zeit zum Absetzen braucht. Wichtig ist, das Bier im Tank nicht länger als 4–6 Wochen auf der Hefe stehen zu lassen, da man ansonsten einen Alterungsgeschmack der Hefe in das Bier bekommen würde. Ist das Bier erst mal in die Flasche abgefüllt, gilt wie für fast alle Biere: je frischer, desto besser.

„TABLE BEER" – PALE ALE

Das Table Beer von The Kernel Brewery aus London hat kein festgelegtes Hopfenprofil, da es dem Brauer, der das Bier braut, freigestellt ist, welchen Hopfen er benutzen will. Das Rezept wurde aber so entworfen, dass der Hopfen die Hauptrolle spielt und Malz- und Hefecharakter in den Hintergrund treten. Für's Brauen bei Ihnen zu Hause kann dieses Rezept eine gute Grundlage zum Experimentieren mit verschiedenen Hopfensorten bieten.

Stammwürze: 9,3 °P
Restextrakt: 3,8 °P
Bittereinheiten: 30 IBU
Farbe: 5,9 EBC
Alkohol: 3 Vol.-%

ZUTATEN BEI SUDHAUSAUSBEUTE VON RUND 65 % FÜR 20 L:

MALZ	EBC	PROZENT	KG
Maris Otter Pale Ale Malz	5,9	90	3,25
Haferflocken	2,0	10	0,36

HOPFENGABE	HOPFENSORTE	PROZENT ALPHA	IBU	MENGE
Kochbeginn	Doldenhopfen Golding	4,5	10	16 g
15, 10 und 5 Minuten vor Koch-Ende	Doldenhopfen Mosaic®		insgesamt 10	siehe Interview
15, 10 und 5 Minuten vor Koch-Ende	Doldenhopfen Simcoe®		insgesamt 10	siehe Interview
Hopfenstopfen	Doldenhopfen Mosaic®			2,5 g/l
Hopfenstopfen	Doldenhopfen Simcoe®			2,5 g/l

HEFE	TYP	STAMM
	Amerikanische Ale-Hefe	Safale US-05 oder WLP 001

Wasser: Londoner Stadtwasser, mit 0,5 ml Milchsäure pro Liter gesäuert, mit $CaSO_4$ und CaCl aufgehärtet (Verhältnis SO_4^{2-}/Cl^- 3:2). Wasser/Malz-Verhältnis 3,2:1. Einmaischen bei 74 °C und 45 Minuten Rast halten. 15 Minuten Vorlauf. Abläutern bei 78 °C. 60 Minuten kochen. Keine Whirlpool-Rast. Schnell auf Gärtemperatur herunterkühlen. Gärung bei 18 °C für 48 Stunden. Danach auf 23 °C ansteigen lassen. Wenn VDK abgebaut, Hopfenstopfen bei 23 °C für 24 Stunden. Auf 12 °C herunterkühlen, 24 Stunden halten. Auf 7 °C herunterkühlen und 24 Stunden halten. Gleich danach abfüllen. Nachgärung in der Flasche. CO_2-Gehalt auf 4,8 g/l einstellen.

BEN LANDSBERRY VON THE KERNEL BREWERY

Ben Landsberry, Brauer bei The Kernel Brewery.

Was macht für dich ein gutes „Table Beer" aus?
Es ist im Grunde ein Pale Ale mit etwas weniger Alkohol, wodurch du natürlich auch mehr davon trinken kannst. Wenn du also zum Beispiel zum Mittagessen ein oder zwei leichtere Biere mit einem trotzdem vollen Geschmack, wie der eines Pale Ales, trinken möchtest, ist ein „Table Beer" genau das Richtige für dich. Die meisten Leute wissen aber nicht viel mit „Table Beer" anzufangen und denken, es sei ein belgisches Dünnbier mit kaum Alkohol. Wir schreiben daher auf die Vorderseite unserer Dosen den Namen dieses Bierstils, „Table Beer", und auf die Rückseite „Pale Ale" und welchen Hopfen wir verwenden. Sprich, wir haben unser Bier nach diesem Stil benannt, aber dann etwas anderes daraus gemacht.

Wie würdest du den Hopfencharakter dieses Bieres beschreiben?
Der Hopfen steht bei diesem Bier klar im Vordergrund, weniger das Malz. Wir brauen drei verschiedene helle, obergärige Biere: das „Table Beer", ein Pale Ale und ein IPA. Für alle drei gilt, einen möglichst schwachen Hefecharakter zu haben und dass der Hopfen die Hauptrolle spielt.

Wie erreichst du es, dass der Hopfen im Mittelpunkt steht?
Am Anfang haben wir noch mit verschiedenen Malzsorten gebraut, während wir heute ausschließlich helles Malz und rohen Hafer verwenden, was dem Bier Fülle und Körper gibt. Der Unterschied gegenüber einem normalen Pale Ale ist also, dass wir zusätzlich noch Hafer einsetzen. Was wir nicht wollen, ist, einen süßen Charakter, Röstaromen oder einen zu komplexen Malzgeschmack zu erzeugen. Daher verzichten wir auf den Einsatz jeglicher Karamell-, Kristall- oder Röstmalze. Ziel ist es, einen recht hohen Endvergärungsgrad, etwa 30 IBUs und einen ähnlichen oder leichter hopfigen Charakter wie ein Pale Ale zu erreichen.

Wie hast du die Hopfensorten für dieses Bier ausgesucht?
Bei uns ist es so, dass es einen vorgegebenen Brauplan für die Woche gibt, in welchem festgelegt ist, welches Bier wann gebraut wird. Aber es ist dem Brauer absolut freigestellt, welchen Hopfen er dann einsetzen möchte. Manche Brauer bevorzugen für unser „Table Beer" den gemeinsamen Einsatz von 'Simcoe®' und 'Mosaic®', andere wiederum ‚Citra®'. Aber das kommt wirklich auf den Brauer an, der an diesem Tag gerade braut. Und es kommt auch ein bisschen darauf an, welchen Hopfen wir gerade vorrätig haben. Wenn zum Beispiel gerade viel frischer Hopfen aus Neuseeland angekommen ist, verwenden wir natürlich diesen bevorzugt. Wir haben gemerkt, dass besonders die „Table Beers" mit spritzig fruchtigen Hopfensorten wie 'Mosaic®' oder 'Citra®' besonders gut bei den Leuten ankommen. Das liegt vermutlich daran, dass es ein sonst eher leichtes Bier ist und diese intensiven Hopfensorten daher sehr gut zu diesem Stil passen.

Wie erreichst du die richtige Balance zwischen einer angenehmen Bittere und einem niedrigen Alkoholgehalt?
Wir maischen bei recht hohen Temperaturen von 74 °C ein und haben einen hohen Wassergehalt, gesehen auf die verwendete Malzmen-

ge. Die Kombination aus hoher Temperatur und der recht nassen Maische ergibt einen hohen Endvergärungsgrad, welcher zusammen mit dem Einsatz von Hafer als Rohfruchtanteil für einen vollen Geschmack und Körper im Bier sorgt. Wichtig ist, für ein „Table Beer" wirklich kein Kristall- oder Karamellmalz zu verwenden. Du erreichst durch diese Malze zwar sicherlich den gleichen Endvergärungsgrad und damit vergärbaren Extrakt, aber der Geschmack wird dadurch zu schwer und zu süß. Das ist absolut nicht, was man bei diesem Stil möchte.

Was für eine Art von Mundgefühl möchtet ihr mit diesem Bier erzeugen?
Durch die Verwendung von etwa 10 % Hafer als Rohfruchtanteil beim Einmaischen versuchen wir nicht direkt eine Cremigkeit zu erzeugen, aber das Mundgefühl zu verbessern und abzurunden. Ohne den Hafer wäre das Bier etwas dünn. Wir haben wirklich lang daran gearbeitet, ein gutes Mundgefühl bei diesem Bier zu vermitteln. Da unsere Biere nicht sonderlich stark karbonisiert sind, wirkt der Hafer zusätzlich als wichtiger Geschmacksträger. Zudem ist es wichtig, dass das Malz nicht zu stark ausgelaugt wird. Anstatt so lange zu läutern, bis der richtige Stammwürzegehalt entsprechend dem Volumen an Bier erreicht ist, setzen wir dem Bier zum Ende der Gärung noch einen Teil Wasser zu und vermeiden dadurch die Freisetzung von unerwünschten Polyphenolen und Ähnlichem aus den Spelzen des Malzes.

Wie sieht euer Wasserprofil aus?
Wir verwenden das Wasser der Stadt London, was es vor Ort gibt. Wir filtern nur das Chlor heraus, setzen stattdessen Chlorid und Sulfat zu und senken den pH-Wert ein wenig. Wir verwenden etwas mehr Sulfat als Chlorid, aber setzen generell nur kleine Mengen dieser Salze zu. Als Empfehlung für Heimbrauer würde ich sagen, sie sollen ihr Wasser so aufbereiten, wie sie es normalerweise für ein Standard-Pale Ale machen würden.

Wie bereitet ihr eure Hopfengabe vor, bezogen auf die Einstellung der Bittereinheiten, des Ölgehalts und Ähnlichem?
Wir orientieren uns dabei hauptsächlich am Alphasäure- und weniger am Ölgehalt, was dazu führt, dass jedes „Table Beer" ein bisschen anders schmeckt. Ich denke, das ist auch der Grund dafür, dass die intensiv fruchtigen Hopfensorten wie 'Mosaic®' und 'Citra®' sich für dieses Bier so gut eignen, da sie hohe Ölgehalte haben. Ein „Table Beer" mit 'Tettnanger' wäre nicht hopfig genug, zu schwach und würde dadurch nicht gut bei den Leuten ankommen, weil sie etwas anderes von diesem Bier erwarten. Wir verwenden etwa 10 kg Doldenhopfen, welchen wir 15, 10 und 5 Minuten vor Ende der Würzekochung dazugeben. Dabei macht die 5-Minuten-Gabe die Hälfte der Gesamtmenge aus, die 10-Minuten-Gabe etwa 25 % und die 15-Minuten-Gabe 10 %. Den Rest geben wir, je nach den bereits erreichten IBUs, als Bitterhopfengabe zu Beginn der Kochung dazu. Sprich, wir kalkulieren unsere Hopfengabe vom Ende der Würzekochung zum Anfang hin und nicht andersrum, wie es die meisten machen, und erzielen dabei zwischen 30 und 33 IBUs.

Wie seid ihr zu dieser Art von Hopfungsstrategie gekommen?
Wir haben auch mal ausprobiert, nur Pellets anstatt Dolden zu verwenden und die Würze anschließend durch eine Art Whirlpool laufen zu lassen. Wir haben versucht, die gesamte Hopfengabe als 5-Minuten-Gabe vor Ende der Würzekochung einzusetzen sowie die Dolden ausschließlich zum absoluten Ende der Kochung, sprich: als 0-Minuten-Gabe, dazuzugeben. Aber all diese Versuche erzielten nicht das gewünschte Mundgefühl, nach dem wir suchten. Es fehlte einfach die Hopfengabe kurz vor Ende der Würzekochung. Durch die 15-Minuten-Gabe erreichen wir sicherlich nicht den größten Beitrag zum Aroma, aber durch intensive Verkostungen haben wir herausgefunden, dass diese Gabe einen offensichtlich entscheidenden Einfluss auf das Mundgefühl hat und dadurch den Geschmack des Bieres abrundet.

„DUNKLE MATERIE" – BLACK IPA

Das Black IPA von Brew Age aus Österrreich hält, was sein Name verspricht. Es wird mit einem Röstmalzanteil von 5 % eingebraut und hat dadurch intensive Röstaromen, verleichbar einem irischen Stout. Dies wird mit dem kräftigen Hopfencharakter eines West Coast IPAs kombiniert und sorgt dadurch für ein Trinkerlebnis, das Brauer Johannes Kugler als „dynamisch" bezeichnet.

Stammwürze: 16,8 °P
Restextrakt: 4,2 °P
Bittereinheiten: 75 IBU
Farbe: 100 EBC
Alkohol: 6,9 Vol.-%

ZUTATEN BEI SUDHAUSAUSBEUTE VON RUND 65 % FÜR 20 L:

MALZ	EBC	PROZENT	KG
Pilsener Malz	4	75	5,05
Münchner Malz	25	20	1,35
Carafa Spezial I	1000	3	0,20
Carafa Spezial II	1200	2	0,13

HOPFENGABE	HOPFENSORTE	PROZENT ALPHA	IBU	MENGE
Vorderwürze	Amarillo®	9,5	8	6,5 g
Vorderwürze	CTZ	16,8	8	3,7 g
Vorderwürze	Cascade	5,5	8	11 g
50 Minuten vor Koch-Ende	CTZ	16,8	24	12,5 g
Whirlpool	Amarillo®	9,5	10	22 g
Whirlpool	CTZ	16,8	7	9 g
Whirlpool	Cascade	5,5	10	40 g
Hopfenstopfen	Columbus			1,0 g/l
Hopfenstopfen	Amarillo®			0,5 g/l
Hopfenstopfen	Cascade			0,5 g/l

HEFE	TYP	STAMM
	Amerikanische Ale-Hefe	Safale US-05

Wasser: Wiener Stadtwasser. Mineralien (in mg/l): SO_4^{2-}: 100; Cl^-: 40. Maische: pH mit Milchsäure auf 5,5 einstellen. Wasser/Malz-Verhältnis 2,8:1. Einmaischen bei 57 °C. Auf 63 °C aufheizen und 40 Minuten Rast halten. Auf 72 °C aufheizen und 25 Minuten Rast halten. Abläutern bei 78 °C. Kochzeit: 70 Minuten. Whirlpool/Hopstand bei ungefähr 95 °C für 20 Minuten. Anstellen mit Hefe: 10 g/20 l Würze. Anstellen bei 19 °C. Auf 21 °C steigen lassen. Hopfenstopfen bei 65 % scheinbarem Vergärungsgrad bei 21 °C. Hopfen nach 2 Tagen abziehen. Wenn Endvergärungsgrad erreicht ist, CO_2-Gehalt auf 5,0 g/l einstellen. Abfüllen.

JOHANNES KUGLER VON BREW AGE

Johannes Kugler, Brauer und Mitbesitzer von Brew Age.

Was macht ein gutes Black IPA aus?
Wir bei Brew Age möchten, dass in unserem Black IPA ausgewogenene Röst- und Hopfenaromen gleichermaßen vertreten sind. Viele andere Black IPAs enthalten oft eine wunderbare Hopfennote, aber vernachlässigen den röstigen Charakter. Diese Biere haben zwar eine genauso dunkle Farbe, aber man vermisst die typischen Röstaromen dahinter. Das wollen wir für unser Black IPA nicht und unterscheiden uns dadurch von anderen am Markt erhältlichen Black IPAs.

Wie würdest du das Trinkerlebnis bei eurem Black IPA beschreiben?
Im Geruch spiegeln sich Hopfennoten von Pinie und Zitrusfrüchten sowie leichte Noten von Beerenfrüchten wider, welche mit einer leichten Kakao-Kaffeenote abgerundet werden. Im Antrunk sind im Vordergrund die intensiven Röstaromen stark wahrnehmbar. Hinten raus schmeckt man eine ausgewogene Hopfenbittere und leichte Fruchtigkeit, welche von den Hopfenaromen vervollständigt wird. Das Aroma ist ein Wechselspiel zwischen Hopfenaromen und Röstaromatik. Es kommt darauf an, wie ich es wahrnehme. Sprich, ob ich daran rieche oder es trinke. Davon abhängig ändert sich die Komplexität dieser Aromen. Ich nenne es daher immer ein sehr „dynamisches Trinken".

Wie habt ihr eure Hopfensorten für dieses Bier ausgesucht?
Das haben wir nach dem Prinzip „trial and error" gemacht, da wir zu Beginn recht unwissend waren, was für eine Art Hopfen für diesen Stil passen könnte. Es hat sich dann relativ schnell gezeigt, dass die tropischen Sorten, welche heutzutage viel Anwendung in anderen IPAs finden, unserer Meinung nach nicht geeignet sind. Dadurch sind wir weg von Sorten wie 'Citra®', hin zu der Kombination von 'Cascade' und 'Amarillo®' als unsere Aromahopfen und 'Columbus' als Bitterhopfen sowie zum Hopfenstopfen gekommen. Für das Hopfenstopfen machen wir vorab eine Analyse der Ölgehalte der Hopfensorten und berechnen, entsprechend dem gesuchten Gesamtölgehalt, die zu gebenden Mengen der einzelnen Sorten. Dann testen wir wiederum, welche Kombination von Sorten uns am besten gefällt.

Wie würdest du das Mundgefühl eures Black IPA „Dunkle Materie" beschreiben?
Die „Dunkle Materie" sorgt für ein eher trockenes und röstaromatisches Mundgefühl, was von einer deutlichen Hopfenbittere begleitet wird. Der Vergärungsgrad ist, gemessen an der verwendeten Menge von über 5 % Röstmalz, mit 76–78 % relativ hoch. Ein hoher Röstmalzanteil sorgt für einen niedrigeren Vergärungsgrad, da durch dieses Malz zwar ein Beitrag am Extrakt erfolgt, dieser aber nicht von der Hefe vergoren werden kann.

Wie erreicht ihr diesen hohen Vergärungsgrad?
Wichtig ist, als Basismalz ein hochwertiges Pilsener Malz zu verwenden, was viel vergärbaren Extrakt mit sich bringt. Wir wenden dann ein klassisches 2-Stufen-Infusionsverfahren an, bei dem wir die Maltoserast etwas verlängert haben.

Was für eine Hefe verwendet ihr? Was für eine Hefe empfiehlst du für diesen Stil?

Für diesen Bierstil würde ich es simpel halten und keinen englischen oder schottischen Hefestamm mit hoher Esterproduktion nehmen. Das würde die bereits intensive Grundaromatik der Röstmalze und des Hopfens nicht unterstützen, sondern stören. Wir arbeiten daher mit klassischen amerikanischen Hefestämmen wie dem „Safale US-05“ von Fermentis oder die „American Ale 1056“ von Wyeast. Diese stellen wir dann bei 19 °C an, lassen die Gärtemperatur auf bis auf 21 °C steigen und befinden uns damit im oberen empfohlenen Temperaturbereich für diese Hefen. Durch diese Temperaturführung stellen wir sicher, dass wir auch mit dem recht hohen Stammwürzegehalt zwischen 16 und 18 °P einen gesunden und zügigen Gärverlauf erreichen.

Wie gestaltet sich die Hopfengabe bei „Dunkle Materie“?

Die Bitterhopfengabe erfolgt als Vorderwürzehopfung und als eine Gabe 50 Minuten vor Koch-Ende mit dem Hopfen 'Columbus'. Wir kochen unsere Würze recht intensiv für 70 Minuten. Für „Dunkle Materie“ erfolgt die einzige Aromagabe nach dem Ausschlagen im Whirlpool, in welchem eine große Menge Hopfen vorgelegt wird und die Würze anschließend für 20 Minuten rastet. Wir kühlen die Würze dafür, wie es ansonsten oft für New England IPAs oder Hazy IPAs gemacht wird, bewusst nicht runter. Für diese anderen Stile macht man dies vor allem, um möglichst viel Aroma neben wenig Bittere zu erreichen. Da die „Dunkle Materie“ dahingegen etwa 70 IBUs anstrebt, ist die Bittere genau das, was wir wollen. Mithilfe der Gabe zum Whirlpool können wir also zwei Fliegen mit einer Klappe schlagen: Zum einen die Aromastoffauslaugung und zum anderen die Bitterstoffumsetzung. Diese Aromahopfengabe macht schließlich etwa 40 % der gesamten IBUs aus. Nach dem Whirlpool kühlen wir die Würze innerhalb von etwa 35 Minuten runter und bereiten das Bier für die Gärung vor.

Hopfenstopft ihr auch während der Hauptgärung?

Das Stopfen während der Hauptgärung hat einen entscheidenden Einfluss auf das Hopfenaroma. Wir erreichen eine schnellere, vielleicht auch bessere Extraktion des Hopfens. Dadurch, dass noch Gärung durch die Hefe stattfindet, liegen die Hopfenpellets nicht reglos am Boden, sondern werden von der Konvektion im Tank bewegt. Analytisch gemessen, ob der Gehalt an Terpenen und Ähnlichem zu- oder abnimmt, haben wir bisher nicht, aber wir können bestätigen, dass ein Hopfenstopfen bei warmen Temperaturen und mit Hefeaktivität für komplexeres und vielfältig fruchtigeres Aroma sorgt. Um die Hopfenpellets zu entfernen, führen wir nach abgeschlossener Lagerung das Bier über eine Zentrifuge in einen Drucktank. Von dort aus geht es dann in die Abfüllung.

Wie sieht das Wasserprofil für diesen Stil aus? Hast du Tipps für die Wasseraufbereitung?

Ein Black IPA ist einer der Bierstile, bei denen man das Wasserprofil des Brauwassers weniger berücksichtigen muss. Auf was man allerdings achten sollte, ist, dass man durch den Einsatz von hohen Anteilen an Röstmalzen im pH-Wert der Maische nicht zu tief kommt. Das liegt daran, dass Karamell- und Röstmalze, im Vergleich zu einer 100-%-Schüttung mit Pilsener Malz, zu einer recht starken Absenkung des pHs führen. Das Brauwasser hier im Raum Salzburg hat eine hohe Gesamthärte und weist dabei eine fast reine Karbonathärte auf. Zudem verfügt das Salzburger Wasser über eine recht hohe Pufferung. Daher setzen wir einen kleinen Teil Milchsäure dazu, um in der Maische schließlich den passenden pH zu treffen. Auf Umkehrosmose oder andere Techniken der Enthärtung verzichten wir bislang noch.

„WET BULLION" – NASSHOPFENBIER

Im argentinischen Patagonien liegt eines der südlichsten Hopfenanbaugebiete der Welt. Bruno Ferrari und seine zwei Brüder betreiben in der Nähe ihre Brauerei Berlina und brauen einmal im Jahr ein Nasshopfenbier. Hierfür fahren sie zur Hopfenernte aufs Feld und brauen das Bier anschließend sofort ein. Der frische Hopfen kommt bei jedem Schritt des Brauprozesses zum Einsatz, wodurch der Hopfen in all seinen Facetten genutzt wird.

Stammwürze: 12,4 °P
Restextrakt: 2,56 °P
Farbe: 17,2 EBC
Alkohol: 5,5 Vol.-%

ZUTATEN BEI SUDHAUSAUSBEUTE VON RUND 65 % FÜR 20 L:

MALZ	EBC	PROZENT	KG
Pilsener Malz	3,0	81,8	4,00
CARAMÜNCH® I	120	7,4	0,37
Wiener Malz	5,9	5,9	0,29
Melanoidin	59,1	3,7	0,18
Weizenmalz	3,9	1,2	0,06

HOPFENGABE	HOPFENSORTE	PROZENT ALPHA	IBU	MENGE
Maische	Bullion			19 g
Läuterbottich	Bullion			17 g
Vorderwürze	Bullion			49 g
Whirlpool	Bullion			240 g
In Fermenter vorgelegt	Bullion			154 g

HEFE	TYP	STAMM
	Amerikanische Ale-Hefe	Safale US-05

Wasser: Sehr weiches Gletscherseewasser, aufgehärtet mit Chlorid, Magnesium, Kalzium und Natrium. Wasser/Malz-Verhältnis 3:1. Einmaischen bei 59 °C. Aufheizen auf 63 °C und 10 Minuten Rast halten. Aufheizen auf 67 °C und 40 Minuten Rast halten. Aufheizen auf 72 °C und 15 Minuten Rast halten. Abläutern bei 76 °C. Kochzeit: 70 Minuten. Anstellen mit 30 g Hefe (auf 20 l) bei 20 °C. CO_2-Gehalt auf 4,8 g/l einstellen. Abfüllen.

BRUNO FERRARI VON BERLINA

Bruno Ferrari, Head Brewer und Miteigentümer von Berlina.

Kannst du etwas über den Bierstil von „Wet Bullion" erzählen und wie du auf die Idee für dieses Bier gekommen bist?
Wir haben, seit es unsere Brauerei gibt, auch mit frischem, also nicht getrocknetem Hopfen gebraut. Wenn du weniger als 200 km von einem Hopfenanbaugebiet entfernt lebst und arbeitest, kannst du einmal im Jahr frischen Hopfen direkt beim Bauern abholen und ein Nasshopfenbier brauen. Das ist etwas sehr Besonderes und für uns ein Anlass, die Hopfenpflanze zu feiern. Am Anfang haben wir noch mit verschiedenen Hopfensorten gebraut und haben uns mit der Zeit dafür entschieden, nur noch 'Bullion' zu verwenden. Die Sorte ist sehr alt und hat leichte Noten von Mango, was für uns sehr interessant ist und uns veranlasst hat, unser Nasshopfenbier nun ausschließlich mit 'Bullion' zu brauen.

Wie genau macht ihr die Hopfengaben bei „Wet Bullion"?
Wenn im Jahr die Hopfenernte bevorsteht, bereiten wir in der Brauerei für diesen besonderen Sud schon alles vor. Nach der Ernte muss der Hopfen unbedingt innerhalb von 12 Stunden in den Sudkessel kommen, da der Hopfen sonst anfangen würde, zu oxidieren. Das Besondere an „Wet Bullion" ist, dass wir das Bier in fünf verschiedenen Etappen hopfen. Als erstes findet der Hopfen Einsatz beim Einmaischen. Weiter dann im Läuterbottich, wo auf die Würze am Boden des Bottichs bereits die Hopfendolden warten. Zudem geben wir die Dolden oben auf den Treberkuchen auf, sodass die Würze während des Anschwänzens sowohl am oberen als auch am unteren Ende des Läuterbottichs Kontakt mit dem Hopfen hat. Anschließend machen wir ein „First-Wort-Hopping", sprich, wir geben den Hopfen direkt nach dem Abläutern noch vor Kochbeginn zum Würzekessel dazu. Eine weitere Gabe geben wir zum Whirlpool und es folgt natürlich Hopfenstopfen während der Gärung. So machen wir das immer, da für uns der Hopfen die absolute Hauptrolle in diesem Bier spielt. Durch die vielen verschiedenen Gaben erhalten wir auch die vielen verschiedenen Facetten des Hopfens.

Wie würdest du den Geschmack von „Wet Bullion" beschreiben?
Der Geschmack ist mit einem Hopfen-Kaugummi zu vergleichen. Es ist kein Bier für jeden Tag, sondern etwas Spezielles und Interessantes während der Hopfensaison. Es schmeckt recht grasig und passt daher sehr schön zu Fleischgerichten. Du erhältst ganz andere Hopfenaromen, da keine Aromastoffe durch die Trocknung des Hopfens verloren gehen. Es ist die pure Frische. Allerdings verändert sich das Aroma stark über die Zeit der Reifung und Lagerung. Es ist wirklich ein sehr ungewöhnlicher Bierstil.

Du hast vorhin beschrieben, dass ihr in euren Anfängen beim Brauen von Nasshopfenbier noch andere Hopfensorten verwendet habt. Warum habt ihr euch dazu entschieden, diesen Stil nur noch mit 'Bullion' zu brauen?
'Bullion' ist eine ganz besondere Sorte und es wird nicht viel davon angebaut. Wir wollen mit unserem Bier gewissermaßen diesen Hopfen feiern und ehren. Zudem arbeiten wir gerne mit regionalen Produkten, und da 'Bullion' hier angebaut wird, passt das alles wunderbar zusammen.

Was ist das Besondere an argentinischem Hopfen?

Das Klima und der Boden hier in Argentinien sind gut geeignet für den Hopfen. Das Hopfenanbaugebiet El Bolsón liegt in einem Tal, sodass es dort kaum Wind gibt und ein spezielles Mikroklima herrscht. Die Erde ist dort sehr alt und unberührt und so ist El Bolsón ein wunderbarer Ort für Hopfen, um zu gedeihen. Man merkt das an der hohen Qualität des Hopfens. Ein Land und eine Art von Boden sind nicht unbedingt besser oder schlechter als ein anderes, sie sind aber unterschiedlich und geben den einzelnen Sorten ihren ganz eigenen Geschmack mit. Ich liebe argentinischen Hopfen. Ich liebe auch deutschen, australischen, neuseeländischen und amerikanischen Hopfen, aber diese haben immer einen anderen Charakter als der hiesige. Besonders der 'Cascade', der hier angebaut wird, ist einfach großartig.

Fahrt ihr zur Ernte vom Hopfen für das Nasshopfenbier aufs Feld?

Ja, natürlich. Wir helfen ihnen bei der Ernte. Dabei ernten wir die komplette Pflanze, bringen sie zur Brauerei und sortieren hier nach Reifegrad der Dolden. Zudem kann ich absolut jedem empfehlen, bei der Hopfenernte dabei zu sein. Man lernt dadurch die Pflanze und ihr Aroma besser kennen. Es ist Mutter Erde, die dich lehrt, für diese besondere Pflanze ein Gefühl zu bekommen. Ein Gefühl für die Hopfenblüte zu bekommen, für die Dolde, die im Wind weht und ganz anders wird, sobald du sie in deiner Hand hältst. Manche Dolden sind noch geschlossen, andere schon geöffnet, und danach musst du dann auch entscheiden, wie du den Hopfen später einsetzen möchtest.

Wie entscheidet ihr euch für den richtigen Zeitpunkt der Ernte?

Das beurteilen wir je nachdem, wie die Hopfendolde aussieht. Wenn sie gerade ein bisschen geöffnet ist und zu atmen beginnt, dann hast du die Zeit für die Ernte erreicht. Aber da helfen uns natürlich auch die Hopfenbauern mit ihrer langjährigen Erfahrung weiter. Extrem wichtig bei der Ernte von frischem Hopfen ist, dass dieser nach dem Pflücken sofort seinen Weg in den Kessel findet. Er würde sonst sehr schnell anfangen zu oxidieren und an Qualität verlieren.

Wie gestaltet sich die Hopfengabe bei euch? Wie stellt ihr sicher, nicht zu viel Chlorophyll zu extrahieren?

Du darfst die Würze nicht zu stark kochen, das ist der Trick. Wir kochen unsere Würze gerade mal 55–60 Minuten. Denn je länger du kochst, desto mehr Chlorophyll extrahierst du und würdest ab einem bestimmten Punkt einen Teil des Pflanzenmaterials verkochen und verbrühen. Das Tolle an der Hopfengabe während des Maischens ist, dass du quasi einen Hopfentee erhältst, welcher sehr schonend extrahiert wird und für reine und angenehme Aromen sorgt. Das funktioniert im Whirlpool ähnlich. Spannend bleibt das Hopfenstopfen. Dafür kühlen wir die Würze nach dem Whirlpool mithilfe eines Plattenwärmetauschers runter und pumpen sie direkt in unseren Gärtank, welcher voll mit frischen Hopfendolden und CO_2 auf sie wartet. Das CO_2 schützt den Hopfen vor möglichen Oxidationsprozessen und hält ihn damit frisch. Anschließend stellen wir mit der dreifachen Menge Hefe an, wofür wir unsere eigene Haushefe verwenden. Damit gehen wir auf Nummer sicher, dass die Fermentation reibungslos abläuft.

Wann erreicht das Bier nach der Gärung und während der Reifung seinen Höhepunkt in der Qualität?

Wichtig ist, das Bier wirklich frisch zu trinken, denn es altert sehr schnell. Nach abgeschlossener Gärung lagern wir es für 10–12 Tage, damit es reifen kann. Nach dieser Zeit schenken wir es an der Bar etwa 2 Monate lang aus. Darauf freuen sich unsere Gäste immer besonders. Danach ist das Bier natürlich noch trinkbar, aber es fängt an, fad und alt zu schmecken, und das ist absolut nicht, wie es sein sollte. Wenn wir es unseren Gästen an der Bar im Glas servieren, geben wir immer noch eine Hopfendolde mit ins Bier.

„FULLY ADRIFT" – DOUBLE IPA

Joe Mohrfeld von Pinthouse Pizza hat mit „Fully Adrift" ein Bier kreiert, das vor Hopfenaromen regelrecht birst, und hat mit ihm 2018 die renommierte „Alpha King Challenge" gewonnen. Diese zeichnet jährlich die am besten ausbalancierten und am besten trinkbaren IPAs und Double IPAs mit über 60 IBUs aus. „Fully Adrift" schlägt den Bogen zwischen zitrus- und pinienartigen West Coast IPAs und den modernen IPAs, deren Aromen an exotische Früchte erinnern.

Stammwürze: 22 °P
Restextrakt: 3,5 °P
Bittereinheiten: 81 IBU
Farbe: 15,2 EBC
Alkohol: 10,3 Vol.-%

ZUTATEN BEI SUDHAUSAUSBEUTE VON CA. 65 % FÜR 20 L:

MALZ	EBC	PROZENT	KG
Maris Otter Pale Ale Malz	5,9	40,3	3,9
Pilsener Malz	3,3	35,2	3,4
Wiener Malz	5,9	5,2	0,5
CaraHell	25,6	4,1	0,4
Dextrin		4,1	0,4
Sauermalz	3,5	4,1	0,4
CaraPils	5,0	3,1	0,3
Haferflocken	2,0	3,1	0,3
Honey Malt	49,2	0,7	0,07

HOPFENGABE	HOPFENSORTE	PROZENT ALPHA	IBU	MENGE
Maische	Doldenhopfen Citra®	13,6	1,3	5 g
Maische	Doldenhopfen Cashmere	7,7	1,5	10 g
Vorderwürze	Citra®	13,6	6,5	4,5 g
Vorderwürze	Cashmere	7,7	7,5	9,2 g
45 Minuten vor Koch-Ende	Cashmere	7,7	3,1	4,5 g
30 Minuten vor Koch-Ende	Cashmere	7,7	2,9	4,5 g

Fortsetzung des Rezepts auf Seite 246.

JOE MOHRFELD VON PINTHOUSE PIZZA

Joe Mohrfeld, Miteigentümer und Leiter der Brewing Operations bei Pinthouse Pizza.

Was macht für dich ein gutes Double IPA aus?
Für mich muss ein Double IPA eine sehr kräftige Hopfenpräsenz haben, voller verschiedener Geschmäcker und reichem Hopfenaroma sein. Außerdem sollte es keinen zu starken alkoholischen Charakter haben. Dafür braucht man eine gelungene Gärung, ansonsten würde ein alkoholischer Geschmack den beschriebenen hopfigen Charakter überdecken. Weiterhin sollte es angenehm trocken sein, sodass es keine Süße hat, die ebenfalls mit dem Hopfenprofil konkurrieren würde.

Wie würdest du den Hopfencharakter von „Fully Adrift“ beschreiben?
Das Bier ist geprägt von starken Aromen süßer Früchte. Dabei sorgt 'Mosaic®' für Blaubeer- und leichte Minznoten. Durch 'Citra®' kommen Aromen von Mango, tropischen Früchten und Zitrusfrüchten wie Mandarine und Orange dazu. Das Ziel beim Brauen von „Fully Adrift“ war es, ein Bier zu kreieren, bei dem der Hopfen im absoluten Mittelpunkt steht. Dafür verwenden wir mehr als 10 Pfund Hopfen pro Barrel (rund 4,5 kg pro 159 l), wovon der Großteil während dem Hopfenstopfen zugegeben wird. Dadurch erhalten wir diesen intensiven Hopfencharakter.

Wie gestaltet sich die Hopfengabe bei „Fully Adrift“?
Wir setzen 'Citra®' gerne zum Hopfenstopfen ein, da wir finden, dass dadurch der Charakter dieses Hopfens am besten zur Geltung kommt. Wir verwenden 'Citra®' bei diesem Bierstil auch als „Mash Hop“ (Maische-Hopfung) sowie während der Bitterhopfengabe, da dieser Hopfen für eine sehr reine und angenehme Bittere sorgt. Des Weiteren setzen wir 'Mosaic®' sehr gerne im Whirlpool ein, da uns der durch heiße Extraktion entstehende Hopfencharakter gut gefällt. Dieser Hopfen ist sehr vielseitig in seinem Profil und lässt sich sowohl im Heiß- als auch im Kaltbereich verwenden.

Was genau ist „Mash-Hopping“? Wie funktioniert das und was sind die Vorteile davon?
Das ist eine alte Technik, die ursprünglich bei belgischen Brauern Anwendung gefunden hat und bei welcher während dem Einmaischen der Maische Doldenhopfen zugesetzt wird. Wir finden, dass dadurch der Geschmackseindruck im fertigen Bier etwas vielfältiger wird. Besonders in eher schweren Bieren kann man durch „Mash-Hopping“ zusätzlich leichte und spannende Geschmacksrichtungen erreichen, die durch reine Kalthopfung nicht umzusetzen wären.

Verwendet ihr auch „First Wort Hopping“? Ist das ähnlich wie „Mash-Hopping“?
Ja, „First Wort Hopping“ (Vorderwürzhopfung) machen wir auch. Es basiert auf einer ähnlichen Idee und man erzielt ähnliche Ergebnisse.

Wie erreicht ihr die Bittere in eurem Bier? Wie erfolgt die Bitterhopfengabe?
Unser „Fully Adrift“ wird 75 Minuten lang gekocht und es erfolgen während des Kochens vier Hopfengaben. Und zwar 45 Minuten, 30 Minuten, 15 Minuten und 5 Minuten vor Koch-Ende. Die restliche Hopfengabe erfolgt im Whirlpool oder durch das Hopfenstopfen.

Es scheint heute recht unüblich zu sein, eine mittlere Hopfengabe zu machen, richtig?
Wir machen es noch für unsere Double IPAs, da man, wie wir finden, den hohen Alkoholgehalt durch entsprechend mehr Bittere ausgleichen sollte. Auch wenn vorab eine sehr trockene Fermentation stattgefunden hat, kann es passieren, dass Double IPAs einen zu vollen Körper bekommen und recht süß sind. Durch die mittlere Bitterhopfengabe sind wir in der Lage, die IBUs zu erhöhen, und sorgen dafür, dass das Bier frisch, trocken und süffig ist. Für uns ist es sehr wichtig, frische und gut trinkbare Biere zu produzieren. Dafür inspirieren uns besonders die Mentalität von Pilsener Bieren und deren Brauweise. Wir wollen eben genau diese wunderbare Frische, die einen nicht nur ein Bier trinken lässt, sondern man trinkt gerne auch ein zweites oder drittes.

Wo wir gerade bei den Restzuckergehalten sind: Wie hoch ist dessen Dichte im fertigen Bier?
Mit diesem Bier enden wir bei 3,5 °P. Wir möchten damit sicherstellen, dass das Bier trocken fermentiert ist, einen erfrischenden Charakter bekommt und keine Süße oder Ähnliches mehr enthält.

Wie schafft ihr es, so weit runter zu kommen in der Fermentation?
Wir verwenden eine „Kölsch"-Hefe in all unseren Bieren. Besonders bei unseren Double IPAs haben wir gemerkt, dass diese Hefe auch mit höheren Alkoholgehalten wunderbar trocken fermentiert, ohne dabei selbst höhere Alkohole oder Phenole zu bilden. Zudem maischen wir bei ungefähr 152°F (etwa 66,5 °C) und geben zu Koch-Ende Dextrose zu, um der Hefe mehr Substrat zur Verfügung zu stellen. Später stellen wir die Hefe im etwas höheren Temperaturbereich um die 65°F (etwa 18 °C) an.

Zurück zum Brauprozess: Wie erfolgt bei dir die Hopfengabe zum Whirlpool?
Wir verwenden dafür Pellethopfen, geben diesen zu Koch-Ende einfach zum Whirlpool dazu und starten anschließend das Herunterkühlen auf Gärtemperatur. Da unsere Brauerei recht klein ist, ist auch unser Equipment eher schlicht.

Das heißt, für diesen Bierstil kühlt ihr die Würze im Whirlpool nicht vorher runter?
Nein, für „Fully Adrift" kühlen wir nicht vorher runter. Für einige unserer IPAs machen wir das auch nicht, aus dem Grund, dass wir etwas mehr von der reinen Bitterkeit erhalten möchten, um in höhere IBU-Bereiche zu kommen. Dafür braucht man zusätzliche Bittere aus dem Whirlpool.

Für viele andere unserer Biere und gängigen IPAs kühlen wir aber schon den Whirlpool runter.

Wie gestaltet sich das Hopfenstopfen bei euch?
Für das „Fully Adrift" nehmen wir drei Hopfengaben im Kaltbereich vor. Die erste wird direkt nach dem Herunterkühlen in den Gärtank gegeben, sprich: am Tag 1. Die zweite erfolgt kurz (1–2 °P) vor Erreichen des Endvergärungsgrades. Für die dritte Hopfengabe kühlen wir das Bier um 10 °C runter, wodurch wir die Hefe ausfallen lassen, und geben dann den Hopfen für 3 weitere Tage zum Bier dazu.

Ihr nehmt sowohl einen großen Teil der Hopfengabe während der Hauptgärung vor, also wenn die Hefe noch stark aktiv ist, als auch eine weitere Gabe, wenn die Hefe immer noch recht aktiv ist?
Genau. Die erste Hopfengabe, die gleich nach dem Herunterkühlen im Gärtank passiert, behandle ich in meinem Kopf fast wie eine sehr kühle Whirlpool-Hopfengabe. Die Effekte der Biotransformationen durch die Hefe zeigen sich durch die Hopfengabe am Ende der Gärung. Und durch das dritte Hopfenstopfen bekommen wir dann den unverfälschten Hopfencharakter des Rohhopfens ins Bier.

Wow, da muss ja eine unglaubliche Vielschichtigkeit an Geschmacksrichtungen des Hopfens in eurem Bier sein!
Ja, die Hopfenbauern lieben uns dafür (lacht).

„DOPPEL ALT" – ALT-BOCKBIER

Von den klassischen deutschen Ale-Bierstilen ist das Altbier dasjenige mit den meisten Bittereinheiten. Dieses Altbier der Brauerei Giesinger Bräu ist eine Münchner Interpretation des Stils aus der Region vom Niederrhein. Es kommt selbstbewusst mit einer wärmenden Alkoholnote, mit fruchtigen Hefearomen und einer kräftigen Hopfenbittere daher. Die feinwürzigen Aromen des Hallertauer Hopfens runden das Bier ab.

Stammwürze: 17 °P
Restextrakt: 4,08 °P
Bittereinheiten: 40 IBU
Farbe: 30 EBC
Alkohol: 7,0 Vol.-%

ZUTATEN BEI SUDHAUSAUSBEUTE VON RUND 65 % FÜR 20 L:

MALZ	EBC	PROZENT	KG
Pilsener Malz	5,9	84,3	5,75
Münchner Malz Typ 1	14,0	10,3	0,70
Caramünch Typ 2	124,1	2,2	0,15
Sauermalz	3,5	2,2	0,15
Carafa Spezial Typ 1	1000	1,0	0,07

HOPFENGABE	HOPFENSORTE	PROZENT ALPHA	IBU	MENGE
Kochbeginn	Hallertauer Tradition	7	31,3	40 g
Whirlpool	Hallertauer Tradition	7	7,8	15 g

HEFE	TYP	STAMM
	Alt-Hefe	TUM 184

Wasser: Münchner Stadtwasser. Hauptguss: 20 l. Nachguss: 10 l. Wasser/Malz-Verhältnis 3:1. Maischverfahren: Glyko-Infusion. Einmaischen bei 52 °C. Aufheizen auf 62 °C und 40 Minuten Rast halten. Aufheizen auf 72 °C und 35 Minuten Rast halten. Abläutern bei 78 °C. 2 Nachgüsse (60 % und 40 %). 60 Minuten kochen. Whirlpool bei 95 °C für 30 Minuten. Gärung bei 19–24 °C. CO_2-Gehalt auf 5,0 g/l einstellen. Abfüllen.

ALT

SIMON ROSSMANN VOM GIESINGER BRÄU

Simon Roßmann, Technischer Betriebsleiter beim Giesinger Bräu.

Was macht für dich ein gutes Altbier aus?
Ein Altbier ist im Prinzip nichts anderes als ein obergäriges, dunkles Bitterbier. In dieser Beschreibung steckt bereits alles drin, was für mich ein gutes Altbier ausmacht. Es soll eine deutliche Bittere haben, die Farbe soll dunkel bernstein- oder kupferfarben im Bereich von 30 EBC sein und es soll einen leicht röstigen und malzbetonten Charakter haben. Die Hefe soll dabei auch keine ganz reinen Noten, sondern die typischen Aromen der obergärigen Nebenprodukte ausbilden, welche dieses Bier geschmacklich abrunden und es zudem sehr exklusiv machen. Schließlich gibt es neben dem Weißbier keine anderen dunklen, obergärigen Biere in Deutschland.

Weswegen habt ihr euch als Münchner dafür entschieden, ein Altbier zu brauen?
Wir haben uns 2016 dazu entschlossen, vier explizite Biere im typischen Craftbierstil zu brauen, und so auch das „Doppel Alt". Die Ursprünge des Altbiers liegen in der Region Niederrhein, was diesen Bierstil zu einem lokalen, deutschen Bier macht. Die Craftbrewer aus den USA und dem Rest der Welt, aber auch aus Deutschland selbst, wagen sich dennoch kaum an diesen Stil heran und haben nur selten ein Altbier in ihrem Sortiment. Das war für uns der entscheidende Punkt, ein Altbier, als klassischen deutschen Bierstil, als „Craft", zu brauen.

Bei einem Bierstil wie dem Altbier ist besonders die Balance zwischen dem Malz- und dem Hopfencharakter wichtig. Wie würdest du diese beschreiben und wie erreicht ihr sie?
Wir haben unser Altbier auf 40 Bittereinheiten eingestellt, was natürlich erst mal recht hoch ist. Mit einem Alkoholgehalt von 7 % und einer Malzigkeit, welche mittels Restsüße durch das verwendete Karamellmalz kommt, wirken wir dieser Bitteren ein Stück weit entgegen und sorgen dadurch für eine schöne Trinkbarkeit des Bieres. Die Hopfenbetonung geht dennoch eindeutig in Richtung Bittere, die aber vom hohen Alkoholgehalt und der ausgewogenen Süße des Malzes abgerundet wird.

Wie würdest du den Hopfencharakter eures „Doppel Alt" beschreiben?
Bei unserem „Doppel Alt" zielen wir hauptsächlich auf die Bittere ab und möchten für ein typisches und klassisches Hopfenprofil dieses Stils sorgen. Dafür arbeiten wir mit traditionell bayerischen Sorten, welche für würzig-krautige Noten sorgen. Was wir bewusst nicht wollten, sind Hopfensorten wie 'Citra®' oder 'Cascade', wodurch untypische Varianten des Altbiers entstehen.

Was muss man beachten, wenn man diese würzig-krautigen Noten erreichen möchte?
Klassischerweise würde ich dafür mit den deutschen Aromahopfensorten arbeiten. Deutsche Bitterhopfensorten sind auch eine Möglichkeit. Wovon ich für diesen Bierstil abrate, sind amerikanische oder australische Hopfensorten, da diese zu viel „Unruhe" in das Bier bringen. Es gibt natürlich auch genug Altbiere, welche zitrus- und beerenfruchtartige Hopfenaromen enthalten, aber die stören, meiner Meinung nach, bei diesem Stil. Die Aromen des Hopfens sollten stattdessen nur mitschwingen, aber nicht auffallen. Der Fokus liegt auf der Bittere. Daher bevorzuge

ich traditionelle Aromahopfensorten, die aus Deutschland stammen. Für die Bitterhopfengabe kann man natürlich auch einen 'Taurus' oder 'Herkules' wählen. Jedoch für die Aromahopfengabe zum Schluss der Kochung sollte man auf jeden Fall eine Aromahopfensorte wie 'Hallertauer Mittelfrüher' oder 'Perle' wählen.

Gibt es einen Grund dafür, warum ihr keine mittlere Hopfengabe vornehmt?
In meinen Augen macht diese Gabe schlichtweg keinen Sinn (lacht). Sicherlich lässt sich darüber diskutieren, aber meiner Meinung nach ist es nur möglich, ein reproduzierbares Bier zu brauen, wenn man die zu erwartende Bittere berechnet, die zu Beginn der Kochung gegeben wird, sowie auch das Aroma, welches zum Schluss der Kochung gegeben wird. Über die mittlere Hopfengabe lässt sich zwar auch gut berechnen, wie viel Bittere dadurch hinzukommt, aber es lässt sich nur schwer abschätzen, wie viel Beitrag zum Aroma durch diese Gabe geleistet wird. Das hängt immer vom Jahrgang ab. Daher geben wir für unser Bier immer nur eine Hopfengabe ganz zu Beginn und ganz zum Schluss der Kochung. Das kann dann auch im Whirlpool sein.

Was für eine Art Mundgefühl möchtet ihr bei eurem „Doppel Alt" erreichen?
Das Mundgefühl ist generell eine sehr spannende Sache, auf die wir bei unseren Bieren bewusst achten. Unser „Doppel Alt" lässt sich nicht durch Cremigkeit beschreiben, sondern ist ein Bier mit Ecken und Kanten, welches durch die Wahrnehmung aller Komponenten erst rund wird. Im ersten Moment ist es bitter, gefolgt von einer schönen Süße und abgerundet durch alkoholische Wärme. Dadurch erhält man ein sehr spannendes und facettenreiches Mundgefühl.

Wie sieht euer Wasserprofil aus?
Wir arbeiten mit dem recht harten Münchner Wasser und belassen dies in seiner natürlichsten Form ohne jegliche Aufbereitung. Technologisch wirken wir dem harten Wasser, wenn überhaupt, mit der Verwendung von Sauermalz entgegen. Bei den dunklen Bieren ist das jedoch meist nicht nötig. Zudem verzichten wir auf Zusätze von Kalziumsulfat und -chlorid und nehmen das Wasser stattdessen, wie es aus der Leitung kommt. Wir brauen unser „Doppel Alt" demnach nicht nach Düsseldorfer Art, sondern nach dunkler Münchner Art.

Bei welcher Temperatur lasst ihr euer Bier gären?
Wir arbeiten, wie für ein Altbier klassisch, deutlich über 20 °C und lassen die Temperatur im Bier bis auf 23 °C steigen. Das heißt, wir fermentieren im recht warmen Bereich, was für das angenehm warme alkoholische Mundgefühl sorgt. In anderen Altbier-Brauereien sind Temperaturen über 25 °C nichts Besonderes, da eine Altbier-Hefe recht schleppend fermentiert und auch bei 20 °C immer noch eine ganze Woche für die Gärung braucht. Dadurch erhalten wir gewollt keinen extrem hohen Vergärungsgrad, sodass wir eine gewisse Restsüße im Bier haben, welche die Bittere etwas ausgleicht und abrundet. Unser „Doppel Alt" kommt auch bei vielen unserer Braukollegen sehr gut an, die unser Bier nicht als ein Doppel-Altbier wie das der Düsseldorfer Brauerei Uerige beschreiben, sondern als eines mit „Münchner Profil". Ich will das Bier aber schließlich auch hier verkaufen und nicht in Düsseldorf und bin daher mit dem Stil unseres „Doppel Alt" sehr zufrieden.

Was kann man noch über die Alt-Hefe sagen? Was macht diese Hefe aus?
Es gibt nicht den einen Alt-Hefestamm, sondern es gibt viele verschiedene. Der Stamm, mit dem wir arbeiten, geht aromatisch vor allem in die Richtung roter Johannisbeere, roter Früchte und Dörrobst. Diese Aromakomponenten machen unser Altbier besonders spannend, da man klassisches Altbier nur als Trinkbier kennt, das normalerweise mit weniger bis gar keiner dieser Aromen ausgestattet ist. Durch die hohe Stammwürze des „Doppel Alt" kommt es aber zur vermehrten Bildung von Gärungsnebenprodukten, die unser Altbier zu etwas ganz Besonderem machen.

„TRICERAHOPS" – NEW ENGLAND STYLE PALE ALE

„Tricerahops" ist ein dreifach hopfengestopftes Pale Ale. Das Bier wurde erstmals im Jahr 2018 für die Mikkeller Beer Celebration Copenhagen gebraut und kam so gut an, dass es von der Brauerei To Øl in das ständige Sortiment aufgenommen wurde. Brauer Tim Selbach beschreibt, dass es mit diesem Bier sein Ziel war, so viel Hopfencharakter wie möglich in ein Pale Ale hineinzustopfen.

Stammwürze: 15,2 °P
Restextrakt: 3,8 °P
Bittereinheiten: 40 IBU
Farbe: 7 EBC
Alkohol: 6,2 Vol.-%

ZUTATEN BEI SUDHAUSAUSBEUTE VON RUND 65 % FÜR 20 L:

MALZ	EBC	PROZENT	KG
Maris Otter	6,0	73,2	4,5
CaraPils	3,0	9,8	0,6
Weizenmalz	4,5	9,8	0,6
Haferflocken	3,0	7,3	0,45

HOPFENGABE	HOPFENSORTE	PROZENT ALPHA	IBU	MENGE
Kochbeginn	CTZ Extrakt	60	8–10	1,5 ml
Whirlpool	Amarillo®			2,5 g/l
Whirlpool	Citra®			2,5 g/l
Erstes Hopfenstopfen	Citra®			5 g/l
Zweites Hopfenstopfen	Mosaic®			5 g/l
Drittes Hopfenstopfen	Simcoe®			2,5 g/l
Drittes Hopfenstopfen	Amarillo®			2,5 g/l

HEFE	TYP	STAMM
	Englische Ale-Hefe	Safale S-04

Wasserprofil: Verhältnis SO_4^{2-}/Cl^- 1:2; dabei mindestens 200 mg/l Cl^- im Brauwasser. Wasser/Malz-Verhältnis 3,2:1. Einmaischen bei 52 °C. Aufheizen auf 62 °C und 45 Minuten Rast halten. Aufheizen auf 72 °C und 15 Minuten Rast halten. Abläutern bei 77 °C. 60 Minuten kochen. Whirlpool/Hopstand bei 90 °C für 15 Minuten. Anstellen bei 18 °C. Gärung bei 20 °C bis Endvergärung. Hopfenstopfen 1–2 °P vor Endvergärungsgrad. Hopfenstopfen bei 20 °C. Hopfengabe von oben in den Tank, nach 24 Stunden mit CO_2 auswirbeln, nach weiteren 24 Stunden Hopfen abziehen. Wiederholen für zweites und drittes Hopfenstopfen. Kühlen auf 1 °C, sobald Diacetyl abgebaut ist. Mindestens 3 Tage bei 1 °C halten. CO_2-Gehalt auf 4,8 g/l einstellen. Abfüllen.

TIM SELBACH VON TO ØL

Tim Selbach, Head Brewer von To Øl City.

Was macht für dich ein gutes New England Style Pale Ale aus?
Ganz klar: die Hopfencharakteristik. Für die meisten Leute sollte es auch trüb, also „hazy" sein, das ist für mich, sehr kritisch gesagt, aber nur ein netter Nebeneffekt. Bei New England Style Pale Ales oder IPAs geht es hauptsächlich darum, ein extrem fruchtiges Hopfenaroma zu vermitteln und gleichzeitig ein sehr weiches Mundgefühl zu erzeugen. Das erreicht man, indem man fast keine Hopfengabe im Heißbereich macht, höchstens im Whirlpool, und stattdessen eine sehr starke Hopfengabe im Kaltbereich, also viel Hopfenstopfen vornimmt. Das funktioniert in einem Zusammenspiel mit einem ausgeklügelten Wasserprofil, was für ein sehr weiches Mundgefühl sorgt, sowie der Verwendung von viel Malz oder Rohfrucht mit hohem Proteinanteil, etwa Weizen, Haferflocken, Spitzmalz und Ähnlichem.

Wie hast du die Hopfensorten für „Tricerahops" ausgewählt?
Da gab es nicht viel Auswahl ... (lacht). Hopfen wird hauptsächlich über Verträge eingekauft, die meistens über 3 Jahre laufen und in denen sich die Brauerei für bestimmte Mengen und Sorten pro Jahr zum Kauf verpflichtet. Als wir aufgemacht haben, hatten wir als kleine Gasthausbrauerei natürlich kaum Verhandlungsgrundlagen mit den großen Hopfenvertreibern. Neben unseren vier Hauptsorten, die wir verpflichtend beziehen, auch noch kleinere Mengen anderer Sorten zu bekommen, ist dann nicht möglich. Das lohnt sich wirtschaftlich für die großen Hopfenlieferanten nicht. Das ist der Grund, warum wir anfangs nur 'Amarillo®', 'Simcoe®', 'Mosaic®' und 'Citra®' hatten. Der Vertrag ist mittlerweile ausgelaufen und durch unser großes Projekt außerhalb der Stadt haben wir nun Hopfenverträge über 30 Tonnen im Jahr und zwischen 25 und 35 verschiedene Sorten. Wir haben jetzt ganz andere Möglichkeiten. Aber als ich damals das Rezept für „Tricerahops" entwickelt habe, waren wir eben noch beschränkt auf die vier anfänglichen Hopfensorten. Wenn du natürlich jede Woche zwei, drei neue IPAs rausbringst, musst du dir irgendwann überlegen, wie du diese hinbekommst, ohne dass sie alle gleich schmecken. Du experimentierst dann, welche Hopfensorten eigenen sich besonders gut für den Whirlpool, welche für das Hopfenstopfen, welche funktionieren gut in Kombinationen und in welchem Verhältnis. Nehme ich 80 % 'Simcoe®' und 20 % 'Citra®' oder 100 % 'Simcoe®' oder doch alle gleich verteilt? Das sind dann die Feinheiten, die es ausmachen.

Das muss spannend gewesen sein, mit diesen vier großen Hopfensorten zu arbeiten. Dabei lernt man sicher wahnsinnig viel, oder?
Das ist auf jeden Fall eine Herausforderung. Aber auch dadurch, dass wir nicht so große Mengen an Hopfen bei jeder Lieferung abgenommen haben, hatte jede neue Lieferung eine neue LOT-Nummer (Chargennummer) und zwischen diesen einzelnen Chargen können große Unterschiede herrschen. Es kommt dann vor, dass du die Hopfentüte aufmachst und die ist völlig anders als die Charge vom gleichen Hopfen, die du davor verwendet hast. Da muss man dann flexibel sein, umplanen und die Rezepte anpassen. Das ist manchmal gar nicht so einfach. Für unser neues Projekt

außerhalb der Stadt waren wir zur Hopfenernte in Washington und Oregon und haben uns die Chargen ausgesucht, die wir haben wollten. Das geht bis auf das einzelne Feld runter und es ist dann vertraglich festgelegt, dass wir unsere gesamte Menge von einer Charge bekommen. Dadurch können wir sicherstellen, dass wir auch über das gesamte Jahr verteilt immer die gleiche Qualität erhalten.

Heimbrauer haben häufig die gleichen Probleme, wie du sie eben beschrieben hast. Nämlich, dass Hopfen aus verschiedenen Bestellungen unterschiedlich ist. Wenn man dann eine solche Tüte hat, die völlig anders riecht als erwartet – wie geht man damit um? Hast du konkrete Tipps, wie man dafür das Rezept umstellen und anpassen kann?
Das kommt viel mit der Erfahrung. Wenn du so viele Sude mit dem gleichen Equipment gebraut hast, weißt du ab einem gewissen Punkt, wie das Endprodukt rauskommt. Generelle Tipps zu geben, ist daher schwierig. Ein Brauer sollte sich auf seine Nase verlassen, nicht ein Rezept planen, dafür Hopfen kaufen und es strikt durchziehen. Wenn der Hopfen ankommt, erst mal daran riechen – und dann entscheiden. Wenn ein Hopfen unglaublich gut riecht, kann man das Rezept dementsprechend umstellen und ihn beispielsweise mehr einsetzen als ursprünglich geplant. Man sollte sich da wirklich nicht versteifen. Wir haben bei unserer Hopfenauswahl zudem das große Glück, dass wir bei To Øl in unserem Sortiment jede Menge Sorten dabeihaben, die wir nur ein- oder zweimal brauen, und weniger Standardbiere, die immer wieder gleich schmecken müssen. Wenn wir dann zum Beispiel einen 'Simcoe®' reinbekommen, der einfach fantastisch, aber nicht wie ein üblicher 'Simcoe®' riecht, dann nehme ich viel lieber diesen, anstatt mich für einen zu entscheiden, der nur mittelmäßige Qualität hat. Wir wollen einfach nur das aussuchen, was am geilsten ist. Wenn man das so formulieren kann ... (lacht).

Wenn nun ein 'Simcoe®' so besonders gut riecht, kommt das Hopfenaroma dann beim Hopfenstopfen, also im Kaltbereich nach der Gärung, auch gut durch oder verändert sich das?
Das kommt gut durch. Ich habe die Erfahrung gemacht, dass beim Hopfenstopfen mehr die Aromastoffe und bei der Hopfengabe zum Whirlpool mehr die weniger flüchtigen Stoffe zur Geltung kommen. Dieses Phänomen ist recht schwer zu erklären, hängt aber wohl damit zusammen, dass sowohl durch die Hitze als auch durch die Gärung und das dadurch entstehende CO_2 viele Aromastoffe verloren gehen. Mit der Hopfengabe zum Whirlpool schaffst du dir ein Grundaroma und durch das Hopfenstopfen wird dieses verfeinert und verbessert. Das, was du riechst, wenn du die Hopfentüte aufmachst, ist auch ungefähr das, was beim Hopfenstopfen rauskommt.

Wie gehst du an die Auswahl deiner Hopfensorten ran?
Ich glaube, man sollte sich frei machen von zu steifen Vorstellungen. Nur weil jeder gerade bestimmte Hopfensorten verwendet, heißt das noch nicht, dass man sie selbst auch verwenden muss. Es gibt so viele Hopfensorten, die sehr interessant sind, aber von vielen gar nicht mehr wahrgenommen werden. Ein gutes Beispiel dafür ist 'Columbus', der von den meisten nur als Bitterhopfen eingesetzt wird, aber auch ein sehr spannendes Aromaprofil hat. Wir beziehen 'Columbus' von einem Vertreiber, der die Bauern extra dafür bezahlt, dass sie diesen Hopfen früher ernten, bevor er sein volles Alpha-Säuren-Level erreicht hat. Durch die frühe Ernte hat er einen höheren Ölanteil und ein ganz anderes Aromaprofil. Dagegen lassen die meisten Bauern ihn so lange stehen, bis der Alpha-Säuren-Gehalt am höchsten ist, dann wird geerntet und über die Alpha-Menge pro Kilogramm verkauft. Und so was gibt es öfter mal. Wenn du also experimentieren möchtest, dann kauf dir 100 g von einer Hopfensorte, die du noch nicht kennst oder die selten ist. Riech dran und probiere es aus. Am Ende kommt vielleicht etwas Interessantes raus, das du so niemals erwartet hättest.

„NELSON SAUVIN" – WEISSBIER

„Nelson Sauvin" ist Teil der TapX Serie der Brauerei Schneider Weisse aus Kehlheim. Die Verwendung von neuseeländischem Hopfen und belgischer Hefe im Zusammenspiel mit traditionellen Rohstoffen machen dieses Weißbier zu einem modernen „Fusion-Bier". Es erinnert an einen Sauvignon-Blanc-Wein und ist im Aroma frisch-fruchtig und exotisch-blumig. Ein runder Malzkörper wird mit einer angenehmen Säure ausbalanciert. Das Bier sollte leicht und trocken im Abgang sein.

Stammwürze: 16,8 °P
Restextrakt: 3,3 °P
Bittereinheiten: 25–30 IBU
Farbe: 17 EBC
Alkohol: 7,3 Vol.-%

ZUTATEN BEI SUDHAUSAUSBEUTE VON RUND 65 % FÜR 20 L:

MALZ	EBC	PROZENT	KG
Weizenmalz	6	60	4,0
Gerstenmalz	6	20	1,35
Münchner Malz	25	20	1,35

HOPFENGABE	HOPFENSORTE	PROZENT ALPHA	IBU	MENGE
50 Minuten vor Koch-Ende	Hallertauer Tradition	5	8	16 g
15 Minuten vor Koch-Ende	Nelson Sauvin™	12	15	15 g
Bei Koch-Ende	Nelson Sauvin™	12	6	20 g
Hopfenstopfen	Nelson Sauvin™			0,5 g/l

HEFE	TYP	STAMM
	Belgische Ale-Hefe	

Wasser/Malz-Verhältnis 5:1. Einmaischen bei 35 °C. Rast für 20 Minuten. Aufheizen auf 62 °C und 60 Minuten Rast halten. Aufheizen auf 72 °C und 30 Minuten Rast halten. 60 Minuten kochen. Whirlpool/Hopstand für 15 Minuten bei 90 °C. 7 Tage Gärung. Start der Gärung bei 22 °C, auf 26–27 °C ansteigen lassen. Hopfenstopfen, wenn Endvergärungsgrad erreicht ist. CO_2-Gehalt mit Zugabe von Speise durch Nachgärung in der Flasche auf 6,5 g/l einstellen.

HANS-PETER DREXLER VON SCHNEIDER WEISSE

Hans-Peter Drexler, Leiter von Produktion und Technik bei Schneider Weisse.

Wie kam es zu dem „TAPX – Nelson Sauvin"?
Vor einiger Zeit hatten wir eine Anfrage, einen Jubiläumssud für ein niederländisches Bier-Café zu brauen. Damals hatte ich bereits eine Idee im Kopf und habe den Anlass dazu genutzt, diese auch umzusetzen. Daraus ist schließlich der „TAPX – Nelson Sauvin" entstanden. Dies war der Anstoß dazu, jedes Jahr ein anderes und kreatives, leicht „schräges" und besonderes Bier rauszubringen, welches unsere Weißbier-Tradition etwas aufbrechen soll und dennoch ein Weißbier mit klassischer Flaschengärung bleibt.

Welche Hopfensorten passen deiner Erfahrung nach besonders gut mit Weißbier-Hefen zusammen? Gibt es da was?
Wir arbeiten als Aromakomponente hauptsächlich mit den traditionellen Aromahopfensorten 'Hallertauer Tradition' und 'Saphir'. Vor über 10 Jahren haben wir das „TAP5 Meine Hopfenweisse" entwickelt, welches ausschließlich konventionell mit 'Saphir' gebraut und hopfengestopft wird. Diese Hopfensorte ist dadurch die aromagebende Komponente und passt durch ihre leichten zitrusartigen und grasigen Noten hervorragend in unser Weißbier. Durch das Hopfenstopfen im Kaltbereich und in Verbindung mit der obergärigen Hefe kommen zusätzlich sehr exotische und stark fruchtige Aromen hinzu. Das ist wirklich großartig.

Auf welche Art und Weise geht das Hopfenstopfen bei Schneider Weisse vonstatten?
Wir lassen das Bier vorab im Bottich im Gärkeller endvergären. Anschließend pumpen wir das Bier in einen anderen Behälter um, wo es dann hopfengestopft wird. Zu diesem Zeitpunkt ist das Bier bereits fertig vergoren und die Diactetyl-Rast im Tank ist abgeschlossen. Ich bin der Meinung, dass das Hopfenstopfen ein sehr anspruchsvolles Thema ist, bei dem man viel falsch machen kann. Wichtig ist, den richtigen Zeitpunkt und die richtige Temperatur zu erwischen sowie den Hopfen dann nicht zu lange im Bier sitzen zu lassen. Was wir beobachten, ist, dass im Zuge immer effizienterer Arbeitsweisen versucht wird, den Aromentransfer zu optimieren, sodass möglichst viel Hopfenkomponenten in das Bier übergehen. Dies geschieht auf Kosten der Aromaqualität, da man nicht mehr selektiv nur bestimmte gewünschte Aromastoffe extrahiert, sondern eben auch Gerbstoffe und unerwünschte Aromen. Das ist wirklich eine Gratwanderung zwischen Effizienzsteigerung und Extraktion unfeiner Aromen, auf die man sich da einlässt. Auch wir haben versucht, mittels verschiedener Techniken die Transferleistung von Hopfenkomponenten in das Bier zu steigern, und all diese Techniken schließlich wieder abgeschafft. Wir haben einfach festgestellt, dass die Balance des fertigen Bieres nach abgeschlossener Flaschengärung stark darunter leidet. Meiner Meinung nach schmeckt man bei vielen auf dem Markt erhältlichen Bieren diesen Fokus auf Effizienz statt auf Qualität durch eine gewisse Schärfe im Bier auch raus.

Bist du demnach ein Befürworter davon, den Hopfen nach der Gabe im Kaltbereich eher ruhen zu lassen und nicht, wie es oft gemacht wird, intensiv umzupumpen und in Bewegung zu halten, um die Effizient zu steigern?
Unserer Erfahrung nach ist dies nicht nötig und eben auch nicht unbedingt positiv für das

Hopfenaroma. Ich habe mich darüber viel mit amerikanischen Kollegen ausgetauscht, die sich sehr gut mit dem Thema Hopfenstopfen auskennen. Auch diese sind der Meinung, dass die Qualität des Hopfenaromas schnell unter einer zu starken Steigerung der Effizienz leidet. Es ist erwiesen, dass die natürlichen Transferraten von Hopfenkomponenten in das Bier ohnehin recht hoch sind. Sicherlich hängt das aber auch von der Biersorte ab. Wir haben schließlich nur Erfahrung mit unserer „Hopfenweissen", bei der wir während dem Hopfenstopfen zudem sehr viel Hopfen einsetzen. Wir sprechen hier von Gaben im Kaltbereich von 1 kg Hopfen pro Hektoliter. Besonders bei solch hochdosierten Gaben ist es wichtig, nicht zu stark zu forcieren und am Ende dann unedle Stoffe wie Polyphenole und Gerbstoffe im Bier zu haben. Das ist absolut nicht erwünscht.

Wie viele Bittereinheiten verträgt ein hopfenlastiges Weißbier durch die Hopfengabe im Heißbereich?
Wir produzieren in unserer Brauerei auch ein Weißbier mit relativ vielen Bittereinheiten, die „Festweisse", für welches wir mit der Hopfensorte 'Cascade' arbeiten, die durch ihre Zitrone- und Grapefruitaromen hervorragend zu unserer klassischen Weißbier-Hefe passt und konventionellen Einsatz im Heißbereich findet. Eine Hopfengabe im Kaltbereich nehmen wir bei diesem Bier gar nicht vor. Ursprünglich haben wir 30 Bittereinheiten erzielt, was für viele Weißbiertrinker recht ungewohnt war und auch keine große Trinkfreude hervorgerufen hat. Wir haben die Bittereinheiten schließlich auf 25 IBUs abgesenkt und sind damit zufriedener.

Hast du Tipps, wie man ein gut ausbalanciertes und hopfenlastiges Weißbier erreicht?
Dabei spielt die Hefe eine wichtige Rolle. Besonders beim Weißbier ist die Hefe durch ihre intensive Bildung von Gärungsnebenprodukten die wichtigste aromagebende Komponente. Die Herausforderung ist es dann, das richtige Zusammenspiel von Phenolen, Estern und Hopfenaromen zu finden, und das kommt viel mit der Erfahrung. Was wir festgestellt haben, ist, dass die Hopfengabe wirklich vorsichtig und bewusst vorzunehmen ist. Bei einer Erhöhung der Hopfengabe wirkt ein Weißbier schnell unausgeglichen und nicht rund.

Wie erreichst du die Bittereinheiten für die „Festweisse"? Wie gestaltet sich hierfür die Hopfengabe?
Bei der „Festweissen" handelt es sich um ein Biobier, wodurch wir abhängig davon sind, welche Hopfensorten in Bioqualität verfügbar sind. Dieses Sortiment ist bisher allerdings noch nicht sonderlich breit gefächert. Für die erste Bitterhopfengabe arbeiten wir mit 'Hallertauer Tradition' und für die zweite und dritte, sehr späte Hopfengabe nehmen wir 'Cascade' aus Neuseeland, da es dort biologisch angebauten Hopfen dieser Sorte gibt. Die Bittere setzt sich also aus der ersten und mittleren Hopfengabe zusammen, während die letzte Hopfengabe, die wir erst kurz vor dem Ausschlagen geben, für das Aroma sorgt.

Warum arbeitest du für das „Nelson Sauvin" mit einer belgischen und nicht mit einer bayerischen Hefe?
Die Idee hinter diesem Weißbier war mitunter, ein belgisches Weißbier zu brauen. Belgien ist schließlich auch dafür bekannt, hervorragende Weißbiere zu haben. Auf meiner Suche nach der richtigen Hefe bin ich schließlich auf diese belgische Hefe gestoßen, welche hohe Mengen an fruchtigen Estern produziert und daher sehr gut mit unserer Idee eines intensiv fruchtigen Weißbieres zusammenpasste. Auch harmoniert sie schön mit den fruchtig-frischen Noten des verwendenden Hopfens 'Nelson Sauvin™' und wurde dadurch die Hefe unserer Wahl. Wenn man an dem speziell von uns eingesetzten Hefestamm riecht, ist ein starkes Bananenaroma wahrzunehmen, das uns im Bier mit einer Vielzahl weiterer toller Esteraromen überraschte. Das ist wirklich großartig.

„ÖÖ" – IMPERIAL BALTIC PORTER

Die Põhjala Brewery in Estland braut vornehmlich Bierstile mit starkem Bezug auf die regionale Kultur. So ist das „Öö" eine Hommage an die langen und kalten Winternächte im Baltikum. Die Röstaromen des Malzes und die Wärme des Alkohols von diesem Starkbier werden mit holzig-pinienartigen Hopfennoten abgerundet. Im Hintergrund spielen durch die Verwendung der Hopfensorte 'Northern Brewer' auch Minze und Anis eine Rolle.

Stammwürze: 24,5 °P
Restextrakt: 6,2 °P
Bittereinheiten: 60 IBU
Farbe: 360 EBC
Alkohol: 10,5 Vol.-%

ZUTATEN BEI SUDHAUSAUSBEUTE VON RUND 65 % FÜR 20 L:

MALZ	EBC	PROZENT	KG
Pale Ale Malz	5	38,4	4,0
Münchner Malz	16	38,4	4,0
CARAFA® SPEZIAL II	1150	9,3	1,0
Special B	325	4,6	0,5
Chocolate Malz	900	4,6	0,5
Cara 300	300	4,6	0,5

HOPFENGABE	HOPFENSORTE	PROZENT ALPHA	IBU	MENGE
Kochbeginn	Columbus	13	50	45 g
Whirlpool	Northern Brewer	9	10	35 g

HEFE	TYP	STAMM
	Amerikanische Ale-Hefe	WLP 090

Wasser: Vollentsalztes Wasser. Mineralsalze (in mg/l): Ca^{2+}: 43; Mg^{+2}: 8; SO_4^{2-}: 70; Na^+: 91; Cl^-: 58; HCO_3^-: 217; Alkalität: 178. Wasser/Malz-Verhältnis 2,3:1. Maischverfahren mit drei Rasten: Einmaischen bei 46 °C. Aufheizen auf 62 °C und 25 Minuten Rast halten. Zweite Rast bei 72 °C und 15 Minuten halten. Aufheizen auf 78 °C. Temperatur halten, bis sie homogen verteilt ist. Danach abläutern bei 78 °C. 60 Minuten kochen. Whirlpool/Hopstand für 30 Minuten bei 90 °C. Kühlen auf 18 °C. Anstellen mit Hefe: ca. 1×10^6 Zellen/ml/ °P. Gärung bei 18 °C für 48 Stunden. Danach bis 21 °C steigen lassen. Bei 1–2 °P vor Endvergärung Temperatur bis auf 28 °C ansteigen lassen. Auf 0 °C kühlen, sobald Diacetyl abgebaut ist. Dauer der Reifung: 14 Tage. CO_2-Gehalt auf 4,4 g/l einstellen. Abfüllen.

CHRIS PILKINGTON VON DER PÕHJALA BREWERY

Chris Pilkington, Head Brewer von Põhjala Brewery.

Was macht für dich ein gutes Baltic Porter aus?
Ein Baltic Porter hat eine sehr leicht röstige, angenehme und reine Bittere, welche, verglichen mit einem Imperial Stout, nicht sehr stark ist. Weiter beschreibt dieser Stil starke Noten von roten Beerenfrüchten sowie deutliche Aromen von roten Trauben und Pflaumen. Grundsätzlich steht für uns dieser fruchtige Charakter im Vordergrund und macht es zu einem etwas süßeren Bier mit einer runden und von Karamellnoten geprägten Süße, welche die Bittere recht gut auszubalancieren weiß.

Wie erreichst du diese Balance zwischen dem Malz- und dem Hopfencharakter?
Wir steuern das über die Hopfengabe. Zu Beginn der Würzekochung verwenden wir einen recht starken Bitterhopfen, etwa 'Columbus' oder 'Magnum'. Da kommt es dann darauf an, was für uns gerade besser verfügbar ist. Wir achten dabei sehr darauf, dass wir gerade so viel verwenden, um eine angenehme Standardbittere zu erhalten, nicht mehr und nicht weniger. Zum Ende der Würzekochung hin nehmen wir eine weitere starke Hopfengabe vor, beenden die Kochung und überführen die Würze direkt in den Whirlpool. Dadurch erreichen wir eine relativ kurze Kontaktzeit dieser Hopfengabe mit der Würze, was wohl auch der Schlüssel für diese Art der Bittere ist und auch dafür, keinen gemüseartigen Geschmack zu erhalten. Für genau diesen Stil verwenden wir für die letzte Hopfengabe 'Northern Brewer', haben aber auch schon andere englische Sorten wie 'East Kent Golding' und ähnliche ausprobiert. Diese Hopfen besitzen leichte Noten von roten Beeren und Kiefer und sorgen dadurch für eine gewisse Süße. 'Northern Brewer' zeichnet sich zudem durch Holzaromen aus, die dem Bier einen in Holzfässern gelagerten Charakter verleihen.

Wird das Bier mit Hopfen gestopft?
Für dieses Bier nehmen wir kein Hopfenstopfen vor, sondern lassen es im niedrigen Temperaturbereich einer Ale-Hefe fermentieren und lagern es anschließend für eine lange Zeit bei unter 2 °C. Dafür entfernen wir so viel wie möglich von Hefe und Restproteinen und simulieren dadurch den typisch langen Reifeprozess dieses Bieres. Man erhält ein wunderbar schönes, strahlendes und charakteristisches Baltic Porter.

Wie lange ist eure Reifezeit?
Das kommt natürlich immer auf das Bier an und kann zwischen 1 und 3 Monaten lang sein. Wir lassen unsere Biere zwischen –1 und 0 °C reifen, sprich: so kalt wie möglich. Zwar könnte es hier bei uns im Baltikum auch schnell mal auf -30 °C runtergehen, aber wir möchten für die Lagerung unserer Biere einen eher milden Winter simulieren (lacht).

Was für eine Hefe verwendet ihr für euer Baltic Porter?
Für dieses Bier arbeiten wir mit einem recht neutralen Ale-Stamm, aber ich glaube, traditionell wurde in baltischen Regionen für diesen Stil eher eine englische Ale-Hefe verwendet. Wir tun dies aber nicht, da wir finden, dass wir durch unsere Ale-Hefe eine reinere, stärker beerenartige und fruchtige Charakteristik erreichen können. Zudem lagern wir nicht alle unsere Baltic Porters in Holzfässern und versuchen daher, über die Verwendung

dieser Ale-Hefe die typischen Aromen, welche während der Holzfassreifung durch die englischen Hefestämme entstehen, zu ersetzen.

Wie setzt ihr Karamell- und Spezialmalze bei diesem Bier ein?
Wir setzen für diesen Stil Karamellmalze und einen kleinen Teil Kristallmalze ein, wie das „Special B" Malz, das einen von Pflaumen- und Rosinennoten geprägten Charakter hat. Des Weiteren arbeiten wir mit dem recht dunklen Röstmalz „Weyermann CARAFA", welches wunderbar mit den mild hopfigen Noten dieses Stils harmoniert.

Wie vermeidest du, dass die Röstmalze eine unerwünschte Bittere mit sich bringen?
Wir schroten die Röstmalze gröber als alle anderen Malze, die wir verwenden. Wir wollen die Malzkörner gerade so brechen, nicht mahlen. Anders könnten wir auch nicht mit unserem Equipment und diesen Malzen umgehen. Ich weiß aber, dass andere Brauer ihren Dunkelmalz-Schrot nur zum Vorlauf oder während dem Läutern dazugeben. Aber das geht mit unserem System nicht und wir haben uns daher für die Lösung mit gröberem Schroten entschieden.

Um nochmals zurück zu der reinen und angenehmen Bittere zu kommen, von der du vorhin schon erzählt hast: Warum machst du keine mittlere Bitterhopfengabe während der Würzekochung? Was ist der Grund dafür?
Wir haben schon viel mit verschiedenen Hopfengaben und deren Auswirkungen experimentiert und ich finde, dass eine mittlere Hopfengabe für eine sehr komplexe und harzige Bittere sorgt, was für diesen Stil hier nicht geeignet ist. Das würde besser zu einem West Coast IPA passen, da kann man das mal ausprobieren. Wir erhalten durch die Hopfengabe zum Ende der Würzekochung hin einen hohen Beitrag zur Bittere, deutlich höher, als man es erwarten würde. Den Großteil der Bittere, nämlich etwa 75–80 %, erreichen wir durch die erste Hopfengabe und den Rest, eine etwas mildere Bittere, eben durch die zweite und letzte Gabe. Auf diese Weise erhalten wir eine recht charakterreiche Gesamtbittere.

Wir haben es auch schon mal mit Hopfen-CO_2-Extrakt probiert. Dadurch erhält man aber schnell einen leicht gemüseartigen Geschmack und das ist genau das Gegenteil dessen, was man bei diesem Stil haben möchte. Ich glaube aber, ein klein bisschen davon ist gar nicht so schlimm. Nur wenn es zu viel wird, schmeckt es sehr abstoßend.

Polyphenole geben dem Bier Struktur und sind in Hopfen-CO_2-Extrakt schlichtweg nicht enthalten, richtig?
Genau. Und das ist auch der Hauptgrund, warum wir so wenig wie möglich Zusätze und dergleichen verwenden möchten: Wir wollen möglichst geringe Mengen dieser gemüseartigen Aromen erhalten. Aus genau demselben Grund verwenden wir auch Hopfen mit möglichst hohen Alpha-Säuren-Gehalten, nämlich um einen reinen Geschmack zu erhalten.

Was für eine Art von Mundgefühl möchtet ihr bei diesem Bier erreichen?
Es soll ein reichhaltiges und charakteristisch torfiges sowie ein an Melasse erinnerndes und schweres Gefühl im Mund hervorrufen. Das Ende der Gärung erreichen wir mit 6 °P, das heißt, es ist noch eine gewisse Süße im Bier vorhanden, welches gleichzeitig aber viel Körper besitzt. Also nicht nur süß ist, sondern auch Fülle und Struktur hat.

Wie ist dein Wasser für diesen Bierstil?
Wir arbeiten mit dem ursprünglichen Grundwasser der Region hier, das wir ein wenig aufbereiten. Das Wasser ist reich an Natriumhydrogenkarbonaten und Kalziumchlorid und recht arm an Kalziumkarbonat (Kalk), was typisch für die Region ist. Auch enthält es nur kleinere Mengen Magnesiumsalze und andere Mineralsalze. Um sich das besser vorstellen zu können: Zu 50 Hektoliter von diesem Wasser setzen wir 100 g normales Kochsalz, 560 g Magnesiumsulfat sowie 1,5–2 kg Natriumhydrogenkarbonat zu, um den pH-Wert etwas zu erhöhen, und erhalten dadurch unser Brauwasser.

„SAISON" – SAISON-BIER

Bei einem Saison-Bier stehen die Hefearomen im Vordergrund. Joshua Wheeler von der Cyclic Beer Farm hat sich für seine Biere eine eigene Haushefe herangezogen und stimmt seine Hopfengaben so ab, dass sie mit den Hefearomen harmonieren und ihnen das Rampenlicht überlassen. Dafür verwendet er meist europäische Hopfensorten mit fein-kräuterigen Noten, welche die komplexen Aromen der Hefe ausbalancieren.

Stammwürze: 10,48 °P
Restextrakt: 0,51 °P
Bittereinheiten: 35 IBU
Farbe: 5 EBC
Alkohol: 5,5 Vol.-%

ZUTATEN BEI SUDHAUSAUSBEUTE VON RUND 65 % FÜR 20 L:

MALZ	EBC	PROZENT	KG
Château-Pilsen-Malz	3,5	100	4,25

HOPFENGABE	HOPFENSORTE	PROZENT ALPHA	IBU	MENGE
Kochbeginn	Perle (Doldenhopfen)	6,5	30	33 g
10 Minuten vor Koch-Ende	Hersbrucker Spät (Doldenhopfen)	2,5	5	41 g

HEFE	TYP	STAMM
	Saison Hefe und wilde Hefe	Mischung aus WLP 565 und *Dekkera anomala*

Wasser: Barcelona Stadtwasser, mit Aktivkohle gefiltert. Technische Milchsäure: 0,6 g/l. Wasser/Malz-Verhältnis 2,6:1. Einmaischen bei 64–66 °C und 60 Minuten Rast halten. Abläutern bei 76–78 °C. Kochzeit: 90 Minuten. Anstellen mit Hefe: ca. 5×10^6 Zellen/ml/ °P. Für 5–7 Tage bei 30 °C gären lassen. Wenn VDK abgebaut, für 2 Tage bei 6–10 °C halten. CO_2-Gehalt auf 5,0 g/l durch Nachgärung in der Flasche einstellen. 3–6 Wochen lagern.

SAISON

JOSHUA WHEELER VON CYCLIC BEER FARM

Joshua Wheeler, Mitbegründer und Brauer der Cyclic Beer Farm.

Was macht für dich ein gutes Saison-Bier aus?
Für mich muss ein Saison-Bier eine angenehme Bittere neben einem eher unauffälligen Malzprofil aufweisen. Es sollte ein recht simples Bier sein, in dem Sinne, dass es keine ausgefallenen Gewürze oder Zusätze hat, wie es heute oft der Fall ist. Der Hefecharakter steht im absoluten Mittelpunkt und sollte daher nicht von intensiven und exotischen Geschmäckern Konkurrenz haben.

Wie erreichst du dieses unauffällige Malzprofil?
Für unser „Saison“ verwende ich hauptsächlich belgisches Pilsener-Malz und ersetze gelegentlich einen kleinen Teil durch Weizen, Dinkel, Roggen oder Hafer. Für die sehr hopfigen Saison-Biere verwende ich zusätzlich einen Teil belgisches helles Malz. Wichtig ist mir, kein Karamellmalz oder Ähnliches einzusetzen und die Malzzusammensetzung für diesen Stil recht simpel zu halten. Meiner Meinung nach arbeitet die Saison-Hefe am besten mit dieser Art von Malzzusammensetzung.

Welchen Hopfencharakter hat euer „Saison“?
Wichtig ist eine ausgewogene Hopfenbittere mit 30–35 IBUs. Dafür verwende ich Hopfen mit eher niedrigen Alpha-Säuren-Gehalten und kräuterigen und blumigen Aromen. Der ‘Hersbrucker Spät’, den ich 10 Minuten vor Koch-Ende zur Würze gebe, hat gerade mal 2,5 % Alpha-Säuren und erzielt dadurch keine sonderlich starke Bittere. Als Bitterhopfengabe zu Beginn der Würzekochung verwende ich ‘Perle’ mit 6,5 % Alpha-Säuren-Gehalt, welcher neben Kräuteraromen für eine angenehme Bittere sorgt. Diese Bittere balanciert zudem die Fruchtigkeit der Hefe aus und lässt diese ausgewogener wirken. Was ich nicht für diesen Stil einsetzen würde, sind Hochalphasorten wie zum Beispiel ‘Magnum’. Stattdessen setze ich auf Edelhopfensorten und Sorten wie ‘Fuggle’ oder ‘Styrian Savinjski Golding’. Wenn du einen bereits etwas älteren Hopfen dahast, kannst du auch den verwenden, da du für diesen Stil nach milden und unaufdringlichen Hopfenaromen suchst. Das Hefearoma steht im Mittelpunkt, nicht der Hopfen.

Verwendet ihr Dolden- oder Pellethopfen?
Während der Würzekochung arbeiten wir mit Doldenhopfen, aus dem simplen Grund, weil wir keinen Whirlpool haben. Für das Hopfenstopfen verwenden wir Pellets. Ein Hopfenstopfen mit Dolden wäre ziemlich anstrengend, da sich diese nicht vollständig absetzen und das Abziehen daher recht kompliziert machen.

Wie sieht die Wasseraufbereitung für euer „Saison“ aus?
Wir arbeiten mit dem Wasser vor Ort, welches filtriert und dadurch frei von Chlor ist. Das einzige, was wir dazugeben, ist 600 ml Milchsäure auf 1000 l Brauwasser, um den pH-Wert leicht abzusenken. Mehr ist nicht nötig. Durch diese geringe Wasseraufbereitung möchten wir unserem Bier einen Geschmack mitgeben, der von hier kommt. Zudem ist dieser Bierstil, was das Wasser betrifft, recht verzeihend, da du durch die intensiven Aromen der Hefe viel überdecken kannst.

Wie erreichst du die richtige Balance der Aromen in eurem „Saison"?
Wichtig ist, eine ausgewogene Bittere zu erreichen, die keinen dominanten Charakter aufweist, welcher die Hefearomen überdecken würde. Die gebildeten Hefearomen stehen bei unserem „Saison" im absoluten Mittelpunkt und sollten nicht von einer allzu einnehmenden Bittere oder Säure überlagert werden. Mithilfe der Hopfengabe und dadurch der Hopfenbittere lässt sich die Intensität der durch Milchsäurebakterien produzierten Säure regulieren. Wenn du mit einer *Brettanomyces*-Hefe arbeitest, ist es wichtig, darauf zu achten, beim Anstellen sowie Nachfermentierten nur kleine Mengen dieser Hefe einzusetzen, da die gebildeten Aromen sehr intensiv sind und während der Reifung noch weiter zunehmen.

Wie genau regulierst du die Säure in deinen Saison-Bieren?
Heutzutage braut man ein „Saison" deutlich saurer als früher einmal. Ursprünglich war ein „Saison" entweder sauer oder bitter. Sprich, wenn du es mehr hopfst, wird es bitterer; wenn du es weniger hopfst, wird es saurer, was zudem noch von den verwendeten Bakterienarten abhängt. Ich persönlich bevorzuge mein „Saison" etwas bitterer und mache, wenn ich Säure in mein „Saison" bringen möchte, ein Blending mit unserem „Cuvée". Unser „Cuvée" würde ich trotzdem nicht als Sauerbier bezeichnen, da ich diese extremen und eintönigen Geschmäcker nicht mag.

Zurück zu den Hopfengaben. Durch Einsetzen von Doldenhopfen zu Beginn der Würzekochung erhältst du recht viel Pflanzenmaterial in deiner kochenden Würze und förderst dadurch die Extraktion von Polyphenolen. Ist das dein Ziel? Und machst du dafür auch eine mittlere Hopfengabe?
Polyphenole und Tannine geben dem Bier Struktur. Eine mittlere Hopfengabe mache ich trotzdem nicht, da sie meiner Erfahrung nach für die Stile, die ich braue, und für die Hefen, mit denen ich arbeite, keinen großen Unterschied macht. Ich schmecke ihn zumindest nicht heraus. Ich gebe zu Beginn der Würzekochung eine Bitterhopfengabe und 10 Minuten vor Koch-Ende nehme ich meine zweite Hopfengabe vor. Diese 10 Minuten reichen aus, um mithilfe dieser Gabe ein leicht blumiges Hopfenaroma zu erhalten. Zu viel von diesem blumigen Aroma möchte ich aber vermeiden und verzichte daher bewusst auf eine weitere Hopfengabe zum Ende der Kochung. Die fruchtigen Noten der Hefe sollen nicht von zu hopfig-intensiven Noten überdeckt werden.

Wie gestaltet sich das Hopfenstopfen für euer „Saison"?
Wenn wir unser normales Saison-Bier hopfenstopfen, erhält es einen anderen Namen, zum Beispiel „Farmers IPA", „Hoppy Saison" und weitere. Aktuell nennen wir es „Fiesta Mayor" und verwenden dafür bevorzugt nordamerikanische oder neuseeländische Hopfensorten, um die typisch fruchtigen Noten, wie die eines modernen IPAs, zu erhalten. Wir hopfenstopfen unsere Saison-Biere gerne mit 'Mosaic®', ein Hopfen, der fast überall leicht erhältlich ist, oder 'Nelson Sauvin™', aber auch 'Hallertau Blanc', welcher sich hervorragend für das Hopfenstopfen von Saison-Bieren eignet. Was sicherlich auch interessant wäre, ist, Edelhopfen dafür zu verwenden. Was ich aus Erfahrung jedoch nicht empfehlen kann, sind die eher harzigen Sorten, da diese nicht mit der Saison-Hefe harmonieren und sich gegenseitig Konkurrenz machen.

Welche Art von Karbonisierung strebst du für deine Saison-Biere an?
Persönlich gefällt mir eine eher leichte Karbonisierung besser als die starke mancher IPAs, die es heutzutage gibt. Ich habe ein paar Jahre in England gelebt, wo es genau diese Biere mit der leichten Karbonisierung gibt. Das hat mich sicherlich beeinflusst. Von diesen Bieren kann man auch deutlich mehr trinken. Ein Saison-Bier sollte einen ausgewogenen CO_2-Gehalt haben, der nicht zu flach, aber auch nicht so aufschäumend wie ein Sekt sein sollte.

„STRIDING EDGE" – SESSION IPA

Wenn Sie dieses IPA brauen, haben Sie ein perfektes Bier für einen heißen Sommertag. Dank der Braukunst von Brian Dickson von Northern Monk aus Leeds schmeckt dieses Bier, als hätte es 5 % Alkohol, tatsächlich aber hat es nur 2,8 %. Der komplexe, frisch-fruchtige Hopfencharakter wird von einem vielfältigen Malzkörper getragen und eine stabile Eiweiß-Gerbstoff-Trübung sorgt für ein volles Mundgefühl.

Stammwürze: 8,45 °P
Restextrakt: 3,19 °P
Bittereinheiten: 20 IBU
Farbe: 9 EBC
Alkohol: 2,8 Vol.-%

ZUTATEN BEI SUDHAUSAUSBEUTE VON RUND 65 % FÜR 20 L:

MALZ	EBC	PROZENT	KG
Muntons Super Pale Malz	2	52	1,75
Nackthafer-Malz (z. B. Bestmalz)	3	24	0,8
Wiener Malz	7	18	0,6
Dextrin	3	6	0,2

HOPFENGABE	HOPFENSORTE	PROZENT ALPHA	IBU	MENGE
Kochbeginn	Herkules	17,2	20	10 g
Whirlpool	Simcoe®	12,9		1 g/l
Whirlpool	Chinook	12		1 g/l
Whirlpool	Citra®	13,2		1 g/l
Hopfenstopfen	Citra®			2,5 g/l
Hopfenstopfen	Mosaic®			2,5 g/l
Hopfenstopfen	Vic Secret™			2,5 g/l

HEFE	TYP	STAMM
	Amerikanische Ale-Hefe	Vermont Ale (flüssig) oder LalBrew® New England (trocken)

Wasserprofil: Mineralsalze (in mg/l) SO_4^{2-}: 100; Cl^-: 200. Wasser/Malz-Verhältnis 2,6:1. Einmaischen bei 74 °C und 45 Minuten Rast halten. Abläutern bei 78 °C. Kochzeit: 60 Minuten. Whirlpool/Hopstand bei <80 °C für 20 Minuten. Anstellen mit Hefe: ca. $0,5 \times 10^6$ Zellen/ml/ °P. Anstellen bei 17 °C. Beginn Gärung bei rund 18 °C. Nach ungefähr 2 Tagen auf 20 °C steigen lassen. Wenn VDK abgebaut, Hopfenstopfen bei 16 °C. Dauer 2 Tage, alle 24 Stunden mit CO_2 aufwirbeln. Nach Hopfenstopfen für 3 Tage bei 4 °C lagern. CO_2-Gehalt auf 4,8 g/l einstellen. Abfüllen.

BRIAN DICKSON VON NORTHERN MONK

Brian Dickson, Mitbegründer und Technischer Direktor von Northern Monk.

Was macht für dich ein gutes Session IPA aus?

Wie der Name Session bereits nahelegt, sollte man beim Trinken von diesem Bier immer Lust bekommen, gleich noch ein weiteres zu trinken. Wenn du also ein Pint (entspricht 0,47 l) zu Ende getrunken hast, möchtest du dir am liebsten noch eins und noch eins bestellen. Es sollte einen reinen, interessanten und erfrischenden Charakter haben, der nicht übermäßig mit vielen verschiedenen Aromen überladen ist. Das würde kein gutes Trinkgefühl vermitteln.

Welche Hopfensorten verwendest du für „Striding Edge“?

„Striding Edge“ ist wie eine sehr leichte Version eines normalen IPAs mit einem stark tropisch-fruchtigen Charakter, der von Hopfensorten ‘Citra®’ und ‘Mosaic®’ geprägt ist. Die Aromen von Passionsfrucht und Pinie werden dabei von einem sanften und milden Körper abgerundet. Dieses Bier erfüllt damit alle Erwartungen an ein IPA, ist mit seinen 2,8 % Alkohol aber deutlich bekömmlicher.

Wie würdest du den Beitrag des ‘Citra®’-Hopfens beschreiben?

Der Hopfen ‘Citra®’ ist eine einzigartige Sorte, dich sich durch einen intensiv aromatischen und vielfältigen Charakter auszeichnet. Das Aroma ist dabei sehr stabil und macht diesen Hopfen zu einem der interessantesten Sorten, die im Moment erhältlich sind. Die allermeisten Brauer heutzutage verwenden für ein gutes IPA immer ‘Citra®’ als Grundhopfen, und das will was heißen.

Und warum hast du die Hopfensorte ‘Mosaic®’ gewählt?

Ich bin ein großer Fan von ‚Mosaic®‘, da man diesen Hopfen mit seinen tropischen, blaubeerartigen und facettenreichen Aromen für die verschiedensten Bierstile einsetzen kann. Die Kombination aus ‘Citra®’ und ‘Mosaic®’ funktioniert für das Brauen von guten IPAs zusammen einfach wunderbar. Die Kunst ist, die „dank“-Aromen nur leicht durchkommen und im Vordergrund die fruchtig-frischen Aromen von Passionsfrucht strahlen zu lassen.

Kannst du noch mehr zum Zusammenspiel von den Hopfensorten erzählen?

Durch die Verwendung eines gewissen Weizenanteils beim Einmaischen lassen sich die Noten von tropischen Früchten besonders gut unterstreichen. Was sich mit den Sorten ‘Citra®’ und ‘Mosaic®’ auch gut kombinieren lässt, ist eine Hopfengabe von ‘Simcoe®’ zum Whirlpool, der für ein Pinienaroma und leicht gemüseartige Noten sorgt. Unser „Striding Edge“ ist von seinem Aroma her also kein eindimensionales Bier, sondern zeigt eine ausgewogene Vielseitigkeit an Aromen, welche sehr gut aufeinander abgestimmt sind.

Wie ist deine Vorgehensweise bei der Entwicklung und Verbesserung eines Bierrezepts?

Was ich während meiner Ausbildung gelernt habe, ist eines: Wenn du dein Bier optimieren möchtest, ändere in deinem Prozess immer nur eine Größe auf einmal. Wenn du fünf Dinge gleichzeitig änderst und am Ende ein besseres Bier erhält, weißt du nie, wie du das erreicht hast, und kannst folglich daraus auch nicht lernen.

Wie erhaltet ihr die Trübung in euren Bieren?
Das zu analysieren, hat uns recht viel Zeit gekostet. Besonders durch den Einsatz von nicht vermälztem Weizen und Hafer erhält man hohe Proteingehalte und erzielt dadurch eine hohe Bildung von Trübungspartikeln. Diese Partikel sind jedoch recht schwer im Bier zu halten, da sie durch ihre Größe und ihr Gewicht zu Boden sinken. Wir haben herausgefunden, dass durch den Einsatz von zu hohen Anteilen unvermälzter Rohstoffe das Bier am Ende sogar weniger Trübung hat, da man die zu schweren Trübungspartikel kaum stabilisieren kann. Wir verwenden daher für unsere IPAs in der Regel etwa 10 % unvermälzte Haferflocken und 15–20 % vermälzten Hafer oder Weizen, also Hafer- und Weizenmalz. Durch den Einsatz von anteilmäßig deutlich mehr vermälzten proteinreichen Zusätzen erreichen wir eine schöne und stabile Trübung in unseren Bieren.

Was für eine Art Mundgefühl möchtet ihr bei „Striding Edge" erreichen?
Es soll einen weichen und vollen Körper haben. Obwohl das Bier gerade mal 2,8 % Alkohol hat, soll es schmecken wie ein Bier mit 5,0 % und mehr. Das ist der Grund, warum wir einen so hohen Anteil an Hafer oder Weizen verwenden: Wir wollen es damit möglichst robust und herzhaft machen. Die Schwierigkeit und gleichzeitig Kunst für diese Biere – wie auch für Double IPAs – ist es, ein so vielfältiges Mundgefühl wie möglich zu erreichen. Sonst wäre es nicht mehr süffig und man würde die Lust am Trinken verlieren.

Wie haltet ihr während dem Hopfenstopfen die Auslaugung von Polyphenolen im Griff?
Ich denke, dass dabei eine entscheidende Rolle die Kontaktzeit von Bier und Hopfen spielt. Wir lassen den Hopfen durch das Hopfenstopfen daher nur für 2 Tage im Bier ruhen, um nicht zu hohe Gehalte an Polyphenolen und einen zu harschen, bitteren Geschmack zu erhalten. Es sollen gerade so viele Polyphenole extrahiert werden, dass diese zusammen mit den Proteinen Komplexe bilden können und dadurch für eine stabile Trübung sorgen. Wir halten die Kontaktzeit möglichst gering. 2 Tage reichen aus, um dein Hopfenöl zu extrahieren.

Welche Technik würdest du Heimbrauern für das Vermischen von Bier und Hopfen im Gärtank raten?
Ideal wäre es, mit etwas CO_2 von unten her das Bier zu durchmischen. Dabei muss man sich zumindest bei der ersten Hopfengabe keine Sorgen um Aromaverluste machen, da der Hopfen ja gerade erst dazugegeben wurde. Das einzige, was an Aroma verloren gehen könnte, sind Teile des Zwiebel- und Knoblaucharomas, da sich diese recht leicht durch CO_2 vertreiben lassen. Diese Aromen entstehen typischerweise bei der Verwendung von Hopfensorten wie 'Galaxy™', 'Simcoe®' und 'Mosaic®'.

Welche Temperatur bevorzugst du beim Hopfenstopfen?
Ein mit mir befreundeter Brauer hat für jede einzelne Hopfensorte eine eigene Lieblingstemperatur. Für 'Simcoe®' zum Beispiel stellt er das Bier immer auf 9 °C ein, für 'Citra®' auf 11 °C. Ich habe das auch mal ausprobiert, aber keine Chance, das durchzuziehen (lacht).

In der Regel stellen wir unser Bier auf etwa 16 °C ein, ernten die Hefe ab und geben dann den Hopfen dazu. Für „Striding Edge" lassen wir den Hopfen übrigens nur für 1 Tag extrahieren, da wir hier mit einem kleineren Biervolumen arbeiten und die Extraktion daher schneller verläuft.

Was für eine Art Hefe funktioniert gut für Session-Biere?
Mit englischen Hefestämmen kannst du nicht viel falsch machen. In England hat man schließlich immer schon Biere gebraut, die süffig sind. Für Session-Biere empfehle ich London-Ale-Hefen mit einem niedrigen Vergärungsgrad und hohen Glycerinlevel. Letzteres sorgt für eine angenehme Süße im Bier.

„HOPTIMISTA" – SINGLE-HOP-SERIE

Mit der Single-Hop-Serie „Hoptimista" wollte Head Brewer Alan Sheppard von Edge Brewing Barcelona die spanischen Biertrinker an IPAs und amerikanische Hopfensorten heranführen. Dabei wurde das „Hoptimista Cascade" ein so gutes Bier, dass es im Jahr 2014 von ratebeer.com auf die Liste der besten 50 weltweit neuerschienenen IPAs kam.

Stammwürze: 15,0 °P
Restextrakt: 2,6 °P
Bittereinheiten: 71 IBU
Farbe: 16 EBC
Alkohol: 6,6 Vol.-%

ZUTATEN BEI SUDHAUSAUSBEUTE VON RUND 65 % FÜR 20 L:

MALZ	EBC	PROZENT	KG
Premium Pilsener Malz (Weyermann)	3	75	4,50
Wiener Malz	5,9	8,3	0,50
CaraRed (Weyermann)	30,5	8,3	0,50
Caramunich I	100	4,2	0,25
Weizenmalz	3,9	4,2	0,25

HOPFENGABE	HOPFENSORTE	PROZENT ALPHA	IBU	MENGE
Vorderwürze	Cascade	5,8	19,2	20 g
20 Minuten vor Koch-Ende	Cascade	5,8	18,8	30 g
15 Minuten vor Koch-Ende	Cascade	5,8	22,6	40 g
Whirlpool	Cascade	5,8	10,3	45 g
Erstes Hopfenstopfen	Cascade	5,8		2,2 g/l
Zweites Hopfenstopfen	Cascade	5,8		1,5 g/l

HEFE	TYP	STAMM
	Amerikanische Ale-Hefe	WLP 090

Wasser: Mineralsalze (in mg/l): Ca^{2+}: 64; Mg^{2+}: 3; SO_4^{2-}: 89; Na^+: 9; Cl^-: 43. Wasser/Malz-Verhältnis 2,7:1. Einmaischen bei 66,5 °C und 60 Minuten Rast halten. Abläutern bei 78 °C. Kochzeit: 60 Minuten. Whirlpool/Hopstand bei 95 °C für 15 Minuten. Anstellen mit Hefe: ca. 1×10^6 Zellen/ml/ °P. Anstellen bei 20 °C. Gärung bis frei von VDK. Erstes Hopfenstopfen bei 16 °C. Dauer 4 Tage, alle 24 Stunden mit CO_2 aufwirbeln. Zweites Hopfenstopfen bei 5 °C für 2 Tage. CO_2-Gehalt auf 5,0–5,2 g/l einstellen. Abfüllen.

ALAN SHEPPARD, EDGE BREWING BARCELONA

Alan Sheppard, Mitbegründer und ehemaliger Head Brewer von Edge Brewing.

Wie kam die Idee zu der Single-Hop-IPA-Reihe?
Als wir im Jahr 2014 die Edge Brewing in Barcelona aufgemacht haben, um Biere im amerikanischen Craftbeer-Stil zu brauen, waren amerikanische Hopfensorten dort noch relativ unbekannt. Zunächst haben wir Biere unter dem Einsatz von mehreren Hopfensorten gebraut, in denen man zwei oder drei unterschiedliche Sorten geschmeckt hat. Die Idee der Single-Hop-IPA-Serie war, Biere zu brauen, in denen man ausschließlich mit einer Sorte arbeitet und diese – und nur diese – intensiv im Bier schmecken kann. Ich wollte den Leuten vor allem die Unterschiede und Feinheiten zwischen den einzelnen Hopfensorten aufzeigen. Die Leute in Barcelona haben einen unglaublich guten Geschmacks- und Geruchssinn, der auf die hervorragende kulinarische Kultur in Spanien zurückzuführen ist. Es hat großen Spaß gemacht, mit den Menschen, die in unseren Tap Room (eine der Brauerei angegliederte Bar) gekommen sind, über die unterschiedlichen Hopfensorten zu sprechen. Es war ein Lernprozess, sowohl für die Leute als auch für mich.

Waren alle Biere dieser Serie gelungen?
Sie waren alle in dem Sinne gelungen, dass jedes einzelne überraschende und neue Geschmackswelten eröffnet hat. Aber natürlich waren manche dieser Single-Hop-Biere auch geschmacklich misslungen und konnten nicht ausgeschenkt werden. Während 'Citra®' zu einem hervorragenden Bier wurde, war die Sude, die ausschließlich mit 'Chinook' oder nur mit 'Galena' gebraut wurden, eine absolute Katastrophe und eigentlich nur eine dumme Idee (lacht). Du würdest dir schließlich auch nie einen Hopfentee nur mit diesen Sorten machen und dann erwarten, dass er schmeckt. Diese Mischung aus Erfolgen und Misserfolgen macht Brauen doch auch aus. Genauso, wie es beim Kochen oder Malen der Fall ist. Ausprobieren, daraus lernen und dadurch besser werden.

Wie kamen eure Biere in Barcelona an?
Als wir hier ankamen, haben die Einwohner der Stadt fast ausschließlich Lagerbiere wie zum Beispiel „Estrella Damm“ getrunken. Diese Leute von unseren amerikanisch geprägten und hopfenlastigen Bieren zu überzeugen, war definitiv eine Herausforderung. Unter anderem durch die Reihe der Single Hop IPAs konnten wir unseren Kunden unsere Biere aber zugänglich machen. Dafür haben wir viele Stile, etwa unser West Coast IPA, zunächst geschmacklich weniger intensiv und stark gebraut, damit sich die Leute erst mal daran gewöhnen konnten, ohne von diesem Bieraroma völlig überfordert zu werden. Wir wollten damit eine Kundengruppe erreichen, die täglich Lust auf unsere Biere hat und damit den Laden am Laufen hält.

Wie würdest du den Stil eurer Biere beschreiben, mit dem ihr die Menschen in Barcelona überzeugen konntet?
Fast jedes Bier, das wir bei Edge gebraut haben, ist eine Hommage an die so hervorragend ausbalancierten Biere, die in Kalifornien gebraut werden. So wurden viele unserer Biere von denen der Brauerei Ballast Point inspiriert. Beim Brauen haben wir vor allem an den IBUs gedreht und diese etwas runtergefahren. Unsere Biere hatten dann meistens so viel IBUs

wie Alkohol. Das heißt, hatte ein Bier 5,5, % Alkohol, so hatte es etwa 55 IBUs. Ganz am Anfang habe ich sogar darauf geachtet, die IBUs stets unterhalb des ABV zu halten, mit Ausnahmen wie dem Double IPA „Juggernaut“ oder dem West Coast IPA „Hoptimista“, welche leicht darüber liegen. Zudem haben wir damals die Hopfengaben noch recht früh während dem Würzekochen gegeben, während wir heute mehr späte Aromagaben vornehmen. Die Leute wollten, als wir hier ankamen, zwar 100 IBUs riechen können, aber nur 20 IBUs schmecken. Mittlerweile haben sie sich auch an die Bittere im Geschmack gewöhnt. Viele denken, dass sie gerne stark hopfige Biere trinken würden, aber eigentlich wollen sie nur die stark hopfenaromatischen Biere. Das ist sicherlich auch der Grund dafür, warum die Hazy IPAs derzeit so viel Aufmerksamkeit auf sich ziehen, da diese Biere extrem viel Aroma und wenig Bittere enthalten.

Hast du Tipps für das Brauen von Single Hop IPAs?
Ich würde die Verwendung von Spezialmalzen, wie zum Beispiel „Caramunich“, stark in Grenzen halten, da diese schnell das Hopfenaroma überdecken. Ich verwende „Premium Pilsener Malz“ von Weyermann als Basismalz, da dieses dem Bier eine leichte, reine und klare Grundlage bietet, auf welche sich das Hopfenaroma gut aufbauen kann. Zuvor haben wir mit dem „Pale Ale Malz“ von Weyermann gearbeitet, das allerdings einen allzu englischen, zu malzigen und dadurch zu komplexen Charakter mitbringt und das Hopfenprofil überlagert.

Wie gestaltet sich die Hopfengabe für die Single Hop IPAs? Wie bist du auf diese gekommen?
Ich bin ein großer Fan von Vorderwürzehopfung. Durch die Gabe zu der etwa 68–72 °C heißen Würze kommt es zu einer stärkeren Isomerisierung der Alphasäuren und der Hopfen bildet eine Art „ruhigere“ und ausgewogenere Bittere aus. Für mich persönlich ist es der pure Genuss, die Würzepfanne während des Läuterns aufzumachen und diese fantastisch blumig-frischen Hopfenaromen zu riechen, die du nur durch diese Methode so wahrnehmen kannst. Für unser „Hoptimista“ nehmen wir zunächst ein „First-Wort-Hopping“ vor und geben dann die vier Gaben 60 Minuten, 20 Minuten, 15 Minuten vor Koch-Ende und eine letzte zum Schluss zur Würzekochung. Mittlerweile haben wir die letzte Gabe aber durch eine Gabe zum Whirlpool ersetzt. Wenn ich noch bei Edge brauen würde, würde ich den Whirlpool zusätzlich noch auf 80 °C runterkühlen und erst dann die finale Hopfengabe geben. Anschließend wird die Würze mittels Wärmetauscher zügig weiter runtergekühlt.

Wie hast du die Hefe für die Single-Hop-Serie ausgewählt?
Ich liebe den Stamm San Diego Super von White Labs. Er hat ein wunderbar neutrales Geschmacks- und Geruchsprofil, denn diese Hefe produziert nur wenige fruchtige Ester, die mit den Aromen des Hopfens konkurrieren könnten. Dadurch kann der Hopfen so richtig strahlen. Gleichzeitig vergärt die Hefe unglaublich schnell und kann auch Double IPAs sauber vergären. Wir benutzen sie sehr gerne für alle unsere hopfenlastigen Biere. Gleichzeitig hat sie einen hohen Vergärungsgrad, sodass sehr trockene Biere herauskommen. Dadurch entsteht ein sehr gut trinkbares Bier und das ist genau der Typ von Bier, den ich mag!

Ist es wichtig, Flüssighefe zu benutzen, oder könnte der Heimbrauer auch genauso gut Trockenhefe verwenden?
Für mich ist eine gute Hefe und eine saubere Fermentation ausschlaggebend, um richtig gutes Bier zu brauen. Ich braue ausschließlich mit Flüssighefe. Diese Reintönigkeit und gleichzeitig eine gewisse Komplexität der Hefearomen kann mit Trockenhefe meiner Erfahrung nach nicht erzielt werden.

TROELS' HAZY IPA

Dieses Hazy IPA wurde von Troels Prahl (Innovation Manager der Hefefirma White Labs) extra für dieses Buch entwickelt. Im Interview erklärt er den Einfluss von Hefestämmen auf das Hopfenaroma. Dieses Rezept sieht vor, dass dieselbe Würze mit zwei unterschiedlichen Hefestämmen vergoren wird. Das Rezept wurde so entworfen, dass die resultierenden Unterschiede in der Hopfenaromatik besonders gut herauskommen.

Stammwürze: 16,3 °P
Restextrakt: 3,6 °P
Bittereinheiten: 60 IBU
Farbe: 10,7 EBC
Alkohol: 7,0 Vol.-%

ZUTATEN BEI SUDHAUSAUSBEUTE VON RUND 65 % FÜR 20 L:

MALZ	EBC	PROZENT	KG
Golden Promise Malz	6	77,4	4,8
Haferflocken	2,8	12,9	0,8
Gerstenflocken	2,8	6,4	0,4
CaraPils	3,0	3,3	0,2

HOPFENGABE	HOPFENSORTE	PROZENT ALPHA	IBU	MENGE
Whirlpool	Citra®	12,8	44,3	60 g
Whirlpool	Mandarina Bavaria	7,2	15,1	60 g
Hopfenstopfen	Citra®	12,8		3,25 g/l
Hopfenstopfen	Mandarina Bavaria	7,2		3,25 g/l

HEFE	TYP	STAMM
	London Fog Ale-Hefe	WLP 066
	Kveik Ale-Hefe	WLP 518

Wasser: IPA Profil. Wasser/Malz-Verhältnis 2,9:1. Einmaischen bei 64 °C, Hafer- und Gerstenflocken beim Einmaischen dazugeben. 60 Minuten Rast halten. Abläutern bei 75,6 °C. 60 Minuten kochen. Whirlpool/Hopstand für 30 Minuten bei 90 °C.

Gärführung bei WLP 066: Kühlen auf 19 °C. Anstellen mit Hefe: ca. $0{,}75 \times 10^6$ Zellen/ml/ °P. Gärung bei 19 °C für 72 Stunden. Danach Temperatur bis auf 21 °C ansteigen lassen. Nachdem VDK abgebaut sind, auf 15 °C abkühlen und Hefe ablassen.

Gärführung bei WLP 518: Kühlen auf 25 °C. Anstellen mit Hefe: ca. $0{,}75 \times 10^6$ Zellen/ml/ °P. Gärtemperatur bis auf 32 °C ansteigen lassen. Nachdem VDK abgebaut sind, auf 15 °C abkühlen und Hefe ablassen.

Hopfenstopfen für beide Gärführungen: 3 Tage nach dem Anstellen. Dauer Hopfenstopfen 3 Tage. Dabei jeden Tag die Hefe für 10 Sekunden mit CO_2 aufwirbeln, und dies dreimal in einem Zeitraum von 30 Minuten. Hopfen und Hefe nach 3 Tagen abtrennen.

CO_2-Gehalt auf 5,0 g/l einstellen. Abfüllen.

TROELS PRAHL VON WHITE LABS

Troels Prahl, Director of Innovation bei White Labs Global.

Wie würdest du die Interaktionen zwischen Hopfen und Hefe beschreiben?
Es gibt zwei Hauptvorgänge: Zum einen können Biotransformationen stattfinden. Das ist ein Mechanismus, bei dem Mikroorganismen die Möglichkeit haben, Aromakomponenten zu intensivieren oder zu verändern. Das merkt man besonders bei Hefen wie *Brettanomyces.* Darüber sprachen alle, als die Hazy IPAs (beziehungsweise New England IPAs) gerade rauskamen. Man war der Meinung, dass einzelne Hefestämme dazu imstande seien, die Hopfenkomponenten während des Hopfenstopfens aromatischer zu machen. Man müsse den Hopfen dazu, so glaubte man, nur unbedingt während der aktiven Gärung dazugeben, sprich: wenn die Hefe noch sehr vital ist. Durch jüngere Studien stellte sich jedoch heraus, dass dies so nicht ganz richtig ist beziehungsweise dies nicht der entscheidende Punkt für das stärkere Aroma ist. Das durch das Hopfenstopfen während der aktiven Gärung entstandene intensive Hopfenaroma lässt sich vielmehr auf physikalische Vorgänge zurückführen. Man fand heraus, dass sich die Aromastoffe des Hopfens in Alkohol und CO_2, was bekanntlich beides Stoffwechselprodukte der Hefe sind, besser lösen und entfalten und dadurch stärker durchkommen.

Warum werden dann gewisse Hefestämme für New England IPAs bevorzugt?
Wir glauben, dass der Grund für die großen Unterschiede zwischen den einzelnen Stämmen und deren Bildung von Aromen während dem Hopfenstopfen darin liegt, dass diese Stämme ja auch Unterschiedlichkeiten im jeweiligen Fermentationsverlauf aufzeigen. Manche Hefen sind besonders dynamisch und weisen auch im späteren Stadium der Gärung noch eine hohe Aktivität auf. Sie halten den ansteigenden Alkoholgehalt länger aus, sodass sie gut mit den Hopfenkomponenten interagieren können und dadurch für die Hopfengabe im Kaltbereich gut geeignet sind. Zum Beispiel gibt es den Hefestamm „London Fog“, der im späteren Stadium der Gärung genau diese hohe Aktivität zeigt. Dadurch kommt es zu intensiven Wechselwirkungen zwischen Hefe und Hopfen und die Aromen des Hopfens werden besser extrahiert.

Und dies ist auch eher auf physikalische Vorgänge zurückzuführen?
Ja. Es sind zum einen die physikalischen Vorgänge selbst, aber gleichzeitig ist es auch das Fehlen dieser physikalischen Vorgänge, auf was es ankommt. Sobald die Hefe beginnt auszufallen, kann sie wie ein Schwamm wirken und manche Aromakomponenten in ihrer Zellwand einschließen. Beim Abziehen der Hefe aus dem Bier gehen diese Komponenten dann verloren. Für den Bierstil des Hazy IPAs möchtest du eine Hefe mit einer niedrigen Affinität zu den Hopfenkomponenten, sodass du jede Menge Aroma und eine schöne Trübung erhältst. Man kann sich eine Hefe wie einen mikrobiellen Dieb vorstellen.

Wie genau kann man sich die Adsorption von Aromakomponenten durch die Hefe vorstellen?
Die passive Adsorption ist sehr wichtig und ist abhängig von der Zellmorphologie. So haben verschiedene Hefestämme eine unterschiedliche Oberflächenstruktur und eine andere

Porosität (Porenanteil) der Zellwand. Je mehr Poren und je komplexer die Zellwandstruktur, desto höher die Affinität gegenüber Aromakomponenten. Zusammengefasst kann man also sagen, dass die zwei wichtigsten Parameter, die über die Adsorption von Bierinhaltsstoffen durch einen Hefestamm entscheiden, zum einen die Intensität der Aktivität während des Hopfenstopfens, zum andern die Oberflächenbeschaffenheit der Hefezelle sind.

Gibt es bestimmte Aromakomponenten, welche die Hefe bevorzugt absorbiert?
Ich kenne keine Studien dazu, die quantitativ untersuchen, welche Aromakomponenten von der Hefe absorbiert werden. Das wäre aber sicherlich höchst interessant.

Wie findet ein Heimbrauer für sein Bier die richtige Hefe?
Das ist der Punkt, wo es kompliziert wird ... Es kommt nicht nur auf den Stamm der Hefe an, sondern auch auf die Bedingungen, unter denen die Hefe fermentiert. Diese Bedingungen sind leider recht schlecht von einer professionellen Großbrauerei auf das Equipment eines Heimbrauers zu übertragen, da wir hier von ganz anderen Tankgrößen und Möglichkeiten der Temperaturführung sprechen. Daher ist meine Empfehlung, es mit Probeläufen im kleinen Maßstab auszuprobieren und dadurch herauszufinden, wie sich die Hefe verhält. Verwende dabei unterschiedliche Hefestämme, braue unter unterschiedlichen Bedingungen, mit unterschiedlichen Alkoholgehalten und Temperaturen und beobachte, wie die Hefe das Hopfenaroma am besten hervorbringt, ohne es anschließend auszufällen. Der Alkoholgehalt spielt dabei eine wichtige Rolle. Denn Alkohol ist entscheidend für die Löslichkeit und damit für das Entfalten der einzelnen Aromakomponenten im Bier. Wenn du zum Beispiel ein „Hazy Session IPA“ braust, wirst du nicht die gleiche Löslichkeit der Aromastoffe erzielen können wie in einem Bier mit 7 % Alkohol. Daher wird Alkohol unter anderem für die Extraktion von Geruchsstoffen in der Parfümerie oder in der Herstellung von ätherischen Ölen eingesetzt.

Welchen Einfluss hat die Temperatur auf das entstehende Hopfenaroma?
Bei höheren Temperaturen kommt es zu einer besseren Extraktion der Hopfeninhaltsstoffe. Das liegt mitunter an der dadurch höheren Aktivität der Hefe. Das Problem dabei ist, dass mit steigenden Temperaturen auch die Oxidationen schneller vorangehen. Das heißt, wenn du bei zu hohen Temperaturen hopfenstopfst, extrahierst du zwar jede Menge Aroma, treibst aber gleichzeitig die Oxidation dieser Aromastoffe voran, was zu unerwünschten Fehlaromen führen kann. Es gibt nur ein recht kleines optimales Temperaturfenster, in dem du neben einer hohen Extraktion deiner Aromastoffe zugleich eine niedrige Oxidation dieser Stoffe erreichst.

Bei wie viel Grad würdest du also hopfenstopfen?
Bei etwa 15 °C, definitiv aber immer unter 20 °C. Wenn du über 20 °C kommst, riskierst du die Bildung unerwünschter Fehlaromen.

Kannst du noch etwas zum Einfluss vom CO_2 auf das Hopfenaroma sagen?
CO_2 ist ein Lösungsmittel. Die Extraktion mithilfe von CO_2 ist eine alte Technik, um bestimmte Inhaltsstoffe löslicher zu machen. Im Bier verhalten sich CO_2 und Alkohol jedoch wie ein zweischneidiges Schwert: Je mehr Aromastoffe vom CO_2 gelöst und dadurch gewonnen werden, desto mehr dieser Stoffe werden durch Aufsteigen der Blasen aus dem Tank herausbefördert und gehen damit wieder verloren. Um das zu verhindern, kann man das Bier in einem Drucktank gären lassen und diesen luftdicht verschließen. Dadurch erzielt man die gute Lösung von Hopfenaromastoffen in CO_2, welche sich anschließend nicht verflüchtigen können. Kühlt man das Bier nach abgeschlossener Gärung dann runter, bleibt das CO_2 samt Aroma in der flüssigen Phase und damit im Bier. Vielleicht ist es etwas schwieriger, das mit dem Equipment eines Heimbrauers umzusetzen, aber allein das Senken der Temperatur ist dabei schon sehr hilfreich, da sich CO_2 bei niedrigen Temperaturen weniger verflüchtigt.

„SASKATOON CHEESE-CAKE STOUT" – IMPERIAL PASTRY STOUT

Mit diesem Stout, das wie ein üppiger Nachtisch schmeckt, hat Brauer David Graham von Lervig ein Bier entworfen, das ihn an seine Heimat Kanada erinnert. Die „Saskatoon Berries", zu Deutsch die Früchte der „Erlenblättrigen Felsenbirne", erinnern in Aussehen und Geschmack an Blaubeeren und vertragen sich gut mit Käsekuchen. Die Aromen dieser Beeren werden allerdings nicht durch den Hopfen, sondern durch natürliche Aromaessenzen in das Bier gebracht. Der Hopfen steht in diesem Bierstil nicht im Vordergrund, sondern gibt dem Bier durch eine großzügige Bitterhopfengabe Struktur und balanciert den schweren, süßen Malzkörper aus.

Stammwürze: 29,0 °P
Restextrakt: 8,0–8,5 °P
Bittereinheiten: 50 IBU
Farbe: 85 EBC
Alkohol: 12,0 Vol.-%

ZUTATEN BEI SUDHAUSAUSBEUTE VON RUND 65 % FÜR 20 L:

MALZ	EBC	PROZENT	KG
Pilsener Malz	3	68	6,8
Münchner Malz	20	11	1,1
Karamellmalz	130	5	0,5
Chocolate Malz	1100	5	0,5
Haferflocken	1	4	4,0
CaraPils	4	3	3,0
CaraAroma	280	3	3,0
Röstgerste	1600	1	1,0

HOPFENGABE	HOPFENSORTE	PROZENT ALPHA	IBU	MENGE
Vorderwürze	Hallertau Blanc	10	50	110 g

HEFE	TYP	STAMM
	Amerikanische Ale-Hefe	WLP 001

Wasser: Stadtwasser Stavanger, Norwegen. Mineralsalze: 0,3 g/l $CaCl_2$ zur Würzekochung. Wasser/Malz-Verhältnis 2,7:1. Maischverfahren mit einer Rast: Einmaischen bei 58 °C. Aufheizen auf 67 °C und 70 Minuten Rast halten. Abläutern bei 78 °C. Kochen, bis 29,0 °P erreicht sind. Kühlen auf 21 °C. Anstellen mit Hefe: ca. $1{,}5 \times 10^6$ Zellen/ml/ °P. Gärung bei 21 °C für 7–10 Tage. Lagerung bei 2 °C für wenigstens 7 Tage. CO_2-Gehalt auf 4,5 g/l einstellen. Abfüllen.

DAVID GRAHAM VON LERVIG

David Graham, Brauer bei Lervig.

Was macht für dich ein gutes Imperial Stout aus?
Für mich ist die richtige Balance entscheidend. Du möchtest zum einen ein großartiges Mundgefühl haben, zum andern die charakteristischen rauchig-röstigen und süßen Aromen, die mit einer angenehmen Bittere abgerundet werden. So mag ich ein Imperial Stout besonders gerne.

Wie erreicht ihr die Komplexität im Malzcharakter eures Imperial Stout?
Das beginnt damit, qualitativ hochwertiges Malz zu verwenden. Weiter ist es wichtig, das richtige Verhältnis zwischen Basis-, Karamell-, Spezial- und Röstmalzen zu finden, um einen süß-malzigen Charakter zu erreichen, der mit den rauchigen Röstaromen harmoniert. Wie dieses Verhältnis aussieht, kommt aber ganz auf dich und deine persönlichen Präferenzen an. Wir arbeiten hier mit verschiedensten Karamell- und Röstmalzsorten und Anteilen zwischen 5 und 20 %. In manchen Rezepten setzen wir aber auch bis zu 25 % Röstmalzanteil ein, was unglaublich viel ist. Mehr als das solltest du für ein Imperial Stout definitiv nicht verwenden, da die Röstaromen ansonsten zu intensiv werden und die Malzsüße nicht mehr durchkommen kann.

Müsst ihr euer Maischverfahren an die 25 % Röstmalzanteil anpassen oder was macht ihr dabei anders?
Generell gestalten sich bei uns die Maischverfahren etwas länger, was hilft, uns auf die unterschiedlichen Malzzusammensetzungen einzustellen und Veränderungen im Prozess zu kompensieren. Schwierig sind tatsächlich hohe Anteile an Dunkel- oder Röstmalz, welche zu extrem langen Abläuterungszeiten führen und dadurch weitere Probleme mit sich bringen können. Wir schroten unsere Dunkelmalze in separaten Mühlen mit einem viel gröberen Mahlgrad und geben das Malzschrot anschließend direkt in unseren Maischebottich.

Wie sucht ihr nach Hopfensorten? Nach welchen Kriterien entscheidet ihr euch für eine Sorte?
Bei einem Stout ist es so, dass ein Großteil des Hopfencharakters an der Malzsüße praktisch abprallt. Wir haben sehr verschiedene Hopfensorten bei der Herstellung unserer Stouts ausprobiert und herausgefunden, dass für uns der Alpha-Säuren-Gehalt die entscheidende Messgröße bei der Auswahl der richtigen Sorte ist. Sicherlich erhält man von bestimmten Hopfensorten fantastische Aromen und Geschmäcker, aber die gehen in einem Stout leider völlig unter und sind auch nicht das, wonach man bei einem Stout sucht. Für ein Stout ist der Malzcharakter und die Verwendung geeigneter Karamell- und Röstmalze ausschlaggebend. Der Malzcharakter wird mit dem richtigen Maß an Hopfenbittere abgerundet, aber steht nicht in Konkurrenz mit intensiven Hopfenaromen. So haben die meisten unserer Stouts deutlich mehr IBUs als unsere IPAs und wir setzen beim Brauen eines Stouts mehr Bitterhopfen als für all unsere anderen Biere ein. Die intensive Süße kommt daher, dass der Restzucker am Ende der Gärung im Stout oft höher liegt als der Stammwürzegehalt zu Beginn der Gärung anderer Biere. Man hat also wirklich noch jede Menge Zucker im Bier (lacht).

Verwendet ihr dafür Hochalphasorten oder Hopfenextrakt?
Nein, wir setzen keinen Extrakt ein und die meisten Hopfensorten, die wir verwenden, haben auch keine extrem hohen Alpha-Säuren-Gehalte, sondern bewegen sich eher zwischen 9 und 10 % Alpha. Wir arbeiten sehr gerne mit 'Perle', da dies ein Hopfen ist, der sich für viele Bierstile eignet und für eine angenehme Bittere sorgt, ohne dabei sonderlich aromatisch zu sein.

Macht ihr mittlere Hopfengaben während der Würzekochung?
Ja, machen wir. Für unser „Three Bean Stout" nehmen wir sogar ausschließlich diese mittlere Hopfengaben vor, sprich: wir arbeiten ohne jegliche Bitterhopfengabe. Das ist ein Stout, welches mit Tonkabohnen eingebraut wird. Damit deren Aroma nicht von zu viel Bittere überdeckt wird, haben wir uns beim Entwerfen des Rezepts für die alleinige mittlere Hopfengabe entschieden. Durch diese Gabe erhältst du immer noch eine ausreichende Menge IBUs für ein Stout, aber eben deutlich weniger als durch eine Gabe zu Beginn der Würzekochung. Für all unsere anderen Stouts nehmen wir aber eine große Bitterhopfengabe vor, meist kombiniert mit einer kleineren mittleren Hopfengabe und einer weiteren Gabe gegen Ende der Kochung.

Hopfenstopft ihr eure Stouts?
Nein, unsere Stouts haben wir noch nie hopfengestopft.

Was für eine Art Aromaextrakte verwendet ihr für euer „Saskatoon Cheesecake Stout"?
Wir beziehen unsere Aromaextrakte von einer Firma in Kalifornien, die sich auf natürliche Aromastoffe spezialisiert hat. Die Saskatoon-Beere, die Frucht eines Strauchs mit dem deutschen Namen Erlenblättrige Felsenbirne, ist eine Beere, welche in den meisten Teilen von Nordamerika vorkommt. Sie sieht der Heidelbeere sehr ähnlich und schmeckt tatsächlich auch so ähnlich. Da ich mit diesen Früchten groß geworden bin, habe ich mich besonders gefreut, als ich sie in den Listen verfügbarer Aromaextrakte unseres Herstellers entdeckte. Ich wollte es natürlich sofort ausprobieren und so haben wir den Extrakt zusammen mit einem Käsekuchenaroma zunächst nur zu einem kleinen Batch von 60 l im Holzfass gereiften Stouts gegeben. Unsere Kunden waren begeistert und wollten mehr davon. Die Leute heutzutage lieben diese verrückten „Pastry Stouts" mit Geschmäckern von Gebäck und Kuchen.

Wie lange dauert die Gärung an?
Das ist eine der größten Überlegungen während der Herstellung eines Stouts. Wenn möglich, solltest du Zellzahlzählungen und Viabilitätsmessungen deiner Hefe vornehmen, um sicherzustellen, dass deine Hefe ausreichend viabel, also lebendig, ist. Wichtig ist auch, dass deine Hefe eine gute Vitalität aufweist, denn nur eine gesunde Hefe kann diese hohen Stammwürzegehalte, die weit über 18–20 °P liegen, zügig und sauber vergären. Eine fitte und gesunde Hefe, die du mit einer großzügigen Menge anstellst, fermentiert dir eine Würze mit 30 °P problemlos in einer Woche, während eine schwache und ungesunde Hefe dafür etwa die dreifache Zeit benötigt. Geschmacklich macht das aber in einem Stout kaum etwas aus, da du extrem starke und dominante Aromen hast, die mögliche Fehlaromen meist überdecken.

Was sich aber sicherlich schwer überdecken lässt, ist der brenzlige Charakter höherer Alkohole, oder? Wie vermeidet ihr das?
Durch die Maischerast und unser Maischverfahren erhalten wir das richtige Verhältnis von Monozuckern und längerkettigen Zuckern, die dann während der Fermentation bei unter 21 °C mit einer sehr gesunden und fitten Hefe vergoren werden. Wichtig ist, dass auch bei einer schleppenden Vergärung die Temperatur nicht erhöht wird. Durch die kontrollierte Hefeführung und Temperaturregelung während der Fermentation hatten wir bisher noch keine Probleme mit Fehlaromen in unseren Stouts.

ZUM WEITERLESEN

Eine ganze Reihe von Büchern hat dieses Buch überhaupt erst möglich gemacht. Zwei davon seien hier besonders herausgehoben:

Wenn Sie sich noch tiefer mit dem Thema Hopfen beschäftigen wollen, lohnt sich vor allem „Hopfen: Vom Anbau bis zum Bier“. Und Scott Janish sammelte in seinem Buch „The New IPA“ Fakten aus wissenschaftlichen Artikeln und übersetzte diese in konkrete Vorschläge für den Einsatz von Hopfen beim Brauen.

BÜCHER ZU HOPFEN ALLGEMEIN

Forster, A., M. Biendl, C. Schönberger, B. Engelhard, A. Gahr, A. Lutz, W. Mitter, R. Schmidt (2012): **Hopfen: Vom Anbau bis zum Bier.** Fachverlag Hans Carl.

Hieronymus, S. (2012): **For The Love of Hops: The Practical Guide to Aroma, Bitterness and the Culture of Hops.** Verlag Brewers Publications.

BÜCHER ZU BRAUTECHNIKEN MIT HOPFEN

Janish, S. (2019): **The New IPA: Scientific Guide to Hop Aroma and Flavor.** Selbstverlag Scott-Janish.com.

Steele, M. (2012): **IPA: Brewing Techniques, Recipes and the Evolution of India Pale Ale.** Verlag Brewers Publications.

BÜCHER ZUM HOPFENANBAU

Eyck, L. Ten, D. Gehring (2015): **The Hop Grower's Handbook: The Essential Guide for Sustainable, Small-Scale Production for Home and Market.** Verlag Chelsea Green Publishing Co.

Fisher, J., D. Fisher **(2003): The Homebrewer's Garden: How to Easily Grow, Prepare and Use Your Own Hops, Brewing Herbs, Malts.** Verlag Storey Books.

HOPFENSORTENVERZEICHNIS ONLINE

Hopslist
http://www.hopslist.com/hops

Kegerator
https://learn.kegerator.com/homebrewing/hops

KRANKHEITEN UND SCHÄDLINGE BEIM HOPFEN

LfL Bayern
https://www.lfl.bayern.de/ipz/hopfen/108626/index.php

Ökolandbau Informationsportal
https://www.oekolandbau.de/landwirtschaft/pflanze/grundlagen-pflanzenbau/pflanzenschutz/schaderreger/schadorganismen-im-hopfenbau

BAUANLEITUNGEN DIY HEIMBRAUSYSTEM, HOPFENANBAU

Heimbrau Zeitschriften (englischsprachig)
https://beerandbrewing.com
https://byo.com

HOPFENMUSEEN

Deutsches Hopfenmuseum Wolnzach
www.hopfenmuseum.de

Tschechisches Hopfenmuseum Žatec
http://www.chmelarskemuzeum.cz
(Seite auf Tschechisch und Englisch)

Daneben haben auch fast alle anderen Länder mit Hopfenanbaugebieten ein Hopfenmuseum!

QUELLEN SORTEN-VERZEICHNIS

(Alle Quellen Stand 24. April 2020)

Association for the Development of Hop Agronomy
http://adha.us/varietals/azacca-adha-483
http://adha.us/varietals/summit

Bohemia Hop
http://www.bohemiahop.cz/varieties/saaz
http://www.bohemiahop.cz/varieties/sladek

British Hop Association
https://www.britishhops.org.uk/varieties/bramling-cross
https://www.britishhops.org.uk/varieties/bullion
https://www.britishhops.org.uk/varieties/challenger
https://www.britishhops.org.uk/varieties/east-kent-goldings
https://www.britishhops.org.uk/varieties/fuggle

Hop Breeding Company
https://www.hopbreeding.com

Hop Growers of America
www.usahops.org › cabinet › data
PDF: Hop Growers of America Variety Manual 2016

Hop Products Australia
https://www.hops.com.au/wp-content/uploads/2019/10/Galaxy-Data-Sheet_130619.pdf
https://www.hops.com.au/wp-content/uploads/2019/10/Vic-Secret-Data-Sheet_130619.pdf

Hopsteiner
https://www.hopsteiner.com/de/variety-data-sheets/Akoya
https://www.hopsteiner.com/de/variety-data-sheets/Ariana
https://www.hopsteiner.com/de/variety-data-sheets/Brewers-Gold
https://www.hopsteiner.com/de/variety-data-sheets/Callista
https://www.hopsteiner.com/de/variety-data-sheets/Calypso
https://www.hopsteiner.com/de/variety-data-sheets/Diamant
https://www.hopsteiner.com/de/variety-data-sheets/Eureka
https://www.hopsteiner.com/de/variety-data-sheets/Huell-Melon
https://www.hopsteiner.com/de/variety-data-sheets/Lemondrop
https://www.hopsteiner.com/de/variety-data-sheets/Lubelski-Lublin
https://www.hopsteiner.com/de/variety-data-sheets/Mandarina-Bavaria
https://www.hopsteiner.com/de/variety-data-sheets/Marynka
https://www.hopsteiner.com/de/variety-data-sheets/Polaris
https://www.hopsteiner.com/de/variety-data-sheets/Strisselspalter
https://www.hopsteiner.com/de/variety-data-sheets/Sultana
https://www.hopsteiner.com/de/variety-data-sheets/Triskel
https://www.hopsteiner.com/de/variety-data-sheets/Zeus

New Zealand Hops Limited
https://www.nzhops.co.nz/hop-sauvin

Polish Hops
https://polishhops.com/portfolio/lubelski
https://polishhops.com/portfolio/marynka

Slovenian Institute of Hop Research and Brewing
https://view.publitas.com/ihps-sihrb/the-legend-of-noble-aroma/page/2-3

https://view.publitas.com/ihps-sihrb/the-legend-of-noble-aroma/page/4-5
https://view.publitas.com/ihps-sihrb/the-legend-of-noble-aroma/page/8-9

Verband Deutscher Hopfenpflanzer
www.deutscher-hopfen.de › CMA Hopfensortenmappe_1
PDF: CMA Sortenmappe

Yakima Chief
https://shop.yakimachief.com/ahtanum.html
https://shop.yakimachief.com/amarillo.html
https://shop.yakimachief.com/ekuanot-brand.html
Galena: Hop Varieties PDF
Mount Hood: Hop Varieties PDF
Nugget: Hop Varieties PDF
https://shop.yakimachief.com/sabro.html
https://shop.yakimachief.com/simcoe.html
Sorachi Ace: Hop Varieties PDF
Willamette: Hop Varieties PDF

BEZUGSQUELLEN

Die beste Bezugsquelle für garantiert frischen Hopfen sind Hopfenhandelsfirmen, die gleichzeitig auch Hopfenverarbeiter sind. Nicht alle versenden an Privatpersonen, aber das kann sich ändern. Es lohnt sich, immer wieder nachzufragen. Wenn Sie Hopfenpflanzen oder Rhizome kaufen wollen, achten Sie bitte unbedingt darauf, bei seriösen Gärtnereien zu bestellen.

HOPFENHANDELSFIRMEN

BarthHaas
https://www.barthhaas.com

Hopsteiner
https://www.hopsteiner-shop.de
Ab 100 g Packungsgröße auch von Privatpersonen beziehbar.

Yakima Chief
https://shop.yakimachief.com

BIOHOPFEN

Biohof Friedrich
https://www.biohof-friedrich.de/hopfen.html
Ab 5 kg Packungsgröße bestellbar.

BIOLUPULUS
http://biolupulus.com/es/inicio
Biohopfen aus Katalonien; kann nach Deutschland verschickt werden.

HOPFENEXTRAKTE

Totally Natural Solutions
https://www.totallynaturalsolutions.com
Hopfenextrakte für Bittere und Aroma auch in Kleinstmengen bestellbar.

HEIMBRAUVERSAND

Brouwland
https://www.brouwland.com

Hopfen und mehr
https://www.hobbybrauerversand.de

HOPFENPFLANZEN

Essentially Hops
https://www.essentiallyhops.co.uk
Hopfenfechser von englischen und internationalen Sorten bestellbar.

Gärtnerei Eickelmann
https://www.1a-garten-eickelmann.de/de-de/hopfen
Sie können hier Jungpflanzen beziehen. Die Internetseite ist sehr informativ.

DIE AUTORIN

Toni Nottebohm, Jahrgang 1981, ist Münchnerin, Heimbrauerin, Hopfenliebhaberin, Braumeisterin und Medienschaffende. Mit dem Bierbrauen kam sie zum ersten Mal im Jahr 2011 durch einen Imagefilm für den Braustudiengang der TU München in Weihenstephan in Berührung. Danach fing sie an, selbst Bier zu brauen. Dabei wurde ihr bald klar, dass Bier ein landwirtschaftliches Produkt ist und wie sehr seine Qualität von den Rohstoffen abhängt, vor allem vom Hopfen. Ein Jahr später arbeitete sie als Musterzieherin bei der Hopfenernte in der Hallertau und wurde zu einer Hobby-Hopfengärtnerin. Nach Praktika in verschiedenen Brauereien blieb sie 2014 schließlich bei der gerade gegründeten Brauerei Edge Brewing in Barcelona hängen. Hier lernte sie bei Head Brewer Alan Sheppard, wie die Amerikaner ans Brauen herangehen, und wurde bald selbst Brauerin bei Edge. Nachdem die Brauerei vom Internet Ratingportal ratebeer.com zur „besten neuen Brauerei 2014 weltweit" gekürt wurde, wurde sie mit Edge Brewing auf viele Festivals eingeladen. In dieser Zeit entstanden Freundschaften mit einigen der besten Craftbrauer aus Europa und Amerika. Bei alledem aber verließ Toni Nottebohm nicht das Gefühl, dass sie im Grunde keine Ahnung hatte, was in den Braukesseln wirklich vor sich geht. Um dem abzuhelfen, entschied sie sich zum Studium „Brauwesen und Getränketechnologie" an der TU München, wo sie 2020 als Jahrgangsbeste unter den „Diplombraumeistern" abschloss. Seit März 2020 arbeitet sie als Brauerin bei BRLO in Berlin. Bei alledem hat sie nie aufgehört, auch zu Hause Bier zu brauen. Außerdem vermittelt sie ihr Wissen in Braukursen für Einsteiger und fortgeschrittene Heimbrauer.

DANKSAGUNG DER AUTORIN TONI NOTTEBOHM

Mein Dank gilt besonders folgenden Personen: Thomas Janscheck, der den Weg zu diesem Buch bereitet hat. Lisa Seibel und Christine Hutschenreuther vom Ulmer Verlag sowie der Lektorin Dr. Helga Hofmann. Des Weiteren möchte ich der Gesellschaft für Hopfenforschung, allen voran dem Geschäftsführer Walter König für das Vorwort und für ein ausführliches Interview zum Thema Züchtung und dem Züchter Anton Lutz, für den Input zum Kapitel „Homegrown" danken. Vielen Dank an Jillian Sopper, die die Interviews übersetzt und transkribiert sowie die Sortenbeschreibungen und die Glossarbegriffe vorbereitet hat. Herzlichen Dank an BarthHaas und an Hopsteiner für das Material für das Sortenverzeichnis sowie an das Deutsche Hopfenmuseum in Wolnzach für historische Motive. Desweiteren gilt mein Dank Phyllis Macnie, Linda Skogholt, Florian Fagner und den Brauern aus dem Interviewteil, die so großzügig mit Informationen zu ihren Bieren umgegangen sind.

DANKSAGUNG DES FOTOGRAFEN CHRISTIAN SCHULZ

Mein Dank geht ganz besonders an folgende Personen: Anton Lutz für seine Expertise und Ratschläge, Familie Schrödl für ihre unendliche Geduld und die Möglichkeit, die gewünschten Bilder umzusetzen, Familie Seidl von der Gärtnerei Eickelmann für die viele Zeit und Unterstützung.

FACHBEGRIFFE KURZ ERKLÄRT

Abläutern ▶ Trennung von Maische in Würze und Treber

ABV ▶ Abkürzung für „alcohol by volume", Angabe des Alkoholgehaltes in Volumenprozent (Vol.-%)

adstringierend ▶ ein „raues" oder „pelziges" Mundgefühl hervorrufend (von lateinisch „adstringere" = zusammenziehen). Adstringenzien enthalten Tannine oder andere Gerbstoffe, die Eiweiße aus dem Speichel ausfällen und sich als Eiweiß-Gerbstoff-Komplex auf die Zunge legen. Dadurch verändert sich das Mundgefühl, weil die schmierende Wirkung der Speichelproteine zum Teil verloren geht.

Anschwänzen ▶ Herauslösen von Extrakt aus dem Treberkuchen durch Gabe von heißem Brauwasser beim Läutern

Antioxidantien ▶ chemische Substanzen, welche die Oxidation anderer Stoffe verlangsamen oder ganz verhindern; werden oft auch „Radikalfänger" genannt, da sie ▶ freie Radikale (z. B. hochreaktiven Sauerstoff) abfangen können

Bioaktivität ▶ Einfluss einer Substanz auf einen Organismus

Bonitur / Bonitierung ▶ fachkundige und qualitative Beurteilung landwirtschaftlich hergestellter Pflanzen und Güter

***Brettanomyces*-Hefe** ▶ eine wilde Hefeart, die auf der Oberfläche von Früchten vorkommt und mit wissenschaftlichem Namen *Brettanomyces bruxellensis* genannt wurde (neuerdings umbenannt in *Dekkera bruxellensis*). Heute werden *Brettanomyces*-Stämme auch als Reinzuchthefe vertrieben.

Carboy ▶ Glas- oder Plastikballon, der sich luftdicht verschließen lässt, leicht zu reinigen ist und unter anderem für Fermentationen eingesetzt werden kann

Cask Ale ▶ auch cask-conditioned Ale oder Real Ale genannt; unfiltriertes, in der Regel nicht pasteurisiertes Ale, welches eine zweite Fermentation im Fass erfährt und dabei mit Hopfen gestopft wird

Cornelius-Keg ▶ auch oft Corney-Keg genannt; zum Lagern und Zapfen geeignetes, druckfestes Getränkefass aus Edelstahl, welches ursprünglich von der Firma Cornelius Inc. für Softdrinks hergestellt wurde. Viele Heimbrauer benutzen es als Druckfass für Bier.

dank ▶ englisches Wort für „feucht"; ein Begriff, der häufig bei der Beschreibung von sehr hopfigen, trüben → IPAs verwendet wird. Er wurde aus dem Vokabular von Marihuana-Konsumenten übernommen, die damit frisches, noch feuchtes, stark riechendes Cannabis beschreiben.

°dH ▶ Abkürzung für „Grad deutscher Härte", Einheit für die Härte von Brauwasser

diploide Zellen ▶ Zellen, die einen doppelten Chromosomensatz aufweisen

DIY ▶ Abkürzung für „do it yourself", englisch für „mach es selbst!"

Dormanz ▶ kommt von lateinisch „dormire" = schlafen und bezeichnet die Vegetationsruhe bei der Hopfenpflanze im Winter

EBC ▶ Einheit nach der European Brewery Convention (EBC), mit der die Farbe von Bier im europäischen Raum beschrieben wird. Für den Wert wird gemessen, wie viel Licht von Bier eines bestimmten Stammwürzegehaltes absorbiert wird.

Einmaischen ▶ Vermischen von geschrotetem Malz und Brauwasser zu Beginn des Maischens

Extinktion ▶ in der Optik ein Maß für die stoffabhängige Schwächung einer Strahlungsintensität nach dem Durchqueren eines Mediums durch Absorption, Streuung und Reflexion

Extrakt ▶ die aus einem Substrat (beim Brauen: Malz) herausgelösten, nicht flüchtigen Stoffe

Extraktion ▶ in der Verfahrenstechnik allgemein ein Trennverfahren, bei welchem ein Stoff aus einer Flüssigkeit, aus einem Feststoff oder aus einem Gas mithilfe eines Extraktionsmittels abgetrennt wird

Feintrub ▶ Kühltrub

freie Radikale ▶ durch ein ungepaartes Elektron instabile und sehr reaktionsfreudige Atome, Moleküle oder Ionen; treiben Alterungsvorgänge von Bierinhaltsstoffen voran

Gaschromatografie ▶ auch Gas-Flüssigkeits-Chromatografie genannt; ein physikalisches Trennverfahren, welches das zu analysierende Stoffgemisch in seine einzelnen chemischen Verbindungen aufteilt. Einzelverbindungen können von einem Detektor spezifisch gemessen werden.

Genom ▶ das Erbgut eines Lebewesens

Grad Plato ▶ Maßeinheit, die zum Messen der Dichte der Würze verwendet wird. 1 Grad Plato (Abkürzung: °P) ist definiert als die Massedichte einer Lösung, die dieselbe Dichte hat wie eine wässrige Lösung mit 1 Gew.-% Saccharose.

Hazy IPA ▶ gleichbedeutend mit New England IPA; der offizielle Bierstil heißt „Juicy or hazy IPA“. Das englische Adjektiv „hazy“ bedeutet auf Deutsch „dunstig, verschwommen“.

Heißtrub ▶ auch Kochtrub genannt; entsteht durch Hitzeausflockung von Stickstoffsubstanzen beim Würzekochen und lässt sich durch Sedimentation nach Koch-Ende leicht entfernen. Heißtrub hat eine Teilchengröße zwischen 0,5–50 µm. Der Heißtrubanfall ist stark abhängig von den verwendeten Rohstoffen und der Braumethode.

hop punch ▶ englischer Ausdruck für einen Hopfencharakter, der wie ein Schlag ins Gesicht wirkt.

HPLC ▶ Abkürzung für High Performance Liquid Chromatography, auf Deutsch Hochleistungsflüssigkeitschromatographie. Analytische Methode der Chemie; Trennverfahren zur quantitativen Erfassung von schwerflüchtigen oder nichtflüchtigen sowie stark polaren Substanzen

HSI ▶ Abkürzung für „Hop Storage Index“; ein dimensionsloser Wert, der die Alterung von Hopfen beschreibt. Bei langer oder ungeeigneter Lagerung kommt es durch Oxidation zu Verlust an Alpha- und Beta-Säuren. Frischer Hopfen hat einen Wert von 0,2–0,3, Hopfen mit Werten außerhalb dieses Bereichs gilt als gealtert und damit minderwertig.

inerte Verpackung ▶ Schutzgasverpackung. Bei Hopfen wird als Schutzgas Kohlendioxid, Stickstoff oder eine Mischung aus beidem verwendet. Chemische Reaktionen der Hopfeninhaltsstoffe werden durch das Schutzgas unterdrückt. Das Verpackungsmaterial ist aus einer spezifizierten Verbundfolie gefertigt und gasundurchlässig.

Karbonisierung ▶ Lösen von CO_2 in einer Flüssigkeit. Bei Bier geschieht das durch das Auffangen von Gärungskohlensäure oder durch das Zusetzen von CO_2 aus Gastanks.

Kochtrub → Heißtrub

Kolbachzahl ▶ Maßzahl zur Charakterisierung der Eiweißlösung bei Braumalz, errechnet als Quotient aus dem löslichen Eiweiß (ermittelt durch Kongressmaischverfahren) und dem ursprünglichen gesamten Korneiweiß. Die Kolbachzahl sollte nicht isoliert vom Eiweißgehalt betrachtet werden. Unter Voraussetzung eines Eiweißgehalts von 10,0–10,5 % wird ein Eiweißlösungsgrad von 38–42 % als normal angesehen.

Konduktometerwert ▶ Messwert der Alpha-Säuren im Rohhopfen; unspezifische Methode, bei der dissoziierte Alpha-Säuren, Oxidationsprodukte der Bitterstoffe und teilweise auch organische Säuren erfasst werden

Konvektion ▶ Strömungstransport, das Bewegen von Materie in einer Flüssigkeit; kann unter anderem durch Temperaturunterschiede oder Dichteunterschiede in der Flüssigkeit angetrieben werden

Kühltrub ▶ auch Feintrub genannt. Kühltrub entsteht bei der Abkühlung der Würze auf 55–70 °C und hat eine Teilchengröße von 0,5–1 µm.

Lambic Bier ▶ belgische Bierspezialität; ein obergäriges, saures Bier, welches traditionell durch Spontangärung entsteht

Lovibond ▶ in den USA verwendete Einheit für die Beschreibung der Farbe von Würze oder Bier

Maillard-Produkte ▶ Reaktionsprodukte der → Maillard-Reaktion

Maillard-Reaktion ▶ nicht enzymatische Bräunungsreaktion, bei welcher es durch hitzebedingte chemische Vorgänge zur Bildung von Röstaromen und Farbverstärkung kommt

massenspektrometrische Detektoren ▶ Detektoren zum Messen der Masse von in die Gasphase überführten und ionsierten Teilchen, verwendet zum Beispiel bei der → Gaschromatografie und → HPLC

Mylar-Beutel ▶ Aufbewahrungsbeutel aus metallisierter Polyesterfolie, die Licht und Luft blockiert

oberflächenaktiv ▶ Stoffe, welche die Oberflächenspannung oder die Grenzflächenspannung in einer Flüssigkeit verändern. Bei Bier stabilisieren oberflächenaktive Substanzen den Schaum.

Oxidation ▶ chemische Reaktion, bei der ein Stoff, Atom, Ion oder Molekül Elektronen an eine andere Substanz abgibt und dabei selbst oxidiert wird. Der andere Stoff wird dabei seinerseits reduziert. Im Bier führt Oxidation häufig zur Bildung von Alterungskomponenten.

Pale Ale ▶ kommt vom englischen Wort „pale“ = hell, blass; ein hopfenbetonter, obergäriger Bierstil englischen Ursprungs

pH-Wert ▶ Maßzahl für die in einer wässrigen Lösung enthaltene Konzentration an Wasserstoffionen (H^+-Ionen), angegeben als negativer dekadischer Logarithmus der Wasserstoffionenkonzentration. Bei einem pH-Wert von 0 bis 6,9 reagiert eine wässrige Lösung sauer, bei pH-Wert 7,0 ist sie neutral und bei einem pH-Wert von 7,1 bis 14,0 reagiert sie basisch.

Plato ▶ Grad Plato (Abkürzung: °P)

Polymerisation ▶ chemische Synthesereaktion, bei der neue Bindungen zwischen Molekülen geknüpft werden und auf diese Weise Monomere (niedermolekulare, reaktionsfreudige Moleküle) zu Polymeren (Moleküle in langen Ketten, bestehend aus miteinander verbundenen Monomeren) reagieren

ppb ▶ Abkürzung für englisch: „parts per billion“ = Teile pro Milliarde. Bei Gehaltsangaben kann ppb auch als µg/kg ausgedrückt werden.

ppm ▶ Abkürzung für englisch: „parts per million“ = Teile pro Million. Bei Gehaltsangaben kann ppm auch als mg/kg (≙ mg/l Wasser) angegeben werden.

Prenylierung ▶ chemische Übertragung einer Prenylgruppe (hydrophobe funktionelle Gruppe) auf ein Akzeptormolekül

Puffer / Puffersystem ▶ ein Stoffgemisch, in welchem sich der pH-Wert durch Zugabe einer sauren oder basischen Lösung deutlich weniger stark verändert als bei einem ungepufferten System

PVPP ▶ Abkürzung für Polyvinylpolypyrrolidon; bezeichnet einen (praktisch) unlöslichen, hochpolymeren, quervernetzten Kunststoff, der im Molekül periodisch aneinandergereihte Säureamid-Gruppen hat. PVPP ist eine „Eiweißattrappe", an die sich Polyphenole über Wasserstoffbrücken binden können. Bei der Bierherstellung wird PVPP häufig als Filterstoff beziehungsweise Fällungsmittel für Polyphenole eingesetzt.

Radikalfänger → Antioxidantien

Restalkalität ▶ Kenngröße für das Brauwasser. Die Restalkalität (Abkürzung: RA) ist ein Maß für den säurevernichtenden Anteil der Hydrogencarbonat-Ionen, der übrigbleibt, wenn die Härtebildner in der Maische reagiert haben, und charakterisiert damit das Brauwasser hinsichtlich seiner Einflüsse auf den pH-Wert der Biermaische.

Rezenz ▶ „Viel Rezenz" steht im sensorischen Sinne für einen spritzigen, prickelnden Charakter eines Getränks, der vor allem durch das → Karbonisieren mit CO_2 hervorgerufen wird. „Wenig Rezenz" beschreibt dementsprechend einen schalen Charakter.

Sauermalz ▶ Spezialmalz, das eine biologische Säuerung mittels Milchsäure erfährt

Speise ▶ Würze, die nach dem Kochen in einen sterilen Behälter gefüllt und kaltgestellt wird. Vor dem Abfüllen wird sie dem Bier zugegeben und liefert den Extrakt für die Nachgärung in der Flasche.

Stammwürze / Stammwürzegehalt ▶ in der noch unvergorenen Würze aus dem Malz gelöste Inhaltsstoffe. Dazu zählen unter anderem Malzzucker, Aminosäuren, Eiweiße, Vitamine und Mineralstoffe. In Deutschland wird der Stammwürzegehalt in der Einheit „Grad Plato (°P) angegeben.

Sud ▶ bezeichnet den gesamten Brauvorgang im Sudhaus, aber auch die fertige Würze

Terroir ▶ Begriff aus dem französischen Weinbau, der den Einfluss der lokalen Umweltbedingungen auf die unverwechselbare Typizität der Weintrauben aus einer bestimmten Region oder von einem bestimmten Weinberg beschreibt; wird analog auch auf Hopfen angewandt

Treber ▶ die festen Bestandteile der Maische bei und nach dem Läutern

triploide Zellen ▶ genetische Besonderheit, Zellen, die einen dreifachen Chromosomensatz aufweisen.

Trub → Heißtrub → Kühltrub

USDA ▶ Abkürzung für United States Department of Agriculture. Die Abkürzung wird häufig für das öffentliche Hopfenzüchtungsprogramm des Agricultural Research Service der USDA verwendet.

VDK ▶ Abkürzung für die chemische Stoffgruppe der vicinalen Diketone. Während der Gärführung eines Bieres ist vor allem die Verbindung Diacetyl wichtig. Diacetyl wird zunächst von Hefezellen gebildet und im Verlauf der Gärung in der Regel bei warmen Temperaturen wieder abgebaut. Wenn Diacetyl über dem Geruchsschwellenwert im Bier verbleibt, entsteht (bei den meisten Bierstilen) ein Fehlgeruch nach Butter.

Viabilität ▶ erfassbarer prozentualer Anteil von Hefezellen in einer Hefeprobe

Whirlpool ▶ Gefäß, das während dem Bierbrauen der Würzeklärung dient. Durch eine Rotationsbewegung der Würze („Teetasseneffekt") setzt sich in der Behältermitte ein → Trubkegel ab, klare Würze kann abgezogen werden.

Würze ▶ auch Bierwürze; bezeichnet die extraktreiche Flüssigkeit, die während dem Maischeprozess entsteht und durch das Läutern vom Biertreber abgetrennt wird

REGISTER

FORTSETZUNG DES REZEPTS „FULLY ADRIFT" – DOUBLE IPA VON S. 202

HOPFENGABE	HOPFENSORTE	PROZENT ALPHA	IBU	MENGE
15 Minuten vor Koch-Ende	Citra®	13,6	4,3	4,5 g
5 Minuten vor Koch-Ende	Citra®	13,6	6,9	9,2 g
Whirlpool	Cashmere	7,7	7,9	45,5 g
Whirlpool	Citra®	13,6	11,3	37 g
Whirlpool	Mosaic®	11,9	6,7	25 g
Whirlpool	Strata	16,3	13,5	37 g
Hop Back	HBC 586	12,5	7,6	67 g
Erstes Hopfen-stopfen	Citra® Cryo	26,1		74 g
Zweites Hopfen-stopfen	Mosaic®	11,9		3,7 g/l
Zweites Hopfen-stopfen	Citra® Cryo	26,1		1,8 g/l
Drittes Hopfen-stopfen	Amarillo®	10,9		1,8 g/l

HEFE	TYP	STAMM
	Deutsche Ale-Hefe	Wyeast 1007 German Ale™

Wasser: Austin Stadtwasser, enthärtet. Verhältnis SO_4^{2-}/Cl^- 5:1. Einmaischen bei 66,5 °C und 45 Minuten Rast halten. Auf 75,5 °C aufheizen und abläutern. Kochzeit: 75 Minuten. Dextrose 5 Minuten vor Koch-Ende zugeben. Whirlpool/Hopstand bei ungefähr 91 °C für 15 Minuten. Hopfen für erstes Stopfen in den Gärtank vorlegen. Anstellen mit Hefe: 1,5–2 × 10^6 Zellen/ml/ °P. Anstellen bei ungefähr 18 °C (64°F). Auf ungefähr 19 °C (67°F) steigen lassen. Zweites Hopfenstopfen 1–2 °P vor Erreichen des Endvergärungsgrades. Nach Erreichen des Endvergärungsgrades auf ungefähr 11 °C herunterkühlen und Hefe ablassen. Drittes Hopfenstopfen. Nach 3 Tagen Hopfen ablassen. CO_2-Gehalt auf 5,0 g/l einstellen. Abfüllen.

IMPRESSUM

Bildquellen:
al7/Shutterstock.com: S. 168; AVIcon/Shutterstock.com.: Icon „Verfügbar für den Anbau zu Hause“; babahoss/Shutterstock.com: S. 153; badahos/Shutterstock.com: S. 11; Barth Haas GmbH & Co. KG: S. 81, 82, 85, 87, 89, 98, 100, 107, 108, 109, 110, 111, 112, 114, 117, 121, 122, 123, 124, 125, 127, 132, 137; Bayerische Landesanstalt für Landwirtschaft, Faltblatt Pflanzenschutz: S. 158, 159, 160 (alle), 161 (alle); Benoit Daoust/Shutterstock.com: S. 9, 41; Borbas, Chris: S. 184; Daniel C Varming/Shutterstock.com: S. 29; demarcomedia/Shutterstock.com: S. 64; Deutsche Gesellschaft für Hopfenforschung e. V.: S. 8, 20 (rechts), 74 (rechts oben u. unten.), 75 (alle); Deutsches Hopfenmuseum Wolnzach: S. 68, 155; Dickson, Brian: S. 228; Fedorovacz/Shutterstock.com: S. 6; Ferrari, Bruno: S. 200; G. Schneider & Sohn GmbH: S. 216; Graham, Davis: S. 240; Hopsteiner: S. 80, 83, 88, 90, 92, 93, 94, 96, 97, 99, 101, 102, 104, 106, 113, 115, 116, 118, 120, 129, 130, 131, 133, 135, 136, 140, 141; Ingrid Pakats/Shutterstock.com: S. 157; itor/Shutterstock.com: S. 166; Kees Zwanenburg/Shutterstock.com: S. 145; Kivimäe, Josep: S. 220; Kugler, Johann: S. 196; Landsberry, Ben: S. 192; Master1305/Shutterstock.com: S. 65; mauritius-images: S. 15 (links), 34, 36, 40, 59, 63, 66, 54, 146, 162, 164, 167, 170; Mohrfeld, Joe: S. 204; Mortensen, Theis: S. 10, 212; Moynier, Jeremy: S. 180; Nottebohm, Toni: S. 232; Olivades/Shutterstock.com: S. 52; Pixabay: S. Coveruntergrund; Prahl, Troels: S. 236; Roßmann, Simon: S. 208; Salvadori, Serena: S. 10, 31, 38, 43, 45, 47, 51, 57, 62, 142, 156, 172, 173, 175, 176, 179, 183, 187, 191, 195, 199, 203, 207, 211, 215, 219, 223, 227, 231, 235, 238, 245; Schulz, Christian: S. 7, 15 (rechts), 16 (alle), 17 (alle), 18 (alle), 19 (alle), 20 (links), 33, 71, 74 (links oben), 149 (alle), 150 (alle), 151 (alle), 152 (alle), 165; Siemsglüß, Simon: S. 188; Stephen Pfeiler/Shutterstock.com: S. 61; Steve Bowers/Shutterstock.com: S. 21; Vaclav Mach/Shutterstock.com: S. 2, 12; Wheeler, Joshua: S. 224; Wikicommons: S. 35

Die Illustrationen fertige Vincenz Brandl (www.offsetrocks.de) nach den folgenden Vorlagen:

Barth Haas GmbH & Co. KG: S. 79, 81, 82, 83, 84, 85, 87, 89, 91, 92, 94, 95, 96, 97, 99, 100, 101, 102, 104, 105, 106, 107, 108, 109, 110, 111, 112, 113, 114, 116, 117, 118, 119, 122, 123, 124, 125, 126, 127, 128, 129, 130, 132, 133, 134, 136, 137, 138, 139, 140, 141; Bayerische Landesanstalt für Landwirtschaft: S. 24; Brücklmeier, Jan: S. 27; Dr. Graf, Tobias: S. 14; Gesellschaft für Hopfenforschung e. V.: S. 72; Hopsteiner: S. 80, 86, 88, 90, 93, 98, 103, 115, 120, 121, 131, 135, 171; mauritius images: S. 22, 56; Nottebohm, Toni: S. 148; shutterstock: S. 38, 148; Wikipedia. Wikimedia Commons/public domain: S. 57, 59

Bibliografische Information der Deutschen Nationalbibliothek
Die Deutsche Nationalbibliothek verzeichnet diese Publikation in der Deutschen Nationalbibliografie; detaillierte bibliografische Daten sind im Internet über http://dnb.d-nb.de abrufbar.

Wollgrasweg 41, 70599 Stuttgart (Hohenheim)
E-Mail: info@ulmer.de
Internet: www.ulmer.de
Projektleitung: Lisa Seibel
Konzept: Christine Hutschenreuther, Lisa Seibel
Lektorat: Dr. Helga Hofmann
Herstellung: Katharina Merz
Musterlayout und Umschlaggestaltung: Marion Schreiber
Satz: Fotosatz Buck, Kumhausen
Reproduktion: timeRay Visualisierungen, Jettingen
Druck und Bindung: Firmengruppe Appl, aprinta Druck, Wemding
Printed in Germany
ISBN 978-3-8186-1053-1

FSC www.fsc.org MIX Papier aus verantwortungsvollen Quellen FSC® C004592

Hopsteiner
Akoya
NEUE SORTE
Wir haben den einzigartigen Hopfen, der Ihrem Bier die besondere Note verleiht.
Informationen zu unseren Hopfensorten finden Sie auf unserer Homepage
www.hopsteiner.com und in unserem Online-Shop www.hopsteiner-shop.de
Wir freuen uns auf Sie!
WWW.HOPSTEINER-SHOP.DE